程　杰 曹辛华 王　强 主编

中国花卉审美文化研究丛书

17

松柏、杨柳文学与文化论丛

石志鸟　王　颖 著

北京燕山出版社

图书在版编目（CIP）数据

松柏、杨柳文学与文化论丛 / 石志鸟，王颖著. --
北京：北京燕山出版社，2018.3
ISBN 978-7-5402-5118-5

Ⅰ.①松… Ⅱ.①石… ②王… Ⅲ.①树木－审美文化－研究－中国②中国文学－文学研究 Ⅳ.① S718.4 ② B83-092 ③ I206

中国版本图书馆 CIP 数据核字 (2018) 第 087848 号

松柏、杨柳文学与文化论丛

责任编辑：李涛
封面设计：王尧
出版发行：北京燕山出版社
社　　址：北京市丰台区东铁营苇子坑路 138 号
邮　　编：100079
电话传真：86-10-63587071（总编室）
印　　刷：北京虎彩文化传播有限公司
开　　本：787×1092 1/16
字　　数：305 千字
印　　张：26.5
版　　次：2018 年 12 月第 1 版
印　　次：2018 年 12 月第 1 次印刷
ISBN 978-7-5402-5118-5
定　　价：800.00 元

内容简介

本论丛为《中国花卉审美文化研究丛书》之第17种，由王颖《松柏文学与文化论丛》与石志鸟《杨柳文学与文化论丛》组成。

《松柏文学与文化论丛》收录11篇论文。这些论文主要对松柏比德的形成及演变、松柏比德的内涵、松柏君子人格象征进行了细致的论述。同时，还对中国古典文学中重要的松柏意象，如涧底松意象、墓地松柏意象、不老松意象、老松意象、枯病类松柏意象等的审美文化内涵进行解析，对涉及松柏的名篇佳作进行解读。

《杨柳文学与文化论丛》收录13篇论文。这些论文主要论述中国古代文学中杨柳题材创作繁盛的原因与意义，梳理先秦时期杨柳的文化原型意义、杨柳赋和《杨柳枝词》等杨柳题材的创作概况，考察杨柳的自然物色美和人格象征意义，阐发柳絮、隋堤柳、官柳、章台柳等相关柳意象的审美内涵。

作者简介

石志鸟，女，1977年9月生，河南宜阳人，文学博士，江西科技师范大学副教授。主要研究方向为中国文学与文化。出版专著《中国杨柳审美文化研究》（巴蜀书社，2009年）。

王颖，女，1976年3月生，安徽蚌埠市人，文学博士，安徽建筑大学副教授。主要研究方向为中国文学与文化。出版专著《中国松柏审美文化研究》（安徽人民出版社，2016年）。

《中国花卉审美文化研究丛书》前言

所谓“花卉”，在园艺学界有广义、狭义之分。狭义只指具有观赏价值的草本植物；广义则是草本、木本兼而言之，指所有观赏植物。其实所谓狭义只在特殊情况下存在，通行的都应为广义概念。我国植物观赏资源以木本居多，这一广义概念古人多称“花木”，明清以来由于绘画中花卉册页流行，“花卉”一词出现渐多，逐步成为观赏植物的通称。

我们这里的“花卉”概念较之广义更有拓展。一般所谓广义的花卉实际仍属观赏园艺的范畴，主要指具有观赏价值，用于各类园林及室内室外各种生活场合配置和装饰，以改善或美化环境的植物。而更为广义的概念是指所有植物，无论自然生长或人类种植，低等或高等，有花或无花，陆生或海产，也无论人们实际喜爱与否，但凡引起人们观看，引发情感反应，即有史以来一切与人类精神活动有关的植物都在其列。从外延上说，包括人类社会感受到的所有植物，但又非指植物世界的全部内容。我们称其为“花卉”或“花卉植物”，意在对其内涵有所限定，表明我们所关注的主要是植物的形状、色彩、气味、姿态、习性等方面的形象资源或审美价值，而不是其经济资源或实用价值。当然，两者之间又不是截然无关的，植物的经济价值及其社会应用又经常对人们相应的形象感受产生影响。

“审美文化”是现代新兴的概念，相关的定义有着不同领域的偏倚和形形色色理论主张的不同价值定位。我们这里所说的“审美文化”不具有这些现代色彩，而是泛指人类精神现象中一切具有审美性的内容，或者是具有审美性的所有人类文化活动及其成果。文化是外延，至大无外，而审美是内涵，表明性质有限。美是人的本质力量的感性显现，性质上是感性的、体验的，相对于理性、科学的“真”而言；价值上则是理想的、超功利的，相对于各种物质利益和社会功利的“善”而言。正是这一内涵规定，使“审美文化”与一般的“文化”概念不同，对植物的经济价值和人类对植物的科学认识、技术作用及其相关的社会应用等“物质文明”方面的内容并不着意，主要关注的是植物形象引发的情绪感受、心灵体验和精神想象等“精神文明”内容。

将两者结合起来，所谓“花卉审美文化”的指称就比较明确。从“审美文化”的立场看“花卉”，花卉植物的食用、药用、材用以及其他经济资源价值都不必关注，而主要考虑的是以下三个层面的形象资源：

一是“植物”，即整个植物层面，包括所有植物的形象，无论是天然野生的还是人类栽培的。植物是地球重要的生命形态，是人类所依赖的最主要的生物资源。其再生性、多样性、独特的光能转换性与自养性，带给人类安全、亲切、轻松和美好的感受。不同品种的植物与人类的关系或直接或间接，或悠久或短暂，或亲切或疏远，或互益或相害，从而引起人们或重视或鄙视，或敬仰或畏惧，或喜爱或厌恶的情感反应。所谓花卉植物的审美文化关注的正是这些植物形象所引起的心理感受、精神体验和人文意义。

二是“花卉”，即前言园艺界所谓的观赏植物。由于人类与植物尤其是高等植物之间与生俱来的生态联系，人类对植物形象的审美意识可以说是自然的或本能的。随着人类社会生产力的不断提高和社会财富的不断积累，人类对植物有了更多优越的、超功利的感觉，对其物色形象的欣赏需求越来越明确，相应的感受、认识和想象越来越丰富。世界各民族对于植物尤其是花卉的欣赏爱好是普遍的、共同的，都有悠久、深厚的历史文化传统，并且逐步形成了各具特色、不断繁荣发展的观赏园艺体系和欣赏文化体系。这是花卉审美文化现象中最主要的部分。

三是“花”，即观花植物，包括可资观赏的各类植物花朵。这其实只是上述“花卉”世界中的一部分，但在整个生物和人类生活史上，却是最为生动、闪亮的环节。开花植物、种子植物的出现是生物进化史的一大盛事，使植物与动物间建立起一种全新的关系。花的一切都是以诱惑为目的的，花的气味、色彩和形状及其对果实的预示，都是为动物而设置的，包括人类在内的动物对于植物的花朵有着各种各样本能的喜爱。正如达尔文所说：“花是自然界最美丽的产物，它们与绿叶相映而惹起注目，同时也使它们显得美观，因此它们就可以容易地被昆虫看到。”可以说，花是人类关于美最原始、最简明、最强烈、最经典的感受和定义，几乎在世界所有语言中，花都代表着美丽、精华、春天、青春和快乐。相应的感受和情趣是人类精神文明发展中一个本能的精神元素、共同的文化基因；相应的社会现象和文化意义是极为普遍和永恒的，也是繁盛和深厚的。这是花卉审美文化中最典型、最神奇、最优美的天然资源和生活景观，值得特别重视。

再从“花卉”角度看“审美文化”，与“花卉”相关的“审美文化”则又可以分为三个形态或层面：

一是“自然物色”，指自然生长和人类种植形成的各类植物形象、风景及其人们的观赏认识。既包括植物生长的各类单株、丛群，也包括大面积的草原、森林和农田庄稼；既包括天然生长的奇花异草，也包括园艺培植的各类植物景观。它们都是由植物实体组成的自然和人工景观，无论是天然资源的发现和认识，还是人类相应的种植活动、观赏情趣，都体现着人类社会生活和人的本质力量不断进步、发展的步伐，是“花卉审美文化”中最为鲜明集中、直观生动的部分。因其侧重于植物实体，我们称作“花卉审美文化”中的“自然美”内容。

二是“社会生活”，指人类社会的园林环境、政治宗教、民俗习惯等各类生活中对花卉实物资源的实际应用，包含着对生物形象资源的环境利用、观赏装饰、仪式应用、符号象征、情感表达等多种生活需求、社会功能和文化情结，是“花卉”形象资源无处不在的审美渗透和社会反应，是“花卉审美文化”中最为实际、普遍和复杂的现象。它们可以说是“花卉审美文化”中的“社会美”或“生活美”内容。

三是“艺术创作”，指以花卉植物为题材和主题的各类文艺创作和所有话语活动，包括文学、音乐、绘画、摄影、雕塑等语言、图像和符号话语乃至于日常语言中对花卉植物及其相应人类情感的各类描写与诉说。这是脱离具体植物实体，指用虚拟的、想象的、象征的、符号化植物形象，包含着更多心理想象、艺术创造和话语符号的活动及成果，统称“花卉审美文化”中的“艺术美”内容。

我们所说的“花卉审美文化”是上述人类主体、生物客体六个层面的有机构成，是一种立体有机、丰富复杂的社会历史文化体系，包含着自然资源、生物机体与人类社会生活、精神活动等广泛方面有机交融的历史文化图景。因此，相关研究无疑是一个跨学科、综合性的工作，需要生物学、园艺学、地理学、历史学、社会学、经济学、美学、文学、艺术学、文化学等众多学科的积极参与。遗憾的是，近数十年相关的正面研究多只局限在园艺、园林等科技专业，着力的主要是园艺园林技术的研发，视角是较为单一和孤立的。相对而言，来自社会、人文学科的专业关注不多，虽然也有偶然的、零星的个案或专题涉及，但远没有足够的重视，更没有专门的、用心的投入，也就缺乏全面、系统、深入的研究成果，相关的认识不免零散和薄弱。这种多科技少人文的研究格局，海内海外大致相同。

我国幅员辽阔、气候多样、地貌复杂，花卉植物资源极为丰富，有"世界园林之母"的美誉，也有着悠久、深厚的观赏园艺传统。我国又是一个文明古国和世界人口、传统农业大国，有着辉煌的历史文化。这些都决定我国的花卉审美文化有着无比辉煌的历史和深厚博大的传统。植物资源较之其他生物资源有更强烈的地域性，我国花卉资源具有温带季风气候主导的东亚大陆鲜明的地域特色。我国传统农耕社会和宗法伦理为核心的历史文化形态引发人们对花卉植物有着独特的审美倾向和文化情趣，形成花卉审美文化鲜明的民族特色。我国花卉审美文化是我国历史文化的有机组成部分，是我国文化传统最为优美、生动的载体，是深入解读我国传统文化的独特视角。而花卉植物又是丰富、生动的生物资源，带给人们生生不息、与时俱新的感官体验和精神享受，相应的社会文化活动是永恒的"现在进行时"，其丰富的历史经验、人文情趣有着直接的现实借鉴和融入意义。正是基于这些历史信念、学术经验和现实感受，我们认为，对中国花卉审美文化的研究不仅是一项十分重要的文化任务，而且是一个前景广阔的学术课题，需要众多学科尤其是社会、人文学科的积极参与和大力投入。

我们团队从事这项工作是从 1998 年开始的。最初是我本人对宋代咏梅文学的探讨，后来发现这远不是一个咏物题材的问题，也不是一个时代文化符号的问题，而是一个关乎民族经典文化象征酝酿、发展历程的大课题。于是由文学而绘画、音乐等逐步展开，陆续完成了《宋代咏梅文学研究》《梅文化论丛》《中国梅花审美文化研究》《中国梅花名胜考》《梅谱》（校注）等论著，对我国深厚的梅文化进行了较为全面、系统的阐发。从1999年开始，我指导研究生从事类似的花卉审美文化专题研究，俞香顺、石志鸟、渠红岩、张荣东、王三毛、王颖等相继完成了荷、杨柳、桃、菊、竹、松柏等专题的博士学位论文，丁小兵、董丽娜、朱明明、张俊峰、雷铭等20多位学生相继完成了杏花、桂花、水仙、蘋、梨花、海棠、蓬蒿、山茶、芍药、牡丹、芭蕉、荔枝、石榴、芦苇、花朝、落花、蔬菜等专题的硕士学位论文。他们都以此获得相应的学位，在学位论文完成前后，也都发表了不少相关的单篇论文。与此同时，博士生纪永贵从民俗文化的角度，任群从宋代文学的角度参与和支持这项工作，也发表了一些花卉植物文学和文化方面的论文。俞香顺在博士论文之外，发表了不少梧桐和唐代文学、《红楼梦》花卉意象方面的论著。我与王三毛合作点校了古代大型花卉专题类书《全芳备祖》，并正继续从事该书的全面校正工作。目前在读的博士生张晓蕾及硕士生高尚杰、王珏等也都选择花卉植物作为学位论文选题。

以往我们所做的主要是花卉个案的专题研究，这方面的工作仍有许多空白等待填补。而如宗教用花、花事民俗、民间花市，不同品类植物景观的欣赏认识、各时期各地区花卉植物审美文化的不同历史情景，以及我国花卉审美文化的自然基础、历史背景、形态结构、发展规律、民族特色、人文意义、国际交流等中观、宏观问题的研究，花卉植物文献的调查整理等更是涉及无多，这些都有待今后逐步展开，不断深入。

“阴阴曲径人稀到，一一名花手自栽”（陆游诗），我们在这一领域寂寞耕耘已近20年了。也许我们每一个人的实际工作及所获都十分有限，但如此络绎走来，随心点检，也踏出一路足迹，种得半畦芬芳。2005年，四川巴蜀书社为我们专辟《中国花卉审美文化研究书系》，陆续出版了我们的荷花、梅花、杨柳、菊花和杏花审美文化研究五种，引起了一定的社会关注。此番由同事曹辛华教授热情倡议、积极联系，北京采薇阁文化公司王强先生鼎力相助，继续操作这一主题学术成果的出版工作。除已经出版的五种和另行单独出版的桃花专题外，我们将其余所有花卉植物主题的学位论文和散见的各类论著一并汇集整理，编为20种，统称《中国花卉审美文化研究丛书》，分别是：

1.《中国牡丹审美文化研究》（付梅）；

2.《梅文化论集》（程杰、程宇静、胥树婷）；

3.《梅文学论集》（程杰）；

4.《杏花文学与文化研究》（纪永贵、丁小兵）；

5.《桃文化论集》（渠红岩）；

6.《水仙、梨花、茉莉文学与文化研究》（朱明明、雷铭、程杰、程宇静、任群、王珏）；

7.《芍药、海棠、茶花文学与文化研究》（王功绢、赵云双、孙培华、付振华）；

8.《芭蕉、石榴文学与文化研究》（徐波、郭慧珍）；

9.《兰、桂、菊的文化研究》（张晓蕾、张荣东、董丽娜）；

10.《花朝节与落花意象的文学研究》（凌帆、周正悦）；

11.《花卉植物的实用情景与文学书写》（胥树婷、王存恒、钟晓璐）；

12.《〈红楼梦〉花卉文化及其他》（俞香顺）；

13.《古代竹文化研究》（王三毛）；

14.《古代文学竹意象研究》（王三毛）；

15.《蘋、蓬蒿、芦苇等草类文学意象研究》（张俊峰、张余、李倩、高尚杰、姚梅）；

16.《槐桑樟枫民俗与文化研究》（纪永贵）；

17.《松柏、杨柳文学与文化论丛》（石志鸟、王颖）；

18.《中国梧桐审美文化研究》（俞香顺）；

19.《唐宋植物文学与文化研究》（石润宏、陈星）；

20.《岭南植物文学与文化研究》（陈灿彬、赵军伟）。

我们如此刈禾聚把，集中摊晒，敛物自是快心，乱花或能迷眼，想必读者诸君总能从中发现自己喜欢的一枝一叶。希望我们的系列成果能为花卉植物文化的学术研究事业增薪助火，为全社会的花卉文化活动加油添彩。

程　杰

2018年5月10日

于南京师范大学随园

总　目

松柏文学与文化论丛

王　颖　著

目 录

基于“比德”视阈下的古代松柏君子人格象征考论

陶铸在《松树的风格》中说:“我对松树怀有敬畏之心不自今日始。自古以来，多少人就歌颂过它，赞美过它，把它作为崇高的品质的象征。”[①]的确如此。中国文人自古喜欢托物言志，而松柏生性耐寒，常年青翠，枝干刚劲峭拔，在体现主体理想人格上有着得天独厚的优势，因而很早就进入文人的视野。在《诗经》中，松柏出现11次之多，在花木意象中居第一位。在《诗经》之后,松柏一直是文学表现的重要对象，相关作品不仅数量繁多，而且有的质量相当高，产生了一批名篇佳作。孔子有“君子比德于玉”之说[②],屈原的《离骚》以香草自比，荀子亦称“夫玉,君子比德焉”[③],“比德”是中国古代形成的有民族特色的审美传统，即将作为审美对象的自然物与伦理道德相比附，认为自然物之所以美，很大程度上在于它以其特有的形象形式体现了社会生活中的伦理内容的缘故,将审美对象的景物看成是品德、精神、人格等社会美的象征。“比德”一直是松柏题材和意象文学表现的重点,松柏比德经过长期的发展，累积起丰富的文化意蕴，先后形成了岁寒后凋、坚贞有心、孤直不倚、劲挺有节等内涵，成为君子人格的象征。在一定程度上，松柏是“树”立的中国人，成为我们民族理想人格的符号。

① 陶铸《陶铸文集》，人民文学出版社1987年版，第154页。

② ［汉］郑玄注，［唐］孔颖达等正义《礼记正义》卷六三，上海古籍出版社1990年版，第1029页。

③ 王先谦注《荀子集解》卷二〇，中华书局1988年版，第535页。

一、岁寒后凋

松柏生性耐寒、四时常青，先秦时期的哲人们就注意到松柏这一显著的物理特征，赋予其明确的人格内涵，用以象征君子。《论语·子罕》有这样的记载:“子曰:‘岁寒，然后知松柏之后凋也。’”[①]《庄子·让王》引孔子的话说：“今丘报仁义之道以遭乱世之患，其何穷之为？故内省而不穷于道，临难而不失其德，天寒既至，霜雪既降，吾是以知松柏之茂也。”[②]以“天寒”喻君子所遭乱世的祸患，以“霜雪”喻君子面临的危难,而以在此情境下的“松柏之茂”喻君子品德的高尚。《荀子·大略》也有涉及松柏“岁寒后凋”的言论,直接把松柏比喻为君子:“君子隘穷而不失，劳倦而不苟，临患难而不忘细席之言。岁不寒无以知松柏，事不难无以知君子无日不在是。”[③]可见，“岁寒后凋”的松柏已成为面临危难而依然道义自守、坚持气节操守的君子的象征，这一象征产生了极大的影响，后来的文人不断结合自己的生命体验和生存情境与之对话，进行诠释，松柏“岁寒后凋”成为中华文明中的经典表述，其内涵不断被丰富和充实。

魏晋六朝,“岁寒后凋”的松柏反复出现在文人的笔下。《世说新语》就有几处涉及。如：

---

① ［宋］朱熹撰《论语集注》，齐鲁书社 1992 年第 1 版，第 92 页。

② ［战国］庄周著,王先谦集解《庄子集解》卷八,中华书局 1954 年版,第 173 页。

③ ［战国］荀况著,王天海校释《荀子校释》卷一九,上海古籍出版社 2005 年版,第 1305 页。

顾悦与简文同年，而发早白，简文曰："卿何以先白？"对曰："蒲柳之姿，望秋而落；松柏之质，经霜弥茂。"[1]（《言语第二》）

张威伯岁寒之茂松，幽夜之逸光[2]。（《赏誉第八》）

松柏"经霜弥茂"形容简文帝老骥伏枥、老而益壮的风采，"岁寒之茂松"比喻张威伯风姿清越、意志坚贞。"岁寒后凋"的松柏被用来形容名士的清朗仪表、风骨节操，成为名士风度和高尚品德的象征。从中，我们既能感受到松柏翠色青青、身姿挺拔的美感姿态，又能体味到魏晋名士清俊通脱、超然绝俗的风格气质。人格之美与自然之美浑然一体，神韵之美与形式之美融合无间。"岁寒后凋"的象征意义不仅被继承，还进一步丰富，被加上了魏晋特定的时代内涵。

"岁寒后凋"在唐以前主要用以称誉人们面对艰难困苦和遭遇忧患时依然保持坚忍自强的高尚品德，但不免使人感觉难以承载的生命之重。到了唐代，松柏"岁寒后凋"的象征意义发生了新的变化，被注入了乐观、向上的时代气息。这方面的例子很多，如王睿《松》：

寒松耸拔倚苍岑，绿叶扶疏自结阴。

丁固梦时还有意，秦王封日岂无心。

常将正节栖孤鹤，不遣高枝宿众禽。

好是特凋群木后，护霜凌雪翠逾深。

韩溉《松》：

倚空高槛冷无尘，往事闲徵梦欲分。

① 余嘉锡撰，周祖谟、余淑宜整理《世说新语笺疏》卷上，中华书局1983年版，第117页。

② 《世说新语笺疏》卷中，第431页。

翠色本宜霜后见，寒声偏向月中闻。

啼猿想带苍山雨，归鹤应和紫府云。

莫向东园竞桃李，春光还是不容君。

无论是“好是特凋群木后，护霜凌雪翠逾深”，还是“翠色本宜霜后见，寒声偏向月中闻”，还是“唯助苦寒松，偏明后凋色”，都写出了松柏利用不利环境来表现自己的主动精神，“岁寒”成为松柏异于群木、展示风采的特殊机遇。

到了宋代，“岁寒后凋”的君子人格象征里表现出更多思辨的色彩。如赵蕃在《令逸作岁寒知松柏题诗因作》中写道：“不有岁寒时，若为松柏知。南方故多暖，此物宁能奇。”从诗中不难体会到品格修养的道理：危险苦难之境不但能够锻炼精神品质，可能还是展现人性光彩的良好机遇，大凡危难之际、困苦之时，君子往往能够绽放出光彩夺目的气节之美。有的理学家则由松柏“岁寒后凋”体悟到格物致知之理，史绳祖在《致知格物》中说：

《大学》“致知在格物，物格而后知至”，此最是要切交会融贯处。盖欲致其知，全在格物，而物不能格，何由可以致其知。求诸孔圣之言，惟子曰：“岁寒然后知松柏之后凋也！”此一句最于致知格物极其渊妙。盖松柏，物也，察其因何而岁寒之际独后凋，是欲格其物理也。苟能格之，则然“后知之”三字为真致其知矣。何以见其格之？正如《礼器》所谓：“如松柏之有心，居天下之大端，故贯四时而不改柯易叶。”则知其为得气之本而岁寒后凋矣是也[1]。

认识到松柏乃得气之本，故能在岁寒之际独后凋，进而由松柏“岁

①［宋］史绳祖撰《学斋占毕》卷一，《影印文渊阁四库全书》本。

寒后凋”的自然现象推究其中蕴含的深刻道理。

在易代之际，“岁寒后凋”的松柏又常常用来称誉忠臣烈士之风。如明遗民方文就屡以冒雪凌霜的松柏来譬喻在清政府高压统治下仍然忠国持节的遗民：

君乃岩山松，霜根自天置。(《赠赵止安先生》)

不是繁霜后，谁知松柏青。(《宿陈翼仲斋头》)

不是生来松柏性，谁人耐得此严寒。(《雪舟》)

竹柏天然翠，风霜耐尔何。(《响山访梅杓司及令弟昆白次日谈长益至各赋二首》)

或酬赠朋友，或自抒怀抱，都借松柏象征君子高尚的节操。

图 01　[宋]赵孟坚《岁寒三友图》，台北故宫博物院藏。

“岁寒后凋”不但是松柏题材文学作品中最经典的故实，在社会日常生活中的应用也较为广泛。宋代以来文人以“岁寒”为亭台楼阁题额、为斋室名、为字号的现象非常多，他们往往借之寄托思想情志，以此进行道德自励。题咏“岁寒堂”“岁寒亭”的诗词文赋也不在少数，成为值得关注的文化景观。

由此可见，松柏“岁寒后凋”比德含义的形成及演变，与时代精神、社会生活息息相关。先秦儒家将松柏岁寒常青之本性与君子临难不移、穷且益坚的品质完美结合，形成了一个对后世影响深远的文学命题。这一比德意义的形成，既与春秋战国时期的社会现实和思想文化密切相关，也与松柏独特的生物禀赋密不可分，是多种因缘际会的产物。魏晋六朝，松柏“岁寒后凋”的比德内涵有了新的变化，被用来形容名士的风度和品德。这一新变，与魏晋玄学密切相关。玄学的兴起，导引了无为而崇尚自然之风，推动了自然审美意识的发展，引发了对人与自然关系的新的思考与发现。魏晋文人不仅承认自然本身的美，而且认为自然美是人物美的范本，于是出现了以自然美形容人的风采、格调之倾向。唐人对松柏“岁寒后凋”的积极认识，宋人对其的义理考究，可以归结为是时代普遍心理、学术风气对松柏这一文学意象的投射。宋元、明清易代之际，面对异族入侵、河山巨变，人们往往以松柏“岁寒后凋”来称誉忠臣烈士之风。可以说，松柏“岁寒后凋”含义的演变，折射着不同时代审美意识和社会精神的变化。

二、坚贞有心

松柏的主干形态较为丰富，或蟠曲，或俯偃，或直上；枝条条畅挺拔，斜出旁逸，层叠而上。无论枝干形态变化多么丰富，无不刚劲峭拔，富于力度之感。基于松柏枝干的这些形式特点，加以其材质坚韧密实，文人赋予其坚贞有心的品质，成为坚贞刚劲的君子象征。

《礼记·礼器》最早提出“松柏有心”之说：

> 礼释回，增美质。措则正，施则行。其在人也，如竹箭之有筠也，如松柏之有心也，二者居天下之大端矣。故贯四时而不改柯易叶。故君子有礼，则外谐而内无怨，故物无不怀仁，鬼神飨德。

“有心”当理解为坚贞如一，不屈于逆境的内在操守。唐孔颖达在进行疏解时即云：“人经夷险，不变其德，由礼使然，譬如松柏凌寒而郁茂，由其内心贞和故也。”①

魏晋六朝时，松柏“有心”的品性受到文人更多的关注，在咏松柏的诗歌中频繁出现，如：

> 凌风知劲节，负雪见贞心。（[梁]范云《咏寒松》）
>
> 宁知霜雪后，独见松竹心。（[梁]江淹《效阮公诗十五首》）
>
> 赖我有贞心，终凌细草辈。（[梁]吴均《咏慈姥矶石上松》）

通过以上诗句我们认识到，六朝人对松柏“有心”有了更深一层的理解：对松柏来说，霜雪不再是凌虐强暴之物，反成了添思助威相衬相映之物；正因为“有贞心”，使得松柏得以超越“细草”之辈。

唐代出现了专门以“松柏有心”为主题的作品。上官逊《松柏有心赋》云：“是以后凋之义，久不刊于鲁经；有心之言，永昭著于戴礼。”②“有心”与“后凋”并称，成为文人吟咏松柏时最常使用的方式。王棨《松柏有心赋》曰：“至如严气方劲，翠色犹增。亦何异君子仗诚，处艰危

---

① [汉]郑玄注，[唐]孔颖达等正义《礼记正义》卷二三，第448页。
② [清]董诰等编《全唐文》，中华书局1983年第1版，第8014页。

而愈厉；志人高道，当颠沛以弥宏。是知斯木惟良，因心所贵。”[1]指出松柏之所以得到人们的推崇，就在于其有着坚强不屈的内心，因为内心坚定，才能历岁寒而弥翠，成为君子志士的象征。

到了宋代，“松柏心”常用以比喻名节自励、松操自期的理想人格。范仲淹《四民诗·士》曰：“昔多松柏心，今皆桃李色。”“松柏心”与“桃李色”对立，代表的是追求气节仁义的“古仁人之心”。范仲淹《和并州大资政郑侍郎秋晚书事》云：“定应松柏心无改，自信云龙道不孤。”以“松柏心”比喻对行“道”的坚定信念和乐观态度，这既是对亲友的勉励，也是夫子自道。

明清文人对“松柏心”也有自己的理解和运用。如生活于明清易代之际的徐枋，隐居不仕，拒绝与清廷合作，其在《与潘生次耕书》中说：

> 夫桃李之花，非不秾丽也，蒲柳之生，非不郁怒也。而风雨以零之，霜雪以籍之，而扫地尽矣。无他，彼固徇其华而未徇其实，有其外而未有其内也。若松柏之有心，竹箭之有筠，则不然矣。所以贤才奇杰之士，其所为死生契阔、颠沛流离、家道坎坷、身撄沉痼者，固天之所以厄之，亦正天之所以成之也。第为松柏竹箭则成，为桃李蒲柳则废耳。虽然，其所以为松柏竹箭者，又岂异人任哉……忧患以动其心，穷愁以坚其骨，而益静其居处，简其出入，严其师友，收敛其才华，克拓共器识，藏其锋以需大试，养其气以期大成……[2]

① ［清］董诰等编《全唐文》卷七六九，第 9929 页。

② ［明］徐枋《与潘生次耕书》，徐枋著《居易堂集》卷一，华东师范大学出版社 2009 年版，第 21 页。

徐枋在此将松柏与桃李、蒲柳进行对比，认为后者“徇其华而未徇其实，有其外而未有其内”，所以经历风雨霜雪之后，就“扫地尽矣”；而松柏因为有坚强的内心，所以才经得起风雨霜雪的考验。因此，他希望潘耒能加强内在修养，把忧患坎坷作为人格磨砺的契机，韬光养晦，以成大器。

“有心”是“岁寒”之外，松柏君子人格象征的又一重要内涵。“岁寒后凋”、耐寒常青是坚贞不渝、意志坚定的表征，正是因为内心坚贞，松柏才能不畏寒冷，在万木肃杀的严冬独秀生机。严寒处境是松柏与君子品格发生对应联想的重要着眼点，无论是身处庙堂，还是人在江湖，都会有失意之时，而这恰是考验坚贞与否的关键。从“岁寒”到“有心”，反映了对松柏君子人格认识的深化。

三、劲挺有节

老松古柏干茎粗壮，累柯多节，文学作品对此早有描述。汉代冯衍在《显志赋》中说：“离尘垢之杳冥兮，配乔松之妙节。”[1]晋朝袁宏诗曰：“森森千丈松，磊柯非一节。”(失题)梁范云最早将“劲节”与“贞心”并提，其《咏寒松》中有“凌风知劲节，负雪见贞心”之句。到了唐代，“劲节”往往与“贞心”并提，作为松柏品格构成的两个重要因素，以象征君子，如于邵在《送赵晏归江东序》中说：“大寒之岁，众木皆死。相彼松柏，虽复小凋，而贞心劲节，不改柯易叶，实君子之大端也。”[2]

① 费振刚、仇仲谦、刘南平校注《全汉赋校注》(上)，广东教育出版社 2005 年版，第 370 页。

② [清] 董诰等编《全唐文》卷四二八，第 4362 页。

在注重人伦义理、张扬道德名教的宋代，松柏之“节”得到非常多的描写和关注。如：

槁干仍故节，润泽出新青。（陈师道《老柏三首》其三）

松篁经晚节，兰菊有清香。（寇准《岐下西园秋日书事》）

霜凌劲节难摧抑，石缠危根任屈盘。（韩琦《和润倅王太博林畔松》）

在对待“五大夫松”的态度上，就很能看出宋人对松柏节操的重视。“五大夫松”的典故出自《史记·秦始皇本纪》：“（始皇）乃遂上泰山，立石。封。祠祀。下，风雨暴至，休于树下，因封其树为五大夫。”[①]《史记》并未言所封为何树。汉应劭《汉官仪》始言为松：“秦始皇上封太山，逢疾风暴雨，赖得松树，因复其下，封为五大夫。”[②]宋以前，“五大夫松”的际遇是仕途失意的文人羡慕的对象，如唐李涉《题五松驿》云：“人生不得如松树，却遇秦封作大夫。”宋人对受封五大夫松多持贬抑的态度，如李谌《咏松》云：“一事颇为清节累，秦时曾作大夫官。”王令咏《大松》云：“却笑五株乔岳下，肯将直节事秦嬴。”诗人们认为封松为大夫，是对松的污辱，而不是松的荣耀。宋人通过对“大夫松”的批评，表现出不肯摧眉折腰侍奉权贵的人生态度，或是宁愿遁迹江湖，也不愿在官场厮混的高尚节操。

至南宋末期，尤其是宋元之交，松柏“有节”更被提升为一种民族气节。宋亡后，众多忠烈贞节之士隐居不仕，他们往往借描写松柏之节来表现自己高洁坚贞、抱节自守。如郑思肖《南山老松》云：“凌

① ［汉］司马迁著，［南朝宋］裴骃集解，［唐］司马贞索隐，［唐］张守节正义《史记》卷六，中华书局1959年版，第242页。

② ［汉］应劭著《汉官仪》卷下，《丛书集成初编》本，中华书局1985年版，第40页。

空独立挺精神，节操森森骨不尘。”这与他《题画菊》中的名句“宁可枝头抱香死，何曾吹堕北风中”可引为同调。又如谢枋得《赋松》云：“乔松磊磊多奇节，冬无霜雪夏无热。”谢枋得有《初到建宁赋诗一首》，是他在被押往元大都前所作，可视为与家人的诀别之作：“雪中松柏愈青青，扶植纲常在此行。天下久无龚胜洁，人间何独伯夷清。义高便觉身堪舍，礼重方知死甚轻。”两首诗歌相对照，诗人以松节自喻的写法，就自在不言中了。

元明清文学中也不乏以松柏自喻节操的作品。如明于谦的《北风吹》：“北风吹，吹我庭前柏树枝。树坚不怕风吹动，节操棱棱还自持。冰霜历尽心不移，况复阳和景渐宜。闲花野草尚葳蕤，风吹柏树将何为？北风吹，能几时。[1]”诗以北风中“节操棱棱还自持”的柏树为喻，展现自我凛然刚直的操守，诗人与柏树的形象合而为一。史称于谦在“土木之变”后，面对瓦剌军重兵压境、长驱直入的危急情势，积极组织抗战，坚决反对和议，挺身而出于一片惶恐之中，成为支持大明江山的脊骨。这栋梁之材不正是“树坚不怕风吹动”的人间坚柏嘛！柏树历经冰霜、坚贞不移的形象与品格，正是这位秉性贞刚的民族英雄的写照。

“有节”是继松柏“有心”之后出现，常与“有心”并提的比德内涵。“有节”之外，又有“直节”“劲节”“清节”等称名，比德内涵各有侧重：“直节”取其刚直、有节操，“劲节”加上了凌寒不凋的品格因素，“清节”强调超世之志。“有节”是坚贞不屈的标志，贫贱不移、威武不屈的节操是君子坚贞内心最闪光的外显。从“有心”到“有节”，这无疑是松柏君子比德意蕴的进一步发展。

① ［明］于谦撰《忠肃集》卷一一，《影印文渊阁四库全书》本。

四、孤直不倚

松柏孤直秀拔，不依附，不蔓生，堪比刚正不阿、特立独行的君子人格。唐李白《古风》其十二曰："松柏本孤直，难为桃李颜。"以松柏孤生直立、四时一色，不像桃李那样以鲜艳的花色取悦于人，来比喻自己性直耿介，不愿谄媚和邀宠于世俗。宋释居简《醒庵王大卿松柏屏障歌》云："擎重雪枝寒不倚，霜干相周不相比。""相周不相比"出自《论语 · 为政》："君子周而不比，小人比而不周。"[1]诗中引用此语，乃从人际关系角度切入，宣扬主体独立，体现出对松柏孤直无倚、不比不附这一人格象征的体认。

如果将松柏的这一人格特征，与唐宋时期的政治背景联系起来，我们会得到更丰富的启示。唐宋政治的一个突出特点，即政党政治。无所依附、超然独立的人格被视为是君子党与小人党、正党与邪党之间的最大分别，而这种品德正是松柏所禀赋的。如中唐的李德裕是"牛李党争"的主角之一，他就曾以松柏、萝茑为喻言"正邪之辨"：

> 武宗立，召李德裕为门下侍郎、同中书门下平章事。既入谢，即进戒帝："辨邪正，专委任，而后朝廷治。臣尝为先帝言之，不见用。夫正人既呼小人为邪，小人亦谓正人为邪，何以辨之？请借物为谕，松柏之为木，孤生劲特，无所因倚。萝茑则不然，弱不能立，必附它木。故正人一心事君，无待于助。

① ［宋］朱熹撰《论语集注》，第 14 页。

邪人必更为党，以相蔽欺。君人者以是辨之，则无惑矣。”[1]

宋代政党斗争延续时间更为持久，涉及的人数更多，也更为激烈，宋代的滕元发曾以蔓草、松柏为喻答复神宗皇帝有关“君子小人之党”的召问：

> 神宗即位，召问治乱之道，对曰：“治乱之道如黑白、东西，所以变色易位者，朋党汩之也。”神宗曰：“卿知君子小人之党乎？”曰：“君子无党，辟之草木，绸缪相附者必蔓草，非松柏也。朝廷无朋党，虽中主可以济；不然，虽上圣亦殆。”[2]

这里，李、滕二位都以萝蔓和松柏作比，形象地说明了邪人与正人、小人与君子的分别：小人追逐名利、结党营私，像萝蔓一样互相攀附、纠结；而君子胸怀坦荡、心存道义，如松柏无所依附、矫矫不群。王安石是宋代“新旧党争”的核心人物，他在《古松》一诗中即以孤高独立的古松自许：“森森直干百余寻，高入青冥不附林。万壑风生成夜响，千山月照挂秋阴。岂因粪壤栽培力，自得乾坤造化心。廊庙乏材应见取，世无良匠勿相侵。”诗中塑造了古松高大、孤独、不随流俗、直立挺拔的形象。这棵松树正是王安石气质、性格的写照。他坚持变法，力排众议，蔑视“陋儒”，正是古松孤立正直精神的写照。

松柏干直是形体的表象美，挺直是立身的榜样，百折不挠的象征，由此衍生出性直的象征意蕴。孤株独立是松柏的生物习性，“连林人不觉，独树众乃奇”（[晋]陶渊明《饮酒》其八），卓然不群才更富个性魅力，于是又发展出独立不倚的人格内涵。唐宋时期，文人士大夫对松柏“孤直”的关注，是对矫矫不群、不比不附的独立人格的呼唤，

① [宋]欧阳修、宋祁撰《新唐书》卷一八〇，中华书局2000年版，第4122页。
② [元]脱脱等撰《宋史》卷三三二，中华书局2000年版，第8549页。

在激烈的党争政治背景下，有着特殊而深刻的意义。

五、松柏与其他植物意象君子人格象征的比较

在植物意象中，常用来象征君子人格的除松柏外，还有竹和莲。和它们相比，松柏象征君子人格具有自身的优势。

（一）松柏与竹的比较

竹在形象和象征意义上与松柏都有很多相似之处。从形象上看它们都有有节、挺直、常青的特点，从人格拟喻上说都兼具隐士与志士的象征意义。所以文人经常将松柏与竹合咏连誉。宋王安石《华藏院此君亭》曰：“人怜直节生来瘦，自许高才老更刚。曾与蒿藜同雨露，终随松柏到冰霜。”赞美竹正直清瘦、百折不挠，在同受雨露滋润的众多植物中，只有它才同松柏一样凌寒不凋，经得起严寒霜雪的考验。

图 02 ［清］恽寿平《松竹图》，北京故宫博物院藏（http://www.dpm.org.cn/index1024768.html）。

松柏与竹，在审美上也有明显的不同。从形态看，竹瘦硬纤细，比较柔弱，而松柏则高大而粗壮，若遇狂风暴雪，则二者立见分别：

松柏挺直依然，而竹不免点头弯腰；松柏心实而竹心中空；竹和松柏的枝干都有着刚劲坚韧的质感，但相比之下，竹柔韧有余，而力度不足；从材用上看，松柏是大用之才，自古以来就被用于建造宗庙大厦，制作舟船桨楫，而竹多被用于编制竹器等精细小巧的物品；从生态造景来看，竹多丛生，“不孤根以挺耸，必相依以林秀”[①]，而松柏即使单株独立，也是一道独特的风景。因此，松的地位往往被置于竹之上，如唐徐夤《松》云:“皇王自有增封日,修竹徒劳号此君。”唐李山甫《松》云：“平生相爱应相识，谁道修篁胜此君。”唐杜甫《将赴成都草堂途中有作，先寄严郑公五首》说：“新松恨不高千尺，恶竹应须斩万竿。”

松柏与竹审美形态的差异自然反映到人格象征上。松柏心实，象征君子坚贞有心；竹心空，象征君子虚心、无心，如唐白居易的《养竹记》云：“竹心空，空以体道，君子见其心，则思应用虚受者。”[②]松柏常孤株而生，秉具独立傲世的气质；竹每相依成林，以义气为先，如唐刘岩夫的《植竹记》云:“不孤根以挺耸，必相依以林秀，义也。”[③]松柏有“君子材”[④]“棲日干”[⑤]“擎天手”[⑥]之称，被用以比拟可以担当国之大任的栋梁之才；竹材用广泛，常比喻一般的才士，如北朝裴让之《公馆燕酬南使徐陵诗》云：“有才称竹箭，无用忝丝纶。”[⑦]在

① ［唐］刘岩夫《植竹记》，《全唐文》卷七三九，第7638页。

② ［清］董诰等编《全唐文》卷六七六，第6901页。

③ ［清］董诰等编《全唐文》卷七三九，第7638页。

④ ［宋］范仲淹《岁寒堂三题 · 君子树》，李勇先、王蓉贵校点《范仲淹全集》卷二，四川大学出版社2002年版，第34页。

⑤ ［唐］孟郊《衰松》,《孟东野诗集》卷二,人民文学出版社1959年版,第27页。

⑥ ［清］袁枚《松无故自萎者甚多》，周本淳标校《小仓山房诗文集》卷三一，上海古籍出版社1988年版，第863页。

⑦ 逯钦立《先秦汉魏晋南北朝诗》卷一，中华书局1983年版，第2262页。

咏松柏的作品中，与“有节”合称构成比德核心的是“有心”，象征君子执着于人生的凝重和坚忍；在咏竹作品中，与“有节”比并构成比德核心的恰是“无心”，象征君子的洒脱与谦和，如宋杜范《窗前竹》云：“无心到彼难教曲，有节防身只自清。”宋徐庭筠《咏竹》云：“未出土时先有节，便凌云去也无心。”

（二）松柏与莲的比较

宋周敦颐《爱莲说》开篇即云：“莲，花之君子者也。”[①]自此，确立了莲在中国人心目中的“花中君子”的地位。莲与松柏有相似的君子人格内涵：莲藕之节，也被用以譬喻君子的节操，如宋岳珂《归自鄂双莲生于后池偶作再寄紫微》云：“雪藕厉坚节，一念窒以通。”莲干直独立，不蔓生，无依附，象征君子正直不阿、立身不倚的品德，如宋曾丰《彼莲之美》其一云：“彼莲之美，心乎爱矣。所爱与直，渊乎其似。”宋陈宓《谢黄斋长送双莲和其韵》云：“直如晁董同时对。”莲“香远益清”，象征君子超越空间的人格影响力，如宋任大中《送周茂叔赴合州佥判》云：“一帆风雪别南昌，路出涪陵莫恨长。绿水泛莲天与秀，蜀中何处不闻香。”

莲与松柏在生物属性、形象特点、比德含义上也有很大的区别。莲生浅水中，是草本花卉，梗中空而外直，春发夏华，性不耐寒，秋季遇霜冻即衰。松柏生长在陆地，是高大的乔木，树干坚韧挺拔，不畏霜雪，天愈寒色愈转苍翠。在比德方面，松柏凌寒之性，被推演出岁寒后凋之义，象征君子临难不移、穷且益坚的气节操守。松柏树干密实坚韧，被赋予“有心”之义，象征君子内心坚贞不屈。而莲梗中虚，脆弱易折，无坚贞之心。莲易凋逝，秋冬霜雪之际衰飒一片，乏岁寒之性。但莲“出淤

---

① ［宋］周敦颐著，陈克明点校《周敦颐集》卷三，中华书局 1990 年版，第 51 页。

泥而不染，濯清涟而不妖”，有着清净高洁的人格之美，如宋陈宓《谢黄斋长送双莲和其韵》云“清似夷齐并臂游”，即突出了莲之“清”。莲梗中空，象征君子心中透脱通达、无窒无碍。如宋赵济《赏莲》曰：“太极一丸融造化，赏心应不为荷花。”宋曾丰《彼莲之美》其二曰：“厥干洞然，同乎大通。”因此，莲与松柏虽都是君子人格的象征，但就比德取向而言，莲偏于“清”，而松柏则偏于“贞”。

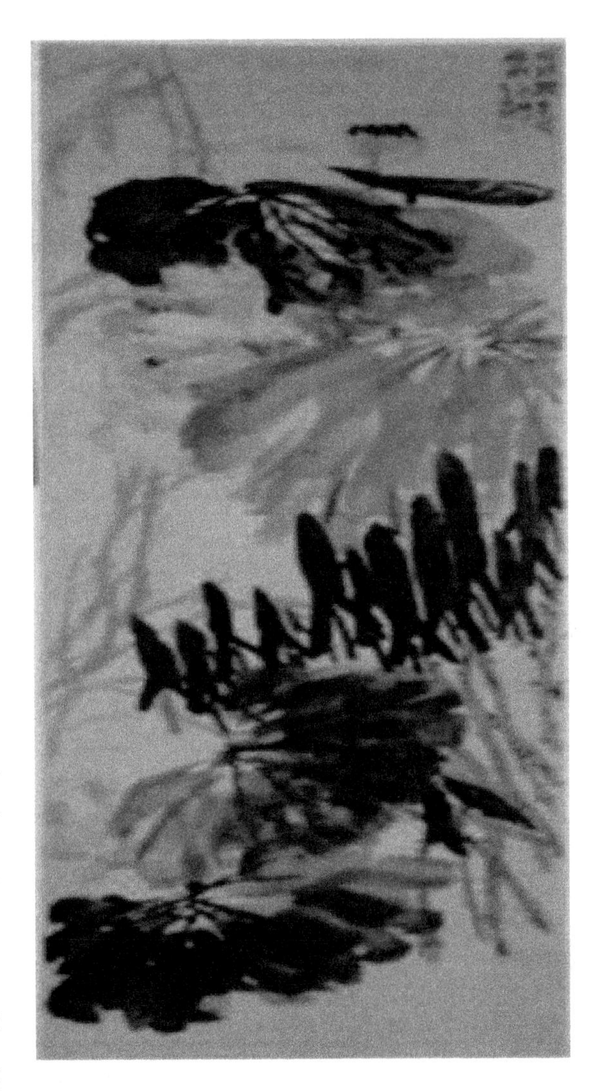

图 03 ［清］吴昌硕《荷花图》轴，北京故宫博物院藏（http://www.dpm.org.cn/index1024768.html）。

综上所述，松柏比德是以贞劲刚烈为特色的，在每一时代，松柏人格象征主流的都是有道义、有气节、勇于担当、以天下为己任的君子，松柏的气节操守更成为各个时代人们人格自励的动力源泉。在一定程度上，松柏是“树”立的中国人，成为我们民族理想人格的符号。关于推选“国树”的民间讨论中，松树的呼声一直很高，在由林业专家预测的国树候选名单中，松树与杨柳、银杏、水杉等具中国特色的树种高居榜首；民间对松树竞争国树也很看好[1]。松在现代中国人的心目中之所以有如此崇高的地位，正是民族文化长期选择和积淀的结果。

（原载《江淮论坛》2015年第3期）

① 关福临《共和国国树应是松树》，《国土资源》1995年第4期，第44页。

松柏比德的历史演进

刘勰《文心雕龙 · 明诗篇》说:“人禀七情，应物斯感，感物吟志，莫非自然。”[①]花卉草木是构成自然的一个重要部分，草木荣枯、花开花谢，容易唤起人生死、盛衰、成败的感应，更何况花木之为物，身旁眼前随处可见，所以古今文人所写的关联牵涉到花木的作品极多，“凡交情之冷淡，身世之飘零，皆可于一草一木发之”[②]。由于文人反复地描写，中国文学中一些重要的花木意象已经具有固定的意趣，成为某种人格类型的象征。清代的张潮在《幽梦影》中说 :“玉兰，花中之伯夷也，高而且洁。葵，花中之伊尹，倾心向日。莲，花中之柳下惠也，污泥不染。”[③]同样地，一提到菊，我们就会想到其简淡自然、凌寒而开的风致，就会联想到陶渊明。一提到梅，就会想到其清高芳洁、傲雪凌霜的特质，就会联想到林逋。

松柏是花木中比较特殊的一类，其生性耐寒，品性贞刚，天然具备能暗示、象征主体品格内涵的特征，因此成为中国文学中一个非常突出的意象，累积起丰富的文化意蕴，成为君子人格的象征。在一定程度上，松柏成了我们民族理想人格的符号，是“树”立的中国人。

① ［南朝梁］刘勰撰，詹瑛义证《文心雕龙义证》，上海古籍出版社 1994 年版，第 173 页。

② ［清］陈廷焯著，杜维沫校点《白雨斋词话》卷一，人民文学出版社 2001 年版，第 5 页。

③ ［清］张潮《幽梦影》，中央文献出版社 2001 年版，第 54 页。

比德在各个时代都是松柏题材和意象文学表现的重点，说明这个符号不断地被重复、强化，表明了中国文人对节操的坚守和高洁人格的向往。

一、先秦松柏比德的形成

松柏四时常青，没有色彩的变化，也不像一般植物春荣秋零，容易引发人生盛衰的感慨，松柏在植物王国中是以比德见长的。松柏比德的起源很早，在先秦时期就获得了明确的人格内涵。《论语 · 子罕》记录下孔子关于松柏比德的经典之言："岁寒，然后知松柏之后凋也！"[①]《庄子·让王》引孔子语并对其进行阐释："故内省而不穷于道，临难而不失其德，天寒既至，霜雪既降，吾是以知松柏之茂也。"[②]将松柏的生物禀性与人物的道德品格直接联系起来。《荀子 · 大略》中也有关于松柏比德的言论："君子隘穷而不失，劳倦而不苟，临患难而不忘细席之言。岁不寒无以知松柏，事不难无以知君子无日不在是。"[③]松柏耐寒、常青的本性被推演出中道义自守、临难不移的气节操守之义，成为混乱之世中君子人格的象征。

松柏树干峭拔苍劲，材质密实坚韧，文人赋予其"有心"的品质，象征君子内心的坚贞不屈。《礼记 · 礼器》首次提出松柏"有心"之说："其在人也，如竹箭之有筠也，如松柏之有心也，二者居天下之大端矣。故贯四时而不改柯易叶。故君子有礼，则外谐而内无怨，故物无不怀仁，

① ［宋］朱熹撰《论语集注》，齐鲁书社 1992 年第 1 版，第 92 页。

② 王先谦注《庄子集解》卷八，中华书局 1954 年版，第 173 页。

③ ［战国］荀况著，王天海校释《荀子校释》卷一九，上海古籍出版社 2005 年版，第 1305 页。

鬼神飨德。”这里“有心”当理解为内在的贞刚之性。唐孔颖达在为《礼器》中的这句话疏解时即云：“人经夷险，不变其德，由礼使然，譬如松柏凌寒而郁茂，由其内心贞和故也。”[①]指出松柏贵在“有心”，唯其“有心”，才能岁寒不改、独立高标，成为君子志士的象征。

先秦儒家关于松柏“岁寒后凋”和“有心”的言论，揭开了松柏比德篇章的第一页，成为对后世影响深远的文学命题。此后随着它们在文学作品和社会生活中的广泛应用，逐步上升为文化符号，代表着困苦危乱之境中的不屈之节与坚贞之心。

二、魏晋六朝松柏比德的新变

魏晋六朝，松柏不但“岁寒后凋”的象征意义被继承和丰富，如：

> 张威伯岁寒之茂松，幽夜之逸光。（《世说新语 · 赏誉第八》）
>
> 梁顾悦与简文帝同年而早白，简文问曰：“卿何以先老”答曰：“蒲柳之姿，望秋而落，松柏之姿，隆冬转茂。”（《世说新语 · 言语第二》）

“岁寒茂松”比喻张威伯仪表清朗、禀性坚明，松柏“隆冬转茂”形容简文帝老当益壮、老骥伏枥的风采；而且人格寓意获得了新的发展，由贞心劲节的君子转而到洒脱俊逸的名士，由对人道德的关注变为对风韵的呈现。如：

> 南阳朱公叔，飂飂如行松柏之下。（《世说新语 · 赏誉》注引《李氏家传》）

---

① ［汉］郑玄注，［唐］孔颖达等正义，黄侃经文句读《礼记正义》卷二三，上海古籍出版社 1990 年版，第 448 页。

世目李元礼，谡谡如劲松下风。（《世说新语 · 赏誉第八》）

“飂飂”，形容松风强劲凛冽，比喻朱穆嫉恶、矜严的性情。“谡谡”，拟声词，形容风吹松林发出的肃肃之声，比喻李元礼为人严明刚正，其声威有如松涛，远播遐迩。罗宗强先生在《玄学与魏晋士人心态》一书中对此有精辟的分析：“用‘飂飂如行松柏之下’来形容朱穆，完全是从一种对于风神仪态的感觉出发来评论的，行于松柏之下而觉其肃穆、摇曳，这是一种情韵的体验，用来状人，显然是指朱穆情操的高洁，表现在风神上，便有一种肃穆的风韵。”“所谓‘谡谡如劲松下风’，是指由内在道德情操所表现出来的风神气貌，给人以刚正不阿、不可侵犯的感觉。”[①]

《世说新语》里这样的例证还有不少，如：

庾子嵩目和峤：“峤森森如千丈松，虽磊砢有节目，施之大厦，有栋梁之用。”（《赏誉第八》）

嵇康身长七尺八寸，风姿特秀。见者叹曰：“萧萧肃肃，爽朗清举。”或云：“肃肃如松下风，高而徐引。”山公曰：“嵇叔夜之为人也，岩岩若孤松之独立；其醉也，傀俄若玉山之将崩。”（《容止第十四》）

请看这些修饰松柏的词语，“森森”“肃肃”“岩岩”，既是形容松柏，又是譬喻人。以“森森”之松状和峤，既有挺拔伟岸的形象展示，也有栋梁之材的能力比附，有形神兼备之感。“肃肃”，形容松风爽快清劲，用以比喻嵇康清正刚烈的人格。“岩岩”，雄伟高大的样子，比方嵇康像孤松般傲然独立，令人一见倾心、肃然起敬。魏晋六朝文献中类似的描写还有不少。如：

① 罗宗强《玄学与魏晋士人心态》，天津教育出版社 2005 年版，第 50 页。

桓帝时，南阳语曰："朱公叔肃肃如松柏下风。"（[晋] 袁山松《后汉书》卷三《朱穆传》）

（嵇康）德行奇伟，风勋劭邈，有似明月之映幽夜，清风之过松林也。（[晋] 李氏《吊嵇中散文》）

以上例子都是借松柏喻人，这些比喻是建立在对松柏姿态、形体、颜色等物色美欣赏的基础上的，是由物及人的一种美感联想。

魏晋六朝松柏比德的新变，与魏晋名士崇尚玄学、钟情自然之风密切相关。这一时期文人的自然审美意识获得超前的发展，形成以自然美形容人物美的风气。这时的人物品藻很少见单纯的道德评价，而是着意对人的风姿、格调和才情的品评。在魏晋六朝松柏比德的具体例证中，松柏青翠挺拔的身姿与名士潇洒飘逸的风度、特立独行的气质表里辉映，自然之美与主体之美融为一体，形态之美与神韵之美打成一片，很难分别开来。

三、唐代松柏比德的丰富

唐代松柏比德的内涵进一步丰富，松柏成为文人托物自喻、感物咏怀的载体，是渴求世用而又不失自尊与个性的文士的象征，既饱含激情、信心，渴望建立功业，又耿介、孤直，不为世俗所容。

唐人在对松柏的描写中表现出个人昂扬的激情和强烈的自信。这在咏松诗中表现得尤为突出。如张说在《遥同蔡起居偃松篇》中说："不借流膏助仙鼎，愿将桢干捧明君。莫比冥灵楚南树，朽老江边代不闻。"此诗咏怀与咏物并重，表现出积极进取的精神和对建功立业的渴望，具有博大的情怀和高昂的格调。张宣明《山行见孤松成咏》托物言志："青青恒一色，落落非一朝。大庭今已构，惜哉无人招。"借对孤松的描写，寄托了身世之感和对自身才能的自负，流露出希求用世的志向。至于李白《南轩松》中的"何当凌云霄，直上数千尺"的南轩松，则是诗仙才高气盛的形象写照。总之，奋发昂扬的精神风貌成为唐代松意象的主要格调。

这一点在对"岁寒后凋"典故的认识和应用上表现得尤为明显。在唐以前，"岁寒后凋"多用来赞誉在乱离之世、危难之际依然能够保持节操、坚定如一的人生态度，表现为以高尚的道德情操来指导、约束自我行为的自律、自强，精神虽然可贵，却难免给人一种坚忍、沉重的感觉。唐人对松柏"岁寒后凋"的认识中有了新的变化，透露出了向上、乐观的积极心态。在唐人笔下，"岁寒"往往成为松柏展示风采、异于群芳的特殊机遇。如："翠色本宜霜后见，寒声偏向月中闻"（韩溉《松》），"好是特凋群木后，护霜凌雪翠逾深"（王睿《松》），"唯助苦寒松，偏明后凋色"（钱起《松下雪》），都写出了松柏利用不利环境来表现自己的主动精神。

唐代文人特立独行的气质个性也在对松柏人格化的描写中展现出来。在吟咏松柏时，唐人常将他们对现实的不满与批判寄寓其中，还将不合流俗的耿直、不甘沦落的倔强，也融入松柏形象的塑造中。谢偃在《高松赋》中发出悲叹："嗟美材之无用，悲侧路之崄巇。动跬步而致阻，投一足而必危。伤拙目之众毁，慨名工之独知。"[①]诗中那棵孤立无援、独处危境的高松分明是人物形象的写照：耿介孤傲、动辄得咎，与世俗格格不入。李绅在《寒松赋》中说："负栋梁兮时不知，

① ［清］董诰等编《全唐文》卷一五六，中华书局 1983 年第 1 版，第 1593 页。

冒霜雪兮空自奇。谅可用而不用，固斯焉而取斯。”[1]诗中的寒松读来多么像一位空怀抱负却无处施展才华的文人！卢仝《与马异结交诗》用“千岁万岁枯松枝”比喻马异：“半折半残压山谷，盘根蹙节成蛟螭。忽雷霹雳卒风暴雨撼不动，欲动不动千变万化总是鳞皴皮。此奇怪物不可欺……风姿骨本恰如此。”诗歌中那棵狂风暴雨撼不动、雷霆霹雳击不倒的“千岁万岁枯松枝”便是马异不随流俗、卓然挺立的主体人格的象征。至于孟郊《罪松》中独立不羁、我行我素的松树则是诗人自我的形象塑造，诗歌正话反说，“天令既不从，甚不敬天时。松乃不臣木，青青独何为”，明显是借指责松树来抒写自己坚守正道却不为世俗所容的愤懑之情。

如果说先秦松柏人格象征偏重的是伦理道德的评判，魏晋六朝松柏人格意蕴注重的是风度个性的体现，唐代则兼而有之。唐代松柏意象中既寄托了唐代文士“以天下为已任”的社会责任感、建立不世功业的宏伟抱负心，又再现了个体精神世界的丰富多彩和性格的独特魅力。

四、宋代松柏比德的成熟

宋代儒、佛、道三家融合，儒学吸收了佛学随缘任运的人生哲学和心性方面的理论，又融合道家注重自我超越和自我实现的内在精神，形成了内外兼修、圆转自如的时代文化精神。在这种时代精神的渗透和影响下，宋代松柏比德思想发展成熟，松柏意象融合儒家的操守气节、

① ［清］陈元龙辑《历代赋汇》卷一一五，凤凰出版社2004年版，第474页。

佛家的超逸精神和道家的洒脱豁达，衍生出新的比德意义。

首先，松柏意象中寄托了文人士大夫对弘毅、刚大的儒者人格的追求。在宋代，松柏格外受到尊崇，其道德象征之义被进一步凸显。种松被视为“种德”，如林景熙《赋双松堂呈薛监簿》曰：“昔贤种松如种德，柯叶馀事根本丰。”有的甚至提升到“正声”“正色”“正性”等极富理学色彩的范畴上加以阐释，如范仲淹《谢黄总太博见示文集》中言松桂：“金石有正声，讵将群响随。”李复《后园双松》曰：“坚姿不可回，正色少媚妩。”赵蕃《郊居秋晚五首》其四曰：“松柏有正性，风霜无横侵。”松柏品格中节义、贞刚、操守的一面被大力弘扬，用来比拟松柏的多是像叔齐、伯夷、“三君”、“八俊”之类品德高尚的前世圣贤，如李廌《松菊堂赋》曰：“尝见美于仲尼，谓不凋于岁寒。犹称伯夷与叔齐兮，遂与贤人而并传。”[1]刘才邵《松》曰：“更与清风同烈烈，便先八俊继三君。”或者是勇于“杀身成仁”“舍身取义”的仁人志士，如宋张方平《咏松》诗云：“君子正容色，烈士全节操。”朱熹《跋苏文定公直节堂记》云：“庭中有老柏焉，焚斫之余，生意殆尽，而屹立不僵，如志士仁人，更历变故，而刚毅独立，凛然不衰者。”[2]可以说，松柏身上寄寓了宋人对贞节、刚正的儒者人格的追求。

其二，宋人在松柏“岁寒后凋”的比德传统之外，生发出“青青自若”的精神内涵。先秦儒家着眼于松柏不畏严寒的本性赋予其“岁寒后凋”的比德寓意，用以象征君子临难不移、威武不屈的人格。宋人在继承这一传统比德的同时，又由松柏四时常青、不与群争芳争艳，生发出

---

① 曾枣庄、吴洪泽主编《宋代辞赋全编》卷六七，四川大学出版社 2008 年版，第 1908 页。

② ［宋］朱熹撰《晦庵先生朱文公文集》卷八一，北京图书馆出版社 2006 年版。

不随流俗、“青青自若”的含义。如邹浩的《四柏赋》:

其四时也谢群芳之争艳，憩薰风而暑释。筛蟾光之十分，封雪霜而玉砾。若乃琼花兮一本，芍药兮十畦，蕙兰馥郁乎亭槛，锦绮焜煌乎涂泥。上由刺史，爰逮黔黎，咸择地而置酒，纷踵继以车驰。曾此柏之不顾兮，其青青固自若也。岂以此自少而遂衰？及夫时运遄往，木帝无为。骤雨滂沱以涤荡，狂飙奔腾而摧折。昔蕃鲜兮何在，今寂寞兮空枝，使当年之好事，惨搔首以兴悲。独此柏之不顾兮，其青青固自若也，亦岂以此自多而增奇。呜呼！柏之所以为柏兮，其常德若兹，仆幸得之而深兮，胜老马以为师。[①]

既描写了柏树不被狂风骤雨而摧折的可贵，又肯定了其不为热闹繁华所打动的淡泊，所谓的“青青自若”“常德”，既包含凌寒不改的操守气节，又具有超世越俗的内在精神，体现了儒、道合一的理想人格。

其三，宋人在“松柏有心”的传统比德基础上，又发展出“无心”“无情”之义。如张耒《太宁庭柏》曰:“谁能悟斯道，来此契无心。”韩维《和子华见寄》曰:“松柏无心自后凋，此心无物更寥寥。”“无心”也就是“无情”，因为无情，所以能不受外界影响，保持真我。松柏“无心”之说，打破了松柏“有心”的传统寓意，与佛、老“无心合道”“无心才能得道”的理念正相契合。

其四，宋人在松柏栋梁之才的常见比附外，又演绎出不求材用、安分随时的新理念。如蔡襄《古寺偃松》云:“须知才短为天幸，江上婆娑得所宜。”杨时《岩松》云:“臃肿不须逢匠伯，散材终得尽天年。”通过描写怪松因不能为世所用而免于斤斧，表达了不求材用、安于现

① 曾枣庄、吴洪泽主编《宋代辞赋全编》卷八六，第2628页。

状的观念，体现出道家全真保素、修身养性的哲学思想对松柏比德的渗透。

其五，宋人在松柏贞刚的比德主流外，又提出清与贞、刚与柔、高与卑应和谐一体的完备人格。如叶适《和答钱广文兰松有刚折之叹》借写松表达了过刚易折的深刻哲理："兰居地之阴，蔼蔼含华滋。此本不以刚，而为刚者师。松无栋梁具，何用稼冰雪。终风挠长林，常恐浪摧折。"苏籀《灵岩寺偃松》则融合儒、庄二家，提出一种完备的人格："揉刚为谦屈，至高而听卑。横秋老气逸，轶材那绁羁。高可容冠舆，清甚生泠飔。"高雅而又谦卑，温和而又刚强，傲岸而又清逸，这些原本相反的两极，在松的个性中奇妙地统一起来，达到平衡蕴藉的状态。范仲淹在《君子树》中称赞松："可以为师，可以为友。持松之清，远耻辱矣；执松之劲，无柔邪矣；禀松之色，义不变矣；扬松之声，名彰闻矣；有松之心，德可长矣。""君子树"集"清""劲"于一身，刚柔互补、相辅相成的理想人格，构成了宋代士大夫人格追求的普遍范式。

总之，宋代松柏比德发展成熟，不仅体现了宋人精神世界的深邃、内省和对道德名教的重视，而且反映出有宋一代儒、道、佛三家思想融合对民族精神的塑造与完善。

五、明清松柏比德的承续

明清易代之际，松柏岁寒愈青的品性成为激励爱国志士舍身取义的原动力。如明遗民方文𡺋以岁寒不移的松柏为喻，自道怀抱或赞颂他人，如："不是生来松柏性，谁人耐得此严寒。"(《雪舟》)"竹柏天然翠，风霜耐尔何。”（《响山访梅杓司及令弟昆白次日谈长益至各赋二首》）“不是繁霜后，谁知松柏青。”（《宿陈翼仲斋头》）清初杜濬《古树》则是直接为浙东抗清志士所谱的颂歌：“松知秦历短，柏感汉恩深。用尽风霜力，难移草木心。”松柏尚且有“心”，知感恩义、风霜不移，更何况人呢？

明清文学中有关松柏意象的作品数量众多，虽然比德方面并没有实质性的创新和提高，但不乏松柏比德的集成、总结之作。如明代的何乔新以松为“益友”，其《友松诗序》云：

> 观其苍然黛色凛乎不可狎也，则思所以潜消吾暴慢之气；观其霜枝雪干挺乎其不可挠也，则思所以益励乎贞介之操；观其贯四时而不改，越千岁而不衰也，则思所以诚吾恒久之心；仰焉而睇俯焉，而思其有益于吾之进修多矣。松良吾友也，非特世俗之所谓友也。[①]

对松柏比德的内涵进行了全面的概括：岁寒后凋、劲挺有节、坚贞有心、恒久之志，松从形象到本性都给人以道德的启示，令人仰观俯察之际，涵养品德、改进气质。明姚绶《三松记》更借“松”标举文人理想的性格与人生：

> 养利器于盘错，保贞心于岁寒：众皆靡靡，吾独挺挺；众皆营营，吾独舒舒；众皆竞华敷荣，吾独完贞葆素！不炫材力而材力饶，不求闻达而闻达茂。[②]

不随流俗、孤贞独守；世人贪竞浮靡、因循享乐之时，独振作警醒；

---

① ［明］何乔新《椒邱文集》卷九，《影印文渊阁四库全书》本。

② ［清］汪灏、张逸少撰《佩文斋广群芳谱》卷六八，上海古籍出版社 1991 年版，第 3 册，第 13 页。

世人追名逐利、奔走钻营之时，独养性怡心；世人炫耀展示之时，独养晦韬光；以身作则，无为而至，最终才名远播、显扬闻达。

总之，松柏比德源远流长，先秦时松柏是有道君子的象征，魏晋六朝时是名士风度节操的体现，唐代被托喻为渴望才用又个性鲜明的文士，宋代是士大夫完美人格的象征。正直端方的君子一直是松柏人格寓意的主流，也是各个时代社会生活的中坚力量。和其他植物意象君子人格象征，如竹、莲、菊等相较，松柏在体现君子人格上有着独特的优势，它兼备竹之贞劲、莲之高洁、菊之淡泊。华夏民族精神中的一些重要素质，如重节操、重道德、坚韧不拔、自强不息、安贫乐道、淡泊名利、人格独立等，在松柏意象的人格内涵中都有表现。可以说，松柏的生物特征显著，是文化中阳刚坚贞的经典。研究松柏比德，为我们研究中国文化提供了一个切入口。

（原载《安徽农业大学学报》社会科学版2015年第5期）

先秦时代“松柏”的文化原型意义

松柏是历史悠久的树种，在我国分布广泛、应用多样，因而较早地进入古人的视野，成为人类生产生活和文学创作的重要对象。本文拟对先秦时期的“松柏”予以考察，对松柏文学和文化意义的原型进行深入而细致的探寻。

一、松柏的原始分布以及早期应用

松柏是常绿乔木，在我国古代分布广、规模大、资源多，南北方都有分布。松柏的生命力和适应性都很强，对土壤、气温、水分等都没有很高的要求，这种超强的适应能力在树木之中是首屈一指的。《国语 · 晋语九》说：“松柏之地，其土不肥。”[①]说明松柏的物种优势在战国时期就已为人们所认识。《山海经》为上古山川地理之书，对植物分布等情况的记载较为详细，《山海经》中记载了柏 23 次、松 18 次，其中有 16 次说到松柏的分布，如：

钱来之山，其上多松……

白於之山，上多松柏……

涿光之山……其上多松柏……

① ［春秋］左丘明撰《国语》卷一五，《二十五别史》本，齐鲁书社 2000 年版，第 246 页。

潘侯之山，其上多松柏……

诸余之山……其下多松柏……

咸山……是多松柏……

谒戾之山，其上多松柏……

骄山……其木多松柏……

荆山……其木多松柏……

大尧之山，其木多松柏……

翼望之山……其上多松柏……

皮山……其木多松柏……

堇理之山，其上多松柏……

从山，其上多松柏……

婴䃌（yīn）之山，其上多松柏……

这些山集中在今陕西、山西、河南、山东、河北等地。

上古时期松柏主要分布在我国西北、北部，这在古代文献、文学作品中都有记载和反映。《逸周书·职方解第六十二》曰："河内曰冀州。其山镇曰霍山，其泽薮曰杨纡。其川漳，其浸汾露。其利松柏……"[①]"河内"谓黄河以北，即今山西及河南省一带。《尚书·禹贡》将当时疆域划分为冀、兖、青、徐、扬、荆、豫、梁、雍九州，对各州的山林和贡品情况有记载，如青州："厥贡盐絺，海物惟错。岱畎丝、枲、铅、松、怪石。"孔安国曰："岱山之谷出此五物，皆贡之。"[②]说明松柏木曾经作为青州珍贵的特产而进贡给周王朝。青州，旧治在今山东省青州市，

---

① 黄怀信、张懋镕、田旭东撰《逸周书汇校集注》卷八，上海古籍出版社1995年版，第1055页。

② ［唐］孔颖达正义《尚书正义》，中华书局1980年影印阮刻《十三经注疏》本，第197页。

也属北方。

从某种意义上讲《诗经》也有地理记录，这主要通过对植物的记载和描写体现出来。《卫风 · 竹竿》写道："淇水悠悠，桧楫松舟。"说明淇河流域一带（今河南省北部）有松、桧分布。《小雅 · 斯干》中有"秩秩斯干，幽幽南山，如竹苞矣，如松茂矣"的诗句。这里说的"南山"是终南山，即今秦岭，在陕西境内。这说明秦岭在西周和春秋时期有茂密的竹林和松林。《大雅·皇矣》中写道："帝省其山，柞棫斯拔，松柏斯兑。"这首诗所写的地点为岐山，表明当时岐山（今陕西省岐山县东北）附近有松、柏分布。《鲁颂 · 閟宫》中写道："徂来之松，新甫之柏，是断是度，是寻是尺。"这里的"徂来"即徂来山，位于今山东省泰安县东南，"新甫"即新甫山，亦称宫山，位于今山东省新泰县西北。这表明当时鲁中的徂来山和新甫山是有松林和柏林的。《商颂·殷武》："陟彼景山，松柏丸丸。"所指是今安阳西部山区一带。从这些创作于古代劳动人民的质朴诗句中，即可见出松柏在上古时期原始分布之广泛，与人民生活关系之密切。

相对来说，上古时期对南方松柏的记载和描写要少得多。但这并不是说这一时期南方就没有松柏，只是因为松柏耐寒，北方天气寒冷，尤其严冬树木凋零，苍翠郁茂的松柏更容易引起人们的注意。而南方气候温暖，一年四季花木葱茏，松柏就显得不那么突出了。比如，上古时期湖南和湖北都有松柏分布。据对湖南洞庭湖以南的湘阴、湘乡和汉寿等县全新世孢粉的分析，全新世中叶（距今 8000 ～ 3000 年），该地以松、栎树种占优势。[1]古荆州在今湖北省中南部，上古时期也是

[1] 见龚法高、张丕远、张瑾瑢《历史时期我国气候带的变迁及生物分布界限的推移》，《历史地理》第五辑，第 3 页。

松柏分布区。《墨子 · 公输》载墨翟曰 :“荆有长松文梓楩楠豫章，宋无长木，此犹锦绣之与短褐也。”[1]可见，松树在当时是荆州地区的主要树种之一。

松柏木质优良，易于制作，气味芳香，很早就被用于制造业。正因如此，其进入文学领域的时间也比较早。在我国最早的诗歌总集《诗经》中，松柏出现 11 次，其中有 5 次涉及松柏木材的利用，都是关于建造宫室、宗庙、舟楫方面。《诗经 · 商颂 · 殷武》曰 :“陟彼景山，松柏丸丸。是断是迁，方斫是虔。松桷有梴，旅楹有闲，寝成孔安。”《鲁颂 · 泌宫》曰 :“徂徕之松，新甫之柏。是断是度，是寻是尺。松桷有舄，路寝孔硕，新庙奕奕。”说的是用松柏木建成的宫室、宗庙高敞气派，居住清静安康。

在人类发明架桥技术之前，舟船作为水上交通工具在人们生活中发挥着至关重要的作用。松柏木质坚硬细密，不易腐蠹，是制造舟楫的首选材料。《越绝书 · 记地传》中有勾践“伐松柏作桴”的记载 :“勾践初徙琅琊，使楼船卒二千八百人，伐松柏以为桴，故曰木客。”[2]“桴”是舟船普及之前水上的重要交通工具。《诗经》作为早期人类生活真实反映的文学作品，对此也有描写。《诗经》中有 2 篇以“柏舟”为名的诗歌，“柏舟”是用柏木做成的小船。《卫风·竹竿》又写道:“淇水悠悠，桧楫松舟。”可见松柏木是先民制造舟船的常用材料，以至于他们在抒写自己生活和情感的诗歌中反复咏唱。

松柏之材，可以柱明堂而栋大厦，于是文人以之比拟才识过人、能力出众的贤臣能人。如《逸周书 · 酆保解第二十一》“微降霜雪以取

① 张纯一编著《墨子集解》卷一三，成都古籍书店 1988 年版，第 461 页。

② ［东汉］袁康、吴平辑录《越绝书》卷八，上海古籍出版社 1985 年版，第 62 页。

松柏”[1],运用的是比喻手法,意谓适当时机争取殷商贤人为周所用,“松柏”指贤臣能人。用松柏来比喻栋梁之才，这是一个重要的文化现象。后人称松柏为“君子材”“舟楫器”，用来喻人器识才具，正是对这一认识的发挥。

二、松柏比德意义的初显

松柏最显著的一个物理特征就是四时常青，不像一般树木那样随季节变化而春荣秋零。松柏的生活期长，树叶脱换时相互交替，一般要在新叶发生以后，老叶才次第枯落，就全树看来好像不落叶一样，所以使人有冬夏常青的感觉。先秦儒家赋予松柏人格之美，用以象征君子临大节而不可夺的品德，正是着眼其不畏严寒的特殊品性。《论语·子罕》记录下孔子关于松柏比德的经典之言：“岁寒，然后知松柏之后凋也！”[2]《庄子·让王》《荀子·大略》分别对这一含蕴深刻的经典话语进行阐释。《庄子·让王》引孔子语：“故内省而不穷于道，临难而不失其德，天寒既至，霜雪既降，吾是以知松柏之茂也。”[3]《荀子·大略》中也有关于松柏比德的言论：“君子隘穷而不失，劳倦而不苟，临患难而不忘细席之言。岁不寒无以知松柏，事不难无以知君子无日不在是。”[4]在以上言论中，松柏耐寒、常青的本性被推演出中道义自守、临难不移的气节操守之义，成为混乱之世中君子人格的象征，

---

① 黄怀信、张懋镕、田旭东撰《逸周书汇校辑注》卷三，第 217 页。

② ［宋］朱熹撰《论语集注》，齐鲁书社 1992 年第 1 版，第 92 页。

③ 王先谦注《庄子集解》卷八，中华书局 1954 年版，第 173 页。

④ ［战国］荀况著，王天海校释《荀子校释》卷一九，上海古籍出版社 2005 年版，第 1305 页。

形成了一个对后世影响深远的文学命题。以后，每当宫廷政变、朝代易主的危乱时刻,人们往往以“岁寒后凋”的松柏来称誉忠臣烈士之风。这说明，“岁寒后凋”作为一种人格精神、民族气节，已深入中国文人内心。后来的文人不仅在“立言”以传世的作品中引用、阐释它，还以之为别号、为室名、为诗文集名、为楼台景观名，借之寄托思想情志，以此进行道德自励。随着“岁寒后凋”在文学作品和社会生活中的广泛应用，这一命题逐步由文学经典上升为一种文化符号，代表着危乱困苦之境中的坚贞之心与不屈之节。

松柏枝干峭拔苍劲，材质坚韧密实，文人赋予其“有心”的品质，象征坚贞刚劲的君子形象。《礼记》首次提出“松柏有心”之说,《礼器》曰:“礼释回，增美质。措则正，施则行。其在人也，如竹箭之有筠也，如松柏之有心也，二者居天下之大端矣。故贯四时而不改柯易叶。故君子有礼，则外谐而内无怨，故物无不怀仁，鬼神飨德。”这里“有心”当理解为内在的贞刚之性。唐孔颖达在为《礼器》中的这句话疏解时即云:“人经夷险，不变其德，由礼使然，譬如松柏凌寒而郁茂，由其内心贞和故也。”[①]指出松柏贵在“有心”，唯其“有心”，才能岁寒不改、独立高标，成为君子志士的象征。后来,“有心”成为松柏品性的一个重要方面，在咏松柏的诗歌中反复出现，并与“岁寒后凋”一起，成为文人笔下经常驱遣的典故。

先秦松柏比德的形成，既与这一时期的社会和思想文化密切相关，也与松柏本身的生物特征密不可分，是多种因缘会聚的成果。松柏这一岁寒之木由此获得人格意义，揭开了比德篇章的第一页。松柏被后

① ［汉］郑玄注，［唐］孔颖达等正义，黄侃经文句读《礼记正义》卷二三，上海古籍出版社 1990 年版，第 448 页。

世文人称为“君子树”，成为士大夫品格的高标，正是源于先秦儒家对松柏人格象征的认识。

三、作为墓树和“社木”的松柏及其文化内涵

墓地种植松柏，源于我国古代的丧葬制度，与社稷制度也有密切的关联。先民通过这种行动，来寄托渴慕长生、祖灵尊崇和土地崇拜的情感，从中可窥见我们民族特有的观念和心理。

早期人类可能并没有在墓地植树的习惯，甚至人死之后，连坟墓也不修建。《周易·系辞下》中就有这样的记载：“古之葬者，厚衣之以薪，葬之中野，不封不树，丧期无数，后世圣人易之以棺椁。”[①]《孟子·滕文公上》中也有类似记述：“盖上世尝有不葬其亲者，其亲死，则举而委之于壑。他日过之，狐狸食之，蝇蚋姑嘬之，其颡有泚，睨而不视，夫泚也，非为人泚，中心达于面目。盖归反虆梩而掩之。”[②]可见，最早人类是将尸体放置野外，最多以薪或土覆盖，既不封坟，也不植树，后世才改用棺椁放置尸体，又封土为坟、种树以识。

墓地封植在商、周时期就成为国家礼制，并有严格的尊卑等级之分。《周礼·春官·冢人》曰：“以爵等为丘封之度，与其树数。”[③]坟丘的高度和墓树的数量都依爵等而定，爵位等级越高，墓丘就筑得越高，墓树的数量也越多。在墓树的选择上也有讲究，《淮南子·齐俗

① [魏]王弼，魏康伯著，[唐]孔颖达等正义，黄侃经文句读《周易正义》卷八，《十三经注疏》本，上海古籍出版社1990年版，第170页。

② [宋]朱熹集注，陈成国标点《四书集注》，岳麓书社2004年版，第293页。

③ [汉]郑玄注，[唐]贾公彦疏，黄侃经文句读《周礼注疏》卷二二，上海古籍出版社1990年版，第333页。

训》对上古丧葬制度有详细的记载："夏后氏其社用松，祀户，葬墙置翣，其乐夏龠、九成、六佾、六列、六英，其服尚青；殷人之礼，其社用石，祀门，葬树松，其乐大濩、晨露，其服尚白；周人之礼，其社用栗，祀灶，葬树柏，其乐大武、三象、棘下，其服尚赤。礼乐相诡，服制相反，然而皆不失亲疏之恩，上下之伦。"①唐封演《封氏闻见录》引《礼经》云："天子坟高三雉，诸侯半之，大夫八尺，士四尺，天子树松，诸侯树柏，大夫树杨，士树榆……盖殷周以来墓树有尊卑之制，不必专以罔象之故也。"②可见，在夏、商、周三代，丧葬制度特别重视尊卑上下的人伦，各阶层人物的坟墓高度，墓树的品种、数量，都有着严格的区分，松柏是最高统治者的专用墓树。

这种制度到春秋战国时就不那么严格了。随着周天子的衰微，西周时代的礼乐制度颓然崩溃，传统的礼乐固然已无法维持，具体的典礼、仪式也在逐步破坏。这是等级制度瓦解、等级观念淡薄带来的必然结果。社会思想解放，观念自由，人们对前代的制度就不那么严格遵守了，丧葬制度也是如此。春秋葬制即使如《白虎通义》引《春秋含文嘉》所言："天子坟高三仞，树以松；诸侯半之，树以柏；大夫八尺，树以栾；士四尺，树以槐；庶人无坟，树以杨柳。"③也就是说基本继承商、周的丧葬规定，但此制实际上是不怎么能行得通的。春秋时期，封建贵族墓葬竞相攀比，丘垄求高，墓树求多，棺椁求贵，远远超出了葬制的规定，以至提倡节俭的墨子对当时风俗提出批评，言王公大人有丧者，"棺椁必重，葬埋必厚，衣衾必多，

---

① ［唐］封演撰《封氏闻见记》卷六，中华书局 1985 年，第 83 页。

② ［汉］刘安原著，［汉］高诱注《淮南子注》卷一一，上海书店 1986 年版，第 176 页。

③ 陈立疏证，吴则虞点校《白虎通疏证》下册，中华书局 1994 年版，第 559 页。

文秀必繁，丘垄必巨”。[1]考古发现的春秋墓葬也证实了这一点。春秋时期著名的大教育家孔子死后，也没有完全按照士的身份来发葬，据《孔子家语 · 终纪解第四十》载，孔子死后“葬于鲁城北泗水上，藏入地。不及泉，而封为偃斧之形，高四尺，树松柏为志焉。弟子皆家于墓，行心丧之礼”[2]。坟高四尺，符合孔子士的身份，但其墓地种植的却是天子、诸侯才能用的松柏。孔子作为中国历史上第一位思想家和民间教育家，在当时就有很大的社会影响，孔子门人也必熟知三代葬制，不会有意僭越古礼，应是按当时的社会习俗而行。也就是说，春秋战国时期，随着等级制度的瓦解，有名望的大夫和士人墓地树松柏为志已不是个别现象。

松柏作为墓树的首要功能是表识作用。《礼记 · 檀弓》载孔子葬其父母的情形：“吾闻之，古也墓而不坟。今丘也，东西南北之人也，不可以弗识也。”“于是封之，崇四尺。”[3]孔子改墓为坟，崇丘四尺，主要是为了易于识别。古往今来，除少数富贵人家用砖石砌坟外，多数平民坟丘都是用土堆成，土丘经雨水冲洗，易于流失，几年后就会变成平地。墓前植树以为表识，使后人见树而知为墓，这种方法最为简便易行，因此很快在社会上普及。

除客观的标识作用外，墓地松柏在古人观念中还有一项重要的功能，就是对地下亡灵的护佑。汉应劭《风俗通义 · 佚文》云：“墓上树柏，路头石虎。《周礼》：方相氏葬日入圹驱罔象。罔象好食亡者肝脑，人家不能常令方相立于墓侧，而罔象畏虎与柏。故墓前立虎与柏。”[4]罔

① 张纯一编著《墨子集解》卷六，第156页。
② 廖名春、邹新明校点《孔子家语》卷九，辽宁教育出版社1997年版，第107页。
③《礼记正义》卷六，第173页。
④［汉］应劭撰，王利器校注《风俗通义校注》，中华书局1981年版，第574页。

象食死人脑，而畏虎与柏的传说，反映了民间对墓柏能驱邪去恶、保护亡者的认识。柏枝可以辟邪的风习，从周代就存在了，以至于成为一种民间信仰，历代传承，一直延续至今。

华夏先民对土地有着浓重的崇拜情结，赋予其神秘的力量，他们不仅设社坛以祭祀土地之神，而且“社必树之以木”[①]。关于社木的作用，汉班固《白虎通义》解释说：“社稷所以有树何？尊而识之，使民望见即敬之，又所以表功也。”[②]世代不同，社木各异，如《论语》云：“夏后氏以松，殷人以柏，周人以栗。”[③]是乃土地之所宜也，如《周礼 · 地官 · 大司徒》云：“设其社稷之壝，而树之田主，各以其野之所宜木，遂以名其社与其野。”郑玄注云：“所宜木，谓若松柏栗也。”[④]那么，我们民族特别选择松柏来作为社稷之木，除“其野之所宜”的客观原因外，还有什么主观方面的原因呢？这源于人类对松柏与土地之间神秘关系的认知。古人认为，松柏乃受命于地，得地之正气，故能独具灵性而为众木之杰。如《庄子 · 德充符》引仲尼语：“受命于地，唯松柏独也在，冬夏青青。受命於天，唯舜独也正，幸能正生，以正众生。”[⑤]可见，自上古以来松柏与土地之间就被赋予某种朴素的关联，这是松柏被选为社木的重要原因，也是先民将其视为地下祖灵之守护神的根源所在。

先秦时期，作为墓树和“社木”的松柏有着尊崇的文化地位，秦汉时期这种贵族色彩逐渐淡薄，六朝时松柏已成为民间普及的坟头树。“人生代代无穷已，‘松柏’年年只相似。”作为今天墓地最为常见的树

① [唐]李延寿撰《北史 · 刘芳传》卷四二，中华书局1974年版，第1549页。
② [清]陈立撰，吴则虞点校《白虎通疏证》卷三，第89页。
③《论语集注》，第26页。
④《周礼注疏》卷一〇，第148页。
⑤《庄子集解》卷二，第30页。

种之一，松柏见证了我们民族文化血脉的延续。

四、“不老松”文学意象的初成

在《诗经 · 小雅 · 天保》中，松柏就被用以祝寿：“如月之恒，如日之升。如南山之寿，不骞不崩。如松柏之茂，无不尔或承。”诗中用一连串比喻来为君王祝寿祈福。对此，唐孔颖达正义曰：“言王德位日隆，有进无退，如月之上弦稍就盈满，如日之始出稍益明盛。王既德位如是，天定其基业长久，且又坚固，如南山之寿，不骞亏，不崩坏，故常得隆盛，如松柏之木，枝叶恒茂。无不于尔有承，如松柏之叶，新故相承代，常无凋落，犹王子孙世嗣相承，恒无衰也。”[①]《小雅·天保》以“南山之寿”“松柏之茂”为喻祝寿祈福，这里的“南山”，指终南山，南山永恒常在、松柏长青不老，因此才有这样的比喻。“如松柏之茂，无不尔或承”之句更反映出先民对松柏生物特点的准确把握：

图04 徐悲鸿《松柏双鹤图》，北京故宫博物院藏（http://www.dpm.org.cn/index1024768.html）。

① ［汉］毛亨撰，［汉］郑玄笺，［唐］孔颖达疏《毛诗正义》卷九，《十三经注疏》本，北京大学出版社 1999 年版，第 587 页。

松柏树叶并非不凋，只是新代谢旺盛，旧叶凋落，新叶即续生，是以常茂盛青青，相承无衰落也。《天保》以松柏为喻来为君王祈福，有两层含义，一是以松柏枝繁叶茂祝愿君王青春常在、长寿安康；一是以松柏之叶新旧更替、常青不衰祈祝君王子孙绵延，永享福禄。《小雅·天保》建立了“南山”“松柏”和祝寿的关系，成为后世文学和民俗中“南山不老松”意象的源头。

松柏耐寒后凋，禀坚凝之质，为多寿之木，祝寿以松柏比之，实在再恰当不过。松柏的树龄长，活至百年千年者亦不足为奇，是最有代表性的长寿树种。松柏还具有药用及保健价值，其节、根、皮、叶、花、实、脂及根部附生物茯苓均可服食，有去疾延年之效。我国现存最早的药物学著作《神农本草经》中对松柏的医药价值有详细的表述：“松脂味苦温。主疽恶疮，头疡，白秃，疥瘙风气，安五脏，除热。久服轻身不老延年。一名松膏，一名松肪。生山谷。”“柏实味甘平。主惊悸，安五脏，益气，除湿痹。久服令人润泽美色，耳目聪明，不饥不老，轻身延年。生山谷。”[①]这部书主要总结先秦的药学经验，可见早在先秦时期人们就已认识到松柏的药物及养生功用。在汉晋时期流行的仙话传说中，松柏演变为长生补益品，后来逐步发展为民间的长寿吉祥物，常与仙鹤、石头、梅花等组合表现，其中松与鹤的组合是民间祝寿文学、祝寿图中最常见的题材。

① 吴普等述，孙星衍、孙冯冀辑《神农本草经》卷一，《丛书集成初编》本，中华书局 1985 年版，第 59 页。

五、结　语

松柏的木、叶、实、脂在先秦时期就得到了广泛的利用，其使用价值、医药保健价值都因人们实际生活的需要而得到了充分的发挥，形成了多样化的文化形态。松柏的分布、种植和应用是相关文化产生的基础。松柏的比德意义的获得使其文化内涵渐趋丰富。在等级森严的封建社会初期，松柏作为最高统治者的专用墓树和“社稷之木”，显示出其在群木中至高无上的文化地位。祝寿文学和民俗中常见的“南山不老松”意象在先秦时期已初露端倪，《诗经》篇什以“南山”和“松柏”为喻为君王祝寿祈福，建立了“南山不老松”意象的原型。总之，先秦时期塑造了“松柏”文化的雏形，为后来“松柏”文化的发展和相关研究提供便利。

（原载王颖《中国松柏审美文化研究》，安徽人民出版社2016年版，此处有增补修订）

墓地松柏意象的文化意蕴

墓地松柏作为一种文化意象，与我国古代的丧葬制度、社稷制度有着密切的关联，寄托着先民渴慕长生、祖灵尊崇和土地崇拜的情感，反映了我们民族特有的观念、心理。墓地松柏因为牵连着生命和历史，又成为祭祀、追悼、怀古类文学作品中的重要意象，有着复杂的情感内涵。

一、墓地植松柏源流考述

墓地种植松柏源于上古的丧葬制度，松柏在夏、商、周三代时是最高统治者的专用墓木。三代以后，封建等级制度逐渐瓦解，墓地树种与墓主身份的对应关系随之松懈。至魏晋六朝时，松柏已是民间普及的坟头树，墓地种植松柏成为一种集体无意识行为。

早期人类可能并没有在墓地植树的习惯，甚至人死之后，连坟墓也不修建。《周易·系辞下》中就有这样的记载："古之葬者，厚衣之以薪，葬之中野，不封不树，丧期无数，后世圣人易之以棺椁。"[①]《封氏闻见记》亦云："按礼经，古之葬者，不封不树，后代封墓而又树之。"[②]墓地

① ［魏］王弼，魏康伯著，［唐］孔颖达等正义，黄侃经文句读《周易正义》卷八，《十三经注疏》本，上海古籍1990年版，第170页。

② ［唐］封演《封氏闻见记》，学苑出版社2001年版，第144页。

植树以作表识之用在上古文献中已有反映，如《左传·僖公三十二年》记载秦穆公曾对蹇叔说："中寿，尔墓之木拱矣！"[①]汉仲长统《昌言》亦云："古之葬者，松柏梧桐，以识其坟也。"[②]

那么，古人在墓木的选择上又有什么讲究呢？封建社会特别重视上下尊卑的人伦，这一点也体现在丧葬制度上，特别是封建社会早期，各阶层人物的坟墓高度和墓树品种都有着严格的区分，甚至丧服、音乐都随死者地位身份的不同而各异。《淮南子》卷十一《齐俗训》对上古丧葬制度有详细的记载："有虞氏之祀，其社用土，祀中霤，葬成亩，其乐咸池、承云、九韶，其服尚黄；夏后氏其社用松，祀户，葬墙置翣，其乐夏龠、九成、六佾、六列、六英，其服尚青；殷人之礼，其社用石，祀门，葬树松，其乐大濩、晨露，其服尚白；周人之礼，其社用栗，祀灶，葬树柏，其乐大武、三象、棘下，其服尚赤。礼乐相诡，服制相反，然而皆不失亲疏之恩，上下之伦。"[③]《封氏闻见记》引《礼经》云："天子坟高三雉，诸侯半之，大夫八尺，士四尺，天子树松，诸侯树柏，大夫树杨，士树榆……盖殷周以来墓树有尊卑之制，不必专以罔象之故也。"[④]清惠士奇《礼说·春官二》则云："天子树松，诸侯树柏，大夫栾，士杨……庶人不封不树。"[⑤]可以看出，在夏、商、周三代，墓木的品种是有严格等级之分的，松柏一般是最高统治阶层

---

① ［春秋］左丘明传，［晋］杜预注，［唐］孔颖达正义，《十三经注疏》整理委员会整理，李学勤主编《春秋左传正义》卷一七，北京大学出版社1999年版，第471页。

② ［清］严可均辑《全后汉文》卷八九，商务印书馆1999年版，第905页。

③ ［汉］刘安原著，［汉］高诱注《淮南子注》卷一一，上海书店1986年版，第176页。

④ ［唐］封演《封氏闻见记》卷六，第83页。

⑤ ［清］惠士奇《礼说》，北京图书馆出版社2008年版，第176页。

的专用墓树。

这种制度到春秋战国时期就不那么严格了。社会思想的自由度大大增强，人们对前代的制度就不那么严格遵守了，丧葬制度自然也不例外。春秋葬制即使如《白虎通义》引春秋《含文嘉》所言："天子坟高三仞，树以松；诸侯半之，树以柏；夫八尺，树以栾；士四尺，树以槐；庶人无坟，树以杨柳。"[①]春秋时期诸侯及贵族的墓葬往往有高大的坟堆，远远超出了葬制的规定高度，《墨子·节葬》即言王公大人有丧者"棺椁必重，葬埋必厚，衣衾必多，文秀必繁，丘垄必巨"[②]。《吕氏春秋·安死》也说："世之为丘垄也，其高大若山，其树之若林。"[③]考古发现的春秋墓葬也证实了这一点。春秋时期著名的大教育家孔子死后，其家人和弟子也没有完全按照士的身份来发葬，据《孔子家语》载，孔子死后，"葬于鲁城北泗水上，藏入地。不及泉，而封为偃斧之形，高四尺，树松柏为志焉。弟子皆家于墓，行心丧之礼"[④]。坟高四尺，符合孔子士的身份，但其墓地种植的却是天子、诸侯才能用的松柏。孔子作为中国历史上第一位思想家和民间教育家，在当时就有很大的社会影响，孔子门人也必熟知三代葬制，不会有意僭越古礼，应是按当时的社会习俗而行的。

秦汉时期，墓地松柏逐渐向民间普及。汉应劭《风俗通义·佚文》云："墓上树柏，路头石虎。《周礼》：方相氏葬日入圹驱罔象。罔象好食亡者肝脑，人家不能常令方相立于墓侧，而罔象畏虎与柏。故墓前

---

① 陈立疏证，吴则虞点校《白虎通疏证》下册，中华书局 1994 年版，第 559 页。

② 张纯一编著《墨子集解》卷六，成都古籍书店 1988 年版，第 156 页。

③ ［秦］吕不韦编撰，［汉］高诱注《吕氏春秋》卷一〇，上海书店出版社 1986 年第 1 版，第 98 页。

④ 廖名春、邹新明校点《孔子家语》卷九，辽宁教育出版社 1997 年版，第 107 页。

立虎与柏。或说秦穆公时，陈舍人掘地得物若羊，将献之，道逢二童子，谓曰：‘此名谓媪，常在地中食死人脑。若杀之，以柏束两枝捶其首。’由是墓侧皆树柏。”[①]这说明，秦代墓地广泛植柏的现象已引起人们的思考，于是通过这样一个神异的故事来解说原由。两汉时期，民间墓地种植松柏的现象更为常见，诸多文献对此都有记载。《广州先贤传》曰：“猗顿至孝。母丧，猗独立坟，历年乃成。居丧逾制，种松柏成行。”[②]《华阳国志·卷八》亦云：“蜀民冢墓多种松柏，宜什四市取，入山者少。”[③]文学作品对此也有反映，汉代古诗《十五从军征》云：“十五从军征，八十始得归。道逢乡里人，家中有阿谁。遥望是君家，松柏冢累累。”诗中描绘的是民间墓地松柏森森的景象。勒宝《汉代墓葬用柏及其原因分析》曾谈及两汉墓地种植松柏的情况：“《三辅黄图》曰：‘汉文帝霸陵不起山陵，稠种柏树。’《西京杂记》也云：‘杜子夏葬长安北四里……墓前种松柏五株，至今茂盛。’这说明，西汉时期，上起皇帝，下至臣民，都崇尚在墓前种植大量柏树。东汉时期，更为盛行。王符在《潜夫论》中对此做了记载与批判，如《浮侈篇》载：‘是生不极养，死乃崇丧……多埋珍宝偶人车马，造起大冢，广植松柏。’”[④]也就是说，秦汉时期，墓地种植松柏已不再是上层人士的特权，而成为一种社会习俗。

魏晋六朝时，松柏已成为全民皆用的墓地树种。这一时期，松柏作为墓木的形象已深入人心，为了避讳，人家居处宅院一般是不种松柏的，如《太平广记·嘲诮一》记：“晋张湛好于斋前种松柏。袁山松

---

① [汉]应劭撰，王利器校注《风俗通义校注》，中华书局1981年版，第574页。
② [唐]欧阳询撰，汪绍楹校《艺文类聚》，中华书局1965年版，第1512页。
③ 汪启明、赵静译注《华阳国志译注》，四川大学出版社2007年版，第314页。
④ 勒宝《汉代墓葬用柏及其原因分析》，《中原文物》2009年第3期，第44页。

出游，每好令左右挽歌。时人谓：‘张屋下陈尸，袁道上行殡。’”[①]松柏与坟墓之间构成一种稳定的联系，在人们心目中几乎成为死亡的代名词，《南齐书·王僧虔传》有“鬼唯知爱深松茂柏”之说[②]，梁陶弘景言：人“皆松下之一物”[③]。在魏晋六朝的墓志铭中，坟墓常被称为“松邱”“松垧”“松埏”，坟墓的入口被称为“柏门”“松帐”“松关”“松户”“松门”，墓道被称为“松阡”“松径”“松路”，布满坟丘的山岗被称为“松岗”，松柏与坟墓、死亡、生命紧密地联系在一起。

综合上述内容可以看出，随着时代风俗的变迁，墓地松柏的贵族色彩渐趋淡薄，平民色彩日益浓厚，汉代以后，墓地松柏走向广阔的民间，由此获得了丰富的民俗内涵和情感积淀。

二、墓地松柏与土地崇拜的关联

墓树除客观的标识作用外，在古人的观念中还有一项重要的功能，就是对地下亡灵的护佑。《风俗通义》即称：“墓上树柏，路头石虎……而魍象畏虎与柏，故墓前立虎与柏。”[④]《礼说》卷十一亦云：“段成式谓罔两好食亡者肝，而畏虎与柏，墓上树柏立石虎以此也。”[⑤]正因为如此，古人对先人墓地松柏无不悉心守护，不容许任何的侵犯行为，如《晋书·庾衮传》载：“或有斩其父墓柏者，莫知其谁，乃召

---

① 李昉等《太平广记》，哈尔滨出版社 1995 年版，第 2165 页。

② ［南朝梁］萧子显撰《南齐书》卷三三，中华书局 1972 年第 1 版，第 599 页。

③ ［南朝梁］陶弘景《水仙赋》，陶弘景著、王京州校注《陶弘景集校注》，上海古籍 2009 年版，第 26 页。

④ ［汉］应劭撰，王利器校注《风俗通义校注》，第 574 页。

⑤ ［清］阮元《清经解》，上海书店 1988 年版，第 85 页。

邻人集于墓自责焉，因叩头泣涕，谢祖祢曰：‘德之不修，不能庇先人之树，衮之罪也。’父老咸为之垂泣，自后人莫之犯。”[1]又《旧唐书·褚无量传》载：“未几，丁忧解职，庐于墓侧。其所植松柏，时有鹿犯之，无量泣而言曰：‘山中众草不少，何忍犯吾先茔树哉！’因通夕守护。俄有群鹿驯狎，不复侵害，无量因此终身不食鹿肉。”[2]墓地松柏不仅在民众心里有着至高的地位，甚至得到了国家法律的保护，《三辅旧事》即云：“汉诸陵皆属太常，又有盗柏者，弃市。”[3]即使是皇帝建造宫室也不得任意砍伐生民墓地松柏，如《三国志·曹爽传》曰：“(杨)伟字世英，冯翊人。明帝治宫室，伟谏曰：‘今作宫室，斩伐生民墓上松柏，毁坏碑兽石柱，辜及亡人，伤孝子心，不可以为后世之法则。’”[4]

华夏先民对土地有着浓重的崇拜情结，赋予其神秘的力量，他们不仅设社稷坛以祭祀土地、谷物之神，而且“社必树之以木”，“有木者，土主生万物，万物莫善于木，故树木也”[5]。“如《论语》云：‘夏后氏以松，殷人以柏，周人以栗。’是乃土地之所宜也。”[6]也就是说，三代社木的不同可能与其聚居地土壤的差别有关。那么，我们民族为什么会特别选择了松柏来作为社稷之木呢？这源于人类对松柏与土地之间一种神秘关系的认知，古人认为松柏乃受命于地，得地之正气，故能独具灵性而为众木之杰。如《庄子·德充符》引仲尼语曰：“受命于地，

---

① ［唐］房玄龄等撰《晋书》卷八八，第2281页。
② ［后晋］刘昫《旧唐书》卷一〇二，中华书局1975年版，第3167页
③ ［唐］欧阳询撰，汪绍楹校《艺文类聚》卷八八木部上柏，第1516页。
④ ［晋］陈寿《三国志》，太白文艺出版社2006年版，第168页。
⑤ ［唐］李延寿撰《北史·刘芳传》卷四二，中华书局1974年版，第1549页。
⑥ ［北齐］魏收《魏书》，吉林人民出版社1995年版，第750页。

唯松柏独也在冬夏青青。受命於天，唯舜独也正，幸能正生以正众生。”晋郭象《庄子注》曰：“夫松柏，特禀自然之钟气，故能为众木之杰耳，非能为而得之也。”《王逸子》亦云：“木有状，桑、梧桐、松柏皆受气淳矣，异于群类者。”[①]可见，自上古以来，松柏与土地之间就被赋予某种朴素的关联，这是松柏被选为社木的直接原因，也是先民将其视为地下祖灵之守护神的根源所在。

此外，墓地种植松柏还有生物学、民俗学及心理学方面的原因。松柏抗寒耐旱，生命力极强，因此，分布广泛，在我国有着悠久的栽培历史，为其成为社稷之木及墓地树种提供了便利。松柏是长寿之木，又有着医病延年的实际功用，因此，从秦汉之际始，松柏在民间传说中往往成为仙寿理想的寄托。松柏四季常青的生物属性又与人类渴望长生的理想契合，墓地种植松柏是人们希望在另一世界中能像松柏一样长生不死的愿望的表达。

三、墓地松柏意象的文学表现

墓地松柏因为牵连着生命与历史，在祭祀、追悼、怀古等文学中往往被借以表达生死之叹、怀亲吊友、历史思索等复杂的情绪。每当朝代更迭的乱世之际，一旦生命被笼罩死亡的阴影，墓地松柏总是会激起文人深沉的情感，主宰乱世的悲音。在登临怀古类文学作品中，墓地松柏又与历史人物、前朝古迹交叠一起，见证着时代社会的盛衰荣辱，从而获得更加深远的意义。

① ［唐］欧阳询撰，汪绍楹校《艺文类聚》卷八八木部上，第1527页。

（一）生死之叹

从汉魏始，松柏意象在文学作品中就常与坟茔、幽泉、白杨、荒草、悲风等连用，以突出一种生命的荒凉感、虚无感。墓地松柏作为死亡的代称，还常成为生命有限的对照物，如："青青陵上柏，磊磊涧中石。人生天地间，忽如远行客。"（《古诗十九首·青青陵上柏》）"白杨何萧萧，松柏夹广路。下有陈死人，杳杳即长暮……人生忽如寄，寿无金石固。"（《古诗十九首·驱车上东门》）都是借松柏之常青、死亡之永恒来反衬生命的短暂。然而，即使坚贞如松柏也有摧折为薪的时候，时间之流不仅带给人由生到死的角色转换，甚至连人死后的标志——坟墓和松柏也终会变为桑田和材薪。"古墓犁为田，松柏摧为薪。"（《古诗十九首·去者日已疏》）"松柏为人伐，高坟互低昂。"（陶渊明《拟古》其四）这类诗句都是从客观宇宙意识的高度来鸟瞰人世间的沧桑变化。此后，这种感叹之声可谓不绝如缕，与松柏相比，人由青春年少到衰老死亡的过程要短暂得多，写松柏，更见人生之无常、时光之无情。

（二）怀亲吊友

在祭祀、追悼类文学作品中，松柏意象最为常见，人们或借描写松柏表达对亲友的追悼缅怀之情，或以松柏比喻逝者的风骨节操，墓地松柏在这类作品中往往是勾起悲哀情绪的触媒，被赋予强烈的主观色彩。这种主观色彩不仅源于作者的感情流露，有时还与墓主的性情、命运相关联。如沈约《伤王融》曰："途艰行易跌，命舛志难逢。折风落迅羽，流恨满青松。"这首伤悼之作对王融因卷入政治斗争而被杀的遭遇深表同情，想象其命运多舛、志不获逢，满腔幽恨必定流满墓上青松。犹为奇特的是欧阳修《祭石曼卿文》："呜呼曼卿！吾不见子久矣，犹能仿佛子之平生。其轩昂磊落，突兀峥嵘，而埋藏於地下者，意其不化为朽壤，而为金玉之精。不然，生长松之千尺，产灵芝而九茎。”[①]想象死者精魂化为墓地长松，实是将磊砢多节之松树作为石曼卿的精神化身，真是想落天外。

（三）历史感怀

在登临怀古之作中，墓地松柏往往成为凭吊古人或感怀历史的线索，瞻望松柏，魂思黯然，畅想古人之文采功绩，缅怀前朝之繁华盛世，墓地松柏沟通了不同的时代，“从而建构了一个千古文化意味息息相通的文雅世界”[②]。如在南朝陈昭《聘齐经孟尝君墓》、唐李白《月夜金陵怀古》、明孙友篪的《过古墓》、清高其倬《与熊敏思登蟠龙山顶望都城值大风有感呈敏思》等诗中，墓地松柏引发的不仅是悲古之情，更是伤今之感，是诗人在历史与现实，时间与空间的交会中感受到的人生悲剧。在这些凭吊古人和古迹的怀古之作中，墓地松柏作为历史遗迹的留存，引发文人时事变幻、人世无常之感和深沉的家国之思、兴亡之叹。松柏意象沟通了历史和现实、古人和今人，有着丰富而深厚的人文意蕴。

四、总　结

通过以上分析可以看出，墓地松柏意象有着丰富的文化内涵，是我们了解我国古代的相关礼制、先民的思想意识、民间的观念信仰等

---

① ［宋］欧阳修撰，李之亮笺注《欧阳修集编年笺注》卷五〇，巴蜀书社2007年版，第333页。

② 杨义《李杜诗学》，北京出版社2001年版，第620页。

的有效途径，从汉魏开始，墓地松柏还作为一种具有鲜明特色的抒情意象出现在文学作品里，用以寄寓有关生死、悲悼和怀古的情思，后世一直相沿不衰。

（原载《阅江学刊》2011 年第 4 期）

“不老松”意象源流考述

不老松在中国民俗和文学中是长寿的象征。不老松意象有着深远的文学和文化渊源，其生成发展经历了一个漫长的过程：一方面，松柏的生物特点和药用功能迎合了先民对长生的期盼心理，在汉晋时期仙话传说中，松柏被奉为长生不老的滋补品，此后，逐步演变为民俗中的长寿吉祥物；另一方面，在祝寿文学中，《小雅·天保》以“南山”“松柏”长存不老为喻祈祝君主福寿无限，从而成为不老松意象的文学源头。宋代以后，“南山松柏”意象被经常用于祝寿文学和祝寿图，至迟从明代起，“南山不老松”成为民间祝寿风俗中的一个经典意象。不老松意象至迟从明代起正式出现在文学、绘画作品和民俗活动中，盖取松岁寒恒茂、长久不朽之义来表达对长寿福禄、子孙绵延的企盼。不老松意象的生成有着深远的文化和文学渊源，本文拟对这一意象的起源与背景略作探索。

一、不老松意象的形成

不老松在中国文化和文学中是长寿的象征，不老松意象的形成经历了一个漫长的过程。早在《诗经·小雅·天保》中，松柏就被用以祝寿：“如月之恒，如日之升。如南山之寿，不骞不崩。如松柏之茂，无不尔或承。”可视为不老松意象的文学源头。诗中用一连串比喻来为君王祝寿祈福，唐孔颖达正义曰：“言王德位日隆，有进无退，如月之上弦稍就盈满，如日之始出稍益明盛。王既德位如是，天定其基业长久，且又坚固，如南山之寿，不骞亏，不崩坏，故常得隆盛，如松柏之木，枝叶恒茂。无不于尔有承，如松柏之叶，新故相承代，常无凋落，犹王子孙世嗣相承，恒无衰也。”[①]可见，《天保》以松柏为喻来为君王祈福，有两层含义：一是以松柏枝繁叶茂祝愿君王青春常在、长寿安康；二是以松柏之叶新旧更替、常青不衰祈祝君王子孙绵延，永享福禄。后来民间常用的祝寿辞“寿比南山不老松”即由此脱化而来，可见诗三百的艺术手法和意境对后世影响之深远。松柏耐寒后凋，禀坚凝之质，为多寿之木，世俗祝寿以松柏比之，实在再恰当不过。

《诗·小雅·天保》最早以“南山之寿”“松柏之茂”为喻祝寿祈福，这里的“南山”，指终南山，南山永存恒在、松柏长青不老，因此才有这样的比喻。到汉代，“南山”与“松柏”合而为一，有“南山松柏”之说，如刘琨《扶风歌》曰：“南山石嵬嵬，松柏何离离。……本自南山松，今为宫殿梁。”焦延寿《焦氏易林》曰：“彭祖九子，据德不殆，南山松柏，长受嘉福。”唐代文学中“南山松柏”意象虽也出现多次，但多用来拟喻爱情的忠贞不变，未见祝寿之用。“南山松柏”在宋代成为诗歌的独立吟咏对象，也是从宋代开始，“南山松柏”被反复用于祝寿文学中。宋代有两篇专门吟咏“南山松柏”的诗篇，一是释文珦的《南山松柏章》：“松柏何夭矫，南山何崚嶒。松柏有常性，南山不骞崩。南山人所仰，松柏人所承。寻常部娄间，琐琐唯薪蒸。彼

① ［汉］毛亨撰，［汉］郑玄笺，［唐］孔颖达疏《毛诗正义》卷九，《十三经注疏》本，北京大学出版社 1999 年版，第 587 页。

无高志徒,视此宜自惩。坚守岁寒操,亦当慎攸凭。”二是郑思肖的《南山老松》:“苍苍南山松,特立孤峰巅。身此至正气,性与太初前。流泉近灵物,鬼饮之亦仙。况抱长生宝,永荫娑婆天。”两首诗都突出了“南山松柏”长生和岁寒两个最重要的方面。

宋代祝寿词大量涌现,以松柏为喻来祝寿的例子很多,其中用“南山松柏”来祝寿的有张抡《踏莎行》(寿懒庵赵先生十首)之八)、方岳《百字谣》(寿丘郎七月二十四日)、李刘《满朝欢》(寿韩尚书出守)、胡文卿《虞美人》。宋代以后,祝寿文学中也不乏“南山松柏”的拟喻,如元王旭《寿杜元亮》“愿君寿如南山松,愿君富贵山比崇”等。至迟在明代,不老松意象就出现在祝寿文学中,如明吴国伦《松萱介寿图为周敬甫秀才题祝其母寿》云:“映石忘忧草,参天不老松。为称慈母寿,兼拟大夫松。”[①]明何庆元《寿金春与偕配七十》(子孝廉署学宝应)云:“考槃驩既醉,双鹤在云间。不老松为食,忘忧草共闲。”[②]出土文物也证实了这一点。1957年四川重庆江北蹇芳墓出土的明代学士登瀛金钗,背面刻有《七绝》一首:“福如东海长流水,寿比南山不老松,长生不老年年在,松柏同岁万万春。”并刻有金钗制作的明确时间:“岁在戊申(宣德二年,1428年)仲冬”。出钗墓葬,俗称驸马墓,即蹇芳墓。据《巴县志》记载,明永乐年间吏部尚书蹇义之子蹇芳早卒,永乐帝赐以早殁的公主,封为驸马,实行“冥婚”,葬于江北凤居沱,此钗为殉葬之物,现藏重庆市博物馆[③]。在清代通俗小说《小八义》《小五义》中,“福如东海长流水,寿比南山不老松”又作为寿联活跃在民间语言中。

---

① [明]吴国伦撰《甔甀洞稿 续稿诗部》卷七,明万历刻本。

② [明]何庆元撰《何长人集 甓社游草诗类下》,明万历刻本。

③ 史树青主编《中国文物精华大全 金银玉石卷 金银器篇》,商务印书馆(香港)有限公司 上海辞书出版社1994年版,第145页。

可见，祝寿文学中的“不老松”意象是有一个漫长的生成发展过程的。《小雅·天保》以“南山”“松柏”为喻祈祝长寿福禄,汉代“南山”与“松柏”合体生成“南山松柏”意象，但在以后很长的历史时期内这一意象都没有被用于祝寿文学。宋代祝寿诗词大量出现，借助松柏祝寿蔚然成风,“南山松柏”意象在祝寿文学中经常被使用。因此,“南山不老松”意象（简称“不老松”），实源自《天保》，上承自汉代形成、从宋代广泛使用的“南山松柏”意象，有着深远的文学渊源。

二、不老松意象形成的原因

不老松意象的生成是多种文化因素共同促成的，具体说来，主要有以下几个方面：

（一）松柏的生物特点和功能

不老松意象的生成首先与松柏的生物特点密切相关。松柏生长繁茂，生命力强，在我国南北地区都有广泛的分布。先民对松柏的认识也反映出这一点，《诗经·小雅·斯干》发出“如竹苞矣，如松茂矣”[①]的咏叹，《诗经·小雅·天保》“如松柏之茂，无不尔或承”之句更反映出先民对松柏生理特点的准确把握：松柏树叶并非不凋，只是新陈代谢旺盛，旧叶凋落，新叶即续生，是以常茂盛青青，相承无衰落也[②]。松柏的树龄长，活至百年千年者亦不足为奇，是最有代表性的长寿树种。齐谢朓《高松赋》曰：“岂榆柳之比性，指冥椿而等

① 周振甫译注《诗经译注》，中华书局2002年版，第285页。

② 周振甫译注《诗经译注》，中华书局2002年版，第241页。

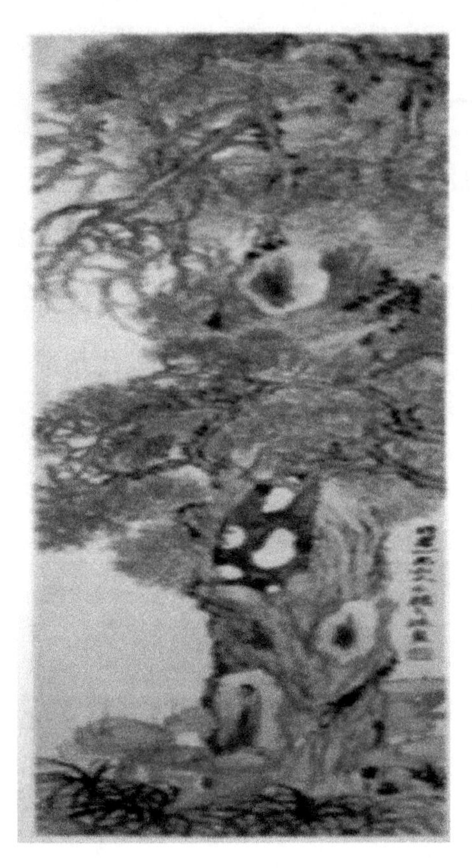

图 05　[清]赵之谦绘《古柏灵芝图》，北京故宫博物院藏（http://www.dpm.org.cn/index1024768.html）。

龄。”[①]便指出松柏的这一优点长项。松柏还具有药用及保健价值，其根、皮、叶、花、实、脂及根部附生物茯苓均可服食，有去疾延年之效。我国现存最早的药物学著作《神农本草经》中对松柏的医药价值有详细的表述：“松脂味苦温。主疽恶疮，头疡，白秃，疥瘙风气，安五脏，除热。久服轻身不老延年。一名松膏，一名松肪。生山谷。”“柏实味甘平。主惊悸，安五脏，益气，除湿痹。久服令人润泽美色，耳目聪明，不饥不老，轻身延年。生山谷。”[②]这部书主要总结先秦的药学经验，可见早在先秦时期人们就已认识到松柏的药物及养生功用。松柏的生物特点和药用功能使其成为长寿的象征，这为不老松意象的生成奠定了良好的生物学基础。

（二）先民对生命永恒的期盼

《尚书·洪范》将人生的吉祥如意之事概括为“五福”：“一曰寿，

① [南齐]谢朓著，陈冠球编注《谢宣城全集》，大连出版社 1998 年版，第 263 页。

② 吴普等述，孙星衍、孙冯翼辑《神农本草经》卷一，丛书集成初编本第 59 页。

二曰富，三曰康宁，四曰攸好德，五曰考终命。”[①]五福之中，寿为第一，可见中国人很早就将长寿视为一切吉祥之事的前提。秦汉时期，始皇汉武期待长生不老，寻求不死之仙药，更鼓舞起这个时代对生命永恒的热烈追求。“人之中有老彭，犹木之中有松柏”[②]，松柏的生物特点和功能使其成为先民长生愿望的理想寄托物。

图 06 ［宋］马远《松寿图》，辽宁博物馆藏（《中国绘画全集 · 五代宋辽金 3》，中国古代书画鉴定组编，文物出版社、浙江人民出版社 1997 ～ 1999 年版，第 49 页）。

魏晋六朝时期，道教流传，带动起一股服食松柏以求长生的风气。道教以长生成仙为核心信仰，以服食松脂、松子、柏叶等为长生成仙之途，修道者们将松柏视为外丹的天然药物,认为服食后有助于得道成仙。《抱朴子 · 仙药》说:“松树枝三千岁者，其皮中有聚脂，状如龙形，名曰飞节芝，大者重十斤，末服之，尽十斤，得五百岁也。”[③]《汉武内传》说:“药有松柏之膏，服之可以延年。”[④]这一时期流行的仙道传说中，松柏致人长寿成仙的故事很多，如汉刘向《列仙传》说:“偓佺者，槐山采药

① ［唐］孔颖达正义《尚书正义》，中华书局聚珍仿宋版印，第 428 页。

② ［晋］葛洪《抱朴子 · 对俗》卷三，上海书店 1986 年版，第 8 页。

③ ［晋］葛洪《抱朴子》卷一一，第 46 页。

④ ［唐］欧阳询撰《艺文类聚》卷八八木部上，中华书局 1965 年版，第 1513 页。

父也，好食松实，形体生毛，长数寸，两瞍方，能飞行，逐走马。以松子遗尧，尧不暇服。松者，简松也。时受服者，皆三百岁。”[①]“仇生者，不知何所人也。当殷汤时为木正，三十余年而更壮，皆知其奇人也。咸共师奉之。常食松脂。在尸乡北山上自作石室。至周武王幸其室而祀之。”[②]“犊子，邺人也。少在黑山采松子、茯苓，饵而服之。且数百年，时壮时老，时美时丑，乃知是仙人也。”[③]晋葛洪《神仙传》“皇初平”条也有皇初平、皇初起兄弟俩服食松柏学道成仙的故事。

服食松柏以求长生成仙不仅在修道者中流行，民间也有服食松柏的风习，请看《抱朴子 · 仙药》中的一段描写 :“上党有赵瞿者，病癞历年，众治之不愈，垂死。或云不及活，流弃之，后子孙转相注易，其家乃赍粮将之，送置山穴中。瞿在穴中，自怨不幸，昼夜悲叹，涕泣经月。有仙人行经过穴，见而哀之，具问讯之。瞿知其异人，乃叩头自陈乞哀，于是仙人以一囊药赐之，教其服法。瞿服之百许日，疮都愈，颜色丰悦，肌肤玉泽。仙人又过视之，瞿谢受更生活之恩，乞丐其方。仙人告之曰，此是松脂耳，此山中更多此物，汝炼之服，可以长生不死。瞿乃归家，家人初谓之鬼也，甚惊愕。瞿遂长服松脂，身体转轻，气力百倍，登危越险，终日不极，年百七十岁，齿不堕，发不白。……于时闻瞿服松脂如此，于是竞服。其多役力者，乃车运驴负，积之盈室，服之远者，不过一月，未觉大有益辄止，有志者难得如是也。”[④]

这则故事反映了服食松柏由修道者群体向社会普及的情况，显示

---

① ［汉］刘向著《列仙传》卷上，上海古籍出版社 1990 年版，第 2 页。
② ［汉］刘向著《列仙传》卷上，上海古籍出版社 1990 年版，第 5 页。
③ ［汉］刘向著《列仙传》卷上，上海古籍出版社 1990 年版，第 15 页。
④ ［晋］葛洪《抱朴子》卷一一，第 50 页。

出松柏长寿信仰向民间的流播，这为松柏渐变为民俗中的长寿吉祥物提供了条件。

三、不老松意象的民俗内涵

汉末魏晋六朝是战乱频仍的时代，残酷的现实、生命的脆弱反而刺激了人们对长生的热求，神仙思想成为一时风尚。这一时期流行的仙道传说中，服食松柏是长寿成仙的重要途径之一。随着科学的发展、思想的进步，仙话传说逐渐失去了表现的舞台，但松柏致人长寿的思想却被保留下来。唐宋时期，道教传播更加广泛，并深入民间，成为庶民百姓宗教信仰的主体之一。随着民间对松柏长寿形象的接受与认可，松柏逐渐成为长寿的象征，与银杏、鹤、龟等具有延年益寿象征意义的生物一起，成为最具代表性的长寿吉祥物。

图07　[清]朱耷《松鹿图》，上海博物馆藏（《中国绘画全集·清5》，第97页）。

唐代文献中已有大臣进松竹图为皇帝祝寿的记载，于邵在唐德宗生日那天,进献一幅《松竹图》,表文云:“故臣常于礼,叹松柏有心之姿,询于诗,仰松柏恒茂之兴。知佳其不朽,岂著前闻,载微纤微,爰有丛竹,节虽谢于颖拔,操亦迫于岁寒。故臣辄绘长松,佐之修竹。辨之位,则松可君于竹,抡其材,则卑可奉于尊。然松竹木中特最为有寿,众材槎卉而翠盖方成,暮霰飘零而系枝茂盛。辄所赋形象外,移色毫端。敢借坚贞之姿,愿增天地之寿。”①进松竹图以祝寿,盖取松竹岁寒恒茂、长久不朽之义。

宋代以后,松柏成为祝寿文学和祝寿图中常见的吉祥物。宋代大量出现的祝寿词中,以松柏、松椿、松鹤、柏鹿等相比成为最常用的客套语。如晏殊《拂霓裳》:“今朝祝寿,祝寿数,比松椿。”陈师道《木兰花减字》:“当筵举酒。劝我尊前松柏寿。”程必《喜迁莺》(寿李文昌):“评君谁似,似长松千丈,离奇多节。”李昴英《水调歌头》(寿参政徐意一):“松柏苍然长健,姜桂老来愈辣,劲气九秋天。”松柏也是宋代祝寿图的主角,出现了如马远《松寿图》、冯觐《南山茂松》等,画松柏、松鹤、松与南山等祝寿祈福,宋代之后成为一种传统。清代松柏祝寿图犹多,经典之作如郑板桥《南山松寿图》(南京市博物馆藏)、朱耷《松柏同春图》(上海博物馆藏)、华嵒《柏鹿图》、沈铨《柏鹿图》(苏州市博物馆藏)等。

四、不老松与仙鹤、石头、梅花等意象的组合运用

在祝寿作品中,松常与仙鹤、神龟、石头、梅花等长寿吉祥之物组合,

① [唐]于邵《进松竹图表》,周绍良主编《全唐文新编》卷四二五,吉林文史出版社2000年版,第2部第4册,第4946页。

共同表达延年益寿、身体康健的祝福。其中，松与鹤的组合是祝寿文学、祝寿图中最常见的题材。松婆娑有致的身姿与鹤飘逸灵动的体态相得益彰，首先给人视觉上的美感享受；另一方面，松是“百木之长”，鹤为“羽族之宗长”，都是原始信仰中寄托祥瑞寓义的意象。晋代的王韶

图 08 ［清］华喦《高松双鹤图》，四川博物馆藏（《中国绘画全集 · 清 10》，第 79 页）。

之在《神境记》中即用简洁的文笔勾勒出一幅松鹤图：“荥阳郡南有石室，室后有孤松千丈，常有双鹤，晨必接翮，夕则偶影。传曰：昔有夫妇二人，俱隐于室，年既数百，化为双鹤。”[①]这可能是后来松鹤长春图的最早蓝本。鹤巢松枝、鹤立松荫成为唐宋时期诗词、绘画中常见的

① ［清］汪灏《佩文斋广群芳谱》卷六八，上海古籍出版社 1991 年版，第 3 册，第 4 页。

画面，如唐戴叔伦《松鹤》曰："雨湿松阴凉，风落松花细。独鹤爱清幽，飞来不飞去。"宋代以后松鹤图渐多，如宋黄居寀《寿松双鹤》、宋迪《南山松鹤》、王寿《松鹤图》，元盛懋《松鹤图》，明马负图《松鹤图》，清沈铨《松鹤图》、华嵒《松鹤图》等。题咏松鹤图的作品也相应多起来，如宋程俱、宋琬，明顾清、薛瑄、张宁、陆深、张凤翼，清毛奇龄都有《题松鹤图》之作。

图 09　［清］沈铨《松梅双鹤图》，北京故宫博物院藏（《中国绘画全集·清 10》，第 43 页）。

图10 ［明］沈周《松石图》，北京故宫博物院藏（《中国绘画全集·明2》，第86页）。

松石组合也是诗歌、绘画中常见的题材。如唐代名画家毕宏、张璪都作有《松石图》，题咏松石图的作品很多，诸如唐皎然《观裴秀才松石障歌》、皇甫冉《同韩给事观毕给事画松石》、符载《江陵陆侍御宅宴集观张员外画松石图》，宋刘敞《题度支厅事许道宁画松石呈彦猷邻几直孺》、苏辙《次韵刘贡甫学士画松石图歌》、释正觉《从首座画予于松石间求赞》、释清远《书秦处度所作松石》、苏轼《次韵刘贡甫学士画松石图歌》、梅尧臣《依韵和原甫省中松石画壁》，还有元刘诜、黄玠、王逢、吴镇、倪瓒、丁立、李孝光，明张以宁、明杨士奇、薛瑄、王鏊都有《题松石图》之作。

松梅组合宋代以后也较为常见。梅花在冬春之交凌雪怒放，“独先天下而春”，宋代又被尊为“国花”，俨然群芳领袖，并与松竹合称“岁寒三友”，成为高尚气节的象征。在民间，梅报新春，具有快乐、幸福、长寿、顺利、平和的“五福”之誉。松梅组合在祝寿作品中多用来比喻老人长寿而有气节。

综上所述，松柏意象早在先秦时期就被用于祝寿文学，宋代相当于“不老松”的松柏意象已经出现，并与龟鹤、石头、梅花等一起成为长寿福禄的象征。从宋代起，“南山松柏”意象被频频用在祝寿作品中，至迟到明代，“南山不老松”意象出现，以后这一意象在民间获得了广泛的应用，成为中国文学和文化中的一个经典意象。

（原载王颖《中国松柏审美文化研究》，安徽人民出版社2016年版，有增补修订）

“涧底松”的审美和文化意蕴

涧底松是古典文学中的一个经典意象，在发展过程中积累了丰富的审美意蕴。涧底松不只是才秀人微者的象征，它处幽绝尘、淡定从容似隐者高人，风雨沉沦、穷且弥坚似迁客逐臣，岁寒不改、贞心有节似义士烈妇。梳理涧底松意象的创作历程，推究涧底松意象生成发展的原因，对于全面认识涧底松意象的内涵，深刻理解时代文化特点和创作主体精神有着重要的意义。

一、涧底松意象的形成

涧底松意象最早出现在晋左思《咏史》其二中：

郁郁涧底松，离离山上苗。以彼径寸茎，荫此百尺条。世胄摄高位，英俊沉下僚。地势使之然，由来非一朝。金张籍旧业，七叶珥汉貂。冯公岂不伟，白首不见招。

诗以“涧底松”与“山上苗”比兴现实人生。“涧底松”郁郁苍苍、枝繁叶茂，虽身长百尺却所托非所，徒具良材美质、清韵雅操而无人得知，更被“山上苗”以“径寸”之茎“荫”之蔽之。“地势使之然”一语双关，在物指所处的地理位置，这是造成自然界中不平等现象的原因；在人指门第出身，即承自祖先的血统，是当时的门阀制度荐取人才的关键。诗人借涧底松感遇咏怀，抒写才高位卑、不为世用的悲慨和对不平等现实的抗争。涧底松郁郁苍苍的生长态势，百尺凌云的气势力量，卑而不屈的顽强意志，无不折射出主体精神的光芒。诗中的涧底松意象有着丰富的包孕性和鲜明的指涉作用，即使有关涧底松的物色刻画和外部描绘也对应着抽象的情愫与哲理，从而使形象成为一种“有意味的形式”。

左思以一己之体验，创造出涧底松意象，以典型的形象、浓缩的笔墨高度概括出西晋门阀制度下寒士的境遇地位及其不平与抗争。涧底松意象出自左思之手而非同时代的其他人，与左思个人的状况有关。左思文才出众，一篇《三都赋》，曾使洛阳纸贵。他对自身才华也充满自信，渴望能够有所作为。然而，理想与现实却相差甚远。左思生活的西晋社会，正是门阀士族垄断政权的时代，门第家世成为选取人才的关键。左思出身寒微，“貌寝，口讷”[1]，不擅交游，仕途很不得意。寒族的家庭背景、生理上的缺陷与他对自身才华的自恃形成强烈的反差，给他带来很大心理压力的同时，也形成其强烈的自尊心。面对社会压力，左思并没有沮丧自怜，而是表现出与现实相对抗的姿态。社会贵贱等级的品评体系在他眼里不屑一顾，他心中有着自己的评价标准：“贵者虽自贵，视之若尘埃；贱者虽自贱，重之若千钧。”[2]他心中真正倾慕的是鲁仲连、段干木那样“功成耻受赏”的高义之士[3]，是高渐离、荆轲那样轻生死、重然诺的英雄豪杰。这种人生态度表明，人的贵贱尊

① ［唐］房玄龄等《晋书》卷九二，中华书局 1974 年版，第 2376 页。

② ［晋］左思《咏史》其六，李善等注《文选》卷二一，中华书局 1987 年版，第 388 页。

③ ［晋］左思《咏史》其三，李善等注《文选》卷二一，中华书局 1987 年版，第 387 ～第 388 页。

卑的社会地位是由他人、由社会决定的，但人的尊严是由自己来决定的。跻身上流社会，将相王侯的富贵荣华并不代表个人价值的实现，凭借自身的才智排解急难、解决纷争、成就高名，不受势位羁累，追求心灵自由，这才是左思渴望的理想人生。《咏史》其二可以说是左思代表天下寒士向不合理的社会发出的抗议书，其中涧底松意象的创造正是其以精神的自我提升，做出个性化反抗的成果。

涧底松意象之所以会在西晋时产生，西晋时的政治制度、用人标准在其中起了决定性的作用。西晋社会正是门阀士族垄断政权的时代，出身门第，即承自"冢中先骨"的血统，成为门阀制度选拔人才的主要依据。士族子弟通过中正制入仕，可成为世代相传的贵胄，寒门庶族几乎失去入仕的机会，士族和庶族之间的对立和不平等成为这一时期重要的社会矛盾。左思《咏史》其二以有意味的比兴、鲜明的对比揭示了这种不平等现象及其根源所在，以文学的手段反映了西晋时期的社会现实。

左思《咏史》其二首创借咏史以咏怀之路，为后世诗人提供了效法的范例。陈祚明《采菽堂古诗选》评其"创成一体，垂式千秋"[①]，诚不诬也。此诗取得这一成就的关键，在于涧底松意象的创造。左思通过涧底松意象，连接起历史与现实，诗中的涧底松意象内涵丰富，既用以比喻屈居下位的前朝俊才，也用来隐喻诗人自己，是左思融合历史感怀、个人境遇、才能自诩、胸怀性情而生成的形象，成为才秀人微者的象征。

---

① ［清］陈祚明《采菽堂古诗选》卷一一，清乾隆十三年刊本。

二、涧底松意象的发展

涧底松是诗人借以感遇咏怀的物象，其中寓托着才高位卑、不为世用的悲慨和对不平等现实的抗争。而这种不平等是每个时代、每个社会都广泛存在的现象，由此引发后人强烈的共鸣。左思之后，吟咏涧底松的作品不断出现，涧底松意象无论在比德方面，还是在情感方面都呈现出一些新的内容和格调，成为古典文学中的一个重要意象。

图 11　[元] 倪瓒《幽涧寒松图》，北京故宫博物院藏（《中国绘画全集·元代绘画》第 173 页）。

（一）比德：由贞刚到超逸

涧底松意象在发展前期，主要是以坚贞刚劲的形象出现的。首先，文人一再强化涧底松不畏霜雪、劲挺郁茂的特征，这也是松的传统美德。如唐王勃《涧底寒松赋》言其“磊落殊状，森梢峻节，紫叶吟风，苍条振雪”[①]，唐阙名《幽松赋》中“孤山曲涧之幽松”，也是“雅操也昂藏，可以振雪凌霜。向日贞心擢，临风足气扬”[②]。对于涧底松来说，风雨霜雪不再是肆虐狂暴之物，反

① [唐] 王勃《王子安集》卷二，上海古籍出版社 1992 年版，第 15 页。
② [清] 陈元龙编《历代赋汇》，凤凰出版社 2004 年版，第 474 页。

而助其声威，添其意气，更能显示出高于其他草木之处。其次，清高不俗、孤傲不群也是涧底松贞刚品性的一个方面。涧底松虽出身卑微，却并不自轻自贱，如唐刘希夷《孤松篇》中描写的那株孤直自尊的南涧松："青青好颜色，落落任孤直。群树遥相望，众草不敢逼。灵龟卜真隐，仙鸟宜栖息。耻受秦帝封，愿言唐侯食。"唐徐夤将大夫松与涧底松对比后云："五树旌封许岁寒，挽柯攀叶也无端。争如涧底凌霜节，不受秦王号此官。"[1]其三，自强不息、穷且弥坚是涧底松贞刚品性的核心价值。这就是身处卑贱之地、沉沦之境，而"挺操弥贞"；"虽厄岩峦之下"、饱尝压抑之苦，却终成大材。唐徐夤《涧底松赋》所称扬正是这样一种高格："碧涧千仞，青松几年。岂天生之有异，盖地势以居偏。挺操弥贞，虽厄岩峦之下，抡材倘鉴，合居樗栎之前。"这种刚强、自信也是贯穿于涧底松意象整个发展过程之中的，至清代叶方蔼《万柳堂即事》依然云："涧底贞松郁千尺，为经霜雪更菁葱。"

涧底松意象发展到宋代，比德方面明显获得了新的因素，文士常用之寄托超旷淡泊之志与恬静优雅之趣。黄庭坚笔下的涧底松就比较典型地反映了这一特点，如《次韵杨明叔见饯十首》其九："松柏生涧壑，坐阅草木秋。金石在波中，仰看万物流。抗脏自抗脏，伊优自伊优。但观百岁后，传者非公侯。"涧底松仿佛一位阅世老人，几经寒暑、仰观万物，体会到盛衰之无常，穷通之有定，自然多了一些淡然和通达，不再执着人生的荣辱得失，其自我超越的内在精神，颇得道家之三昧。又如《四月戊申赋盐万岁山中仰怀外舅谢师厚》"长松卧涧底，桴溜多裂璺。未须论才难，世人无此韵。禅悦称性深，语端入理近。涣若开

① ［唐］徐夤《大夫松》，［清］彭定求等编《全唐诗》卷七一一，中州古籍出版社 2008 年版，第 3671 页。

春冰，超然听年运”，以涧底松为喻，称扬外舅谢师厚随缘任运的人生哲学，诗中的涧松禅悦深性、超然听命，颇具佛家超逸之风神。《送谢公定作竟陵主簿》诗则以“涧松无心古须鬣，天球不琢中粹温”，颠覆了涧底松先前贞心有节的传统寓意，打造出超然自若、淡定从容的新形象。此外，像陆游的《涧松》曰:“涧松郁郁何劳叹，却是人间奈废兴。”吕本中《赠谢无逸》曰：“桃李一笑随春风，百年涧底终自若。”着重体认的都是涧底松超尘越俗、萧散闲逸之风神。

宋人对涧底松意象这一层面的开拓，在元明清文学中得到了延续。如元程文海《送扎法经历赴山西幕》曰：“寂寂涧底松，苍然岁寒中。勗哉君子心，庶用存始终。”涧底松不随时变、岁寒常青象征着君子进退自如、庶用如一的人生境界。明陶安《涧底松》将涧底松清逸出尘的一面表达得更为充分：“涧底松，安可贱，地位虽卑独无怨。不愿用于汉家未央宫，不愿用于唐室含元殿，从无帝舜作岩廊，甘分沉沦羞贾衒。自从长养数百年，绝彼斤斧全吾天。未央含元虽壮丽，回首瓦砾凄寒烟。君不见，牺尊青黄木之灾，至宝不琢真奇哉。”诗中的涧底松虽卑无怨，安分随时，注重养生，不求材用。其中“牺尊”一典，出自《庄子 · 天地》:“百年之木，破为牺樽，青黄而文之。其断在沟中，比牺樽于沟中之断，则美恶有间矣，其于失性一也。”[1]百年之木被锯为两断，一段刻成牺樽，另一段被扔在沟里，两段木头虽有尊卑美丑之别，但同样都失去了本性。意思是说即使最为尊崇的材用也是对木之自然天性的扼杀，借对涧底松意象的描写表达了独特的人生观和对儒家传统用世观念的消解。

总之，涧底松继承发展了有关松的审美认识和道德评价，仔细体

① 王先谦注《庄子集解》卷三，中华书局1954年版，第73页。

味这一形象，可以感受到其中有一种精神气格在起着主导作用：以刚强反抗压迫，用超逸应对沉沦，这就是古人由涧底松的生存状态中体味出的人生哲学。

（二）情感：由愤世到乐观

在情感方面，涧底松意象也经历了一些变化。前期文人主要借助涧底松意象抒发愤世嫉俗之情，表达抑郁委屈之意。从晋左思《咏史》其二中“郁郁涧底松”始,初唐王勃《涧底寒松赋》感叹“托非其所”[①]，唐初刘希夷《孤松篇》云“吁嗟深涧底，弃捐广厦材”，刻画的都是郁郁不得志的涧底松，从这些嗟叹声中可以感受到其中蕴含的愤激不平之气。这种委屈不平进而发展为对自身处境的不满和对现实的弃绝，宋郭祥正云:“沉吟涧底松，不及尧阶草。不经君王顾，枉被风霜老。”[②]宋李若水云：“我似孤松蟠涧底，斤斧之余流落此。轻便却羡无根蓬，随风直上青霄里。”[③]宋陆游《松骥行》表达是一种更为激烈的人生态度：“松阅千年弃涧壑，不如杀身扶明堂。”宁愿杀身成仁以实现理想，也不愿庸庸碌碌地安度一生，体现出陆游作为一位胸怀大志的奇士与一般文人的不同。

涧底松所蕴含的情感倾向随着时代社会的发展和文人心态的变化慢慢地发生着转变，唐人笔下的涧底松幽怨愤慨渐少，乐观昂扬居上。如徐夤《松》曰:“涧底青松不染尘,未逢良匠竟难分。龙盘劲节岩前见，鹤唳翠梢天上闻。大厦可营谁择木，女萝相附欲凌云。皇王自有增封

---

① 《王子安集》卷二，第 15 页。

② ［宋］郭祥正《留别陈元舆待制用李白赠友人韵》，傅璇琮等主编《全宋诗》卷七七九，北京大学出版社 1993 年版，第 8822 页。

③ ［宋］李若水《次颜博士游紫罗洞五首》其五，傅璇琮等主编《全宋诗》卷一八〇六，第 20109 页。

日，修竹徒劳号此君。”流露出的是对自身才华的自信和对清明社会的期待。李白《送杨少府赴选》言："山苗落涧底，幽松出高岑。”柳宗元《酬贾鹏山人郡内新栽松寓兴见赠二首》曰："青松遗涧底，擢莳兹庭中。”诗意中都洋溢着一股积极向上的精神力量，体现出大唐帝国惠及万物、泽被苍生的的胸怀气魄。在宋人笔端，涧底松意象更翻出一层新意，达观与超脱成为情感的基调。如范仲淹《睢阳学舍书怀》云："但使斯文天未丧，涧松何必怨山苗。”黄大受说得更好："松柏生涧底，岁久还干霄。禀质自不同，托身奚必高。”[①]都是自出心裁，道出前人未道语。

三、涧底松意象的人格拟喻

涧底松的象征意义鲜明独特，在意象的发展过程中，主要被比拟为寒门俊才、蛰伏之士、迁客逐臣和烈女贞妇四类。人格拟喻的变化，带来了象征意义的逐步丰富和深化。

（一）寒门俊才

左思在《咏史》其二中结合自身遭际，创造出“郁郁涧底松”形象，以比拟才秀人微的寒俊之士。这一象征意义以后一直相沿不衰，成为涧底松意象最基本的人格寓意。涧底松“生在涧底寒且卑”的处境[②]，“冒霜停雪，苍然百丈，虽高柯峻颖，不能逾其岸”的命运都与

① ［宋］黄大受《偶成》其二，傅璇琮等主编《全宋诗》卷三〇三〇，第57册。

② ［唐］白居易《涧底松》（念寒俊也），白居易著，丁如明、聂世美校点《白居易全集》卷四，上海古籍出版社1999年版，第48页。

沉沦下层的寒门俊才有共通之处[1]。文人在表现涧底松的这一象征意义时，开始多是自我比况，后转而拟喻他人。如唐王勃《涧底寒松赋》中那“徒志远而心屈，遂才高而位下”的涧底松明显有自我写照的意味[2]。又如唐李山甫《遣怀》:“长松埋涧底，郁郁未出原。孤云飞陇首，高洁不可攀。古道贵拙直，时事不足言。”既以“遣怀“为题，诗中那深埋涧底、落落寡合的松树多少也有诗人自己的影子。而唐郑谷《叙事感恩上狄右丞》:“顾念梁间燕。深怜涧底松。”则以涧底松自喻，感激狄右丞对自己的知遇之恩。以上言涧底松可谓是“将自身放顿在里面”[3]。

更多的是从旁观的角度来描写涧底松。在唐代文人中，白居易是对涧底松倾注较多感情的一位诗人，听松时言“松声疑涧底”，栽松时曰“苍然涧底色”，《赠卖松者》亦云“一束苍苍色，知从涧底来”。一念系及，闻声见色，皆有所感。其《涧底松》(念寒俊也)、《续古诗十首》其四、《悲哉行》皆以涧底松为主题，白氏以旁观者的身份，饱含同情的笔调写下“百丈涧底死，寸茎山上春。可怜苦节士，感此涕盈巾”的诗句[4]，流露出悲天悯人的情怀。至于“涧深山险人路绝，老死不逢工度之。天子明堂欠梁木，此求彼有两不知。谁谕苍苍造物意，但与之材不与地……高者未必贤，下者未必愚。君不见，沉沉海底生珊瑚，历历天上种白榆”[5]，将笔锋直指现实，批判贤愚倒置的社会秩序。宋

① ［唐］王勃《涧底寒松赋》，《王子安集》卷二，第 15 页。
② ［唐］王勃《涧底寒松赋》，《王子安集》卷二，第 15 页。
③ ［清］李重华《贞一斋诗说》，上海古籍出版社 1999 年版，第 930 页。
④ ［唐］白居易《续古诗十首》其四，丁如明、聂世美校点《白居易全集》卷二，第 19 页。
⑤ ［唐］白居易《涧底松》(念寒俊也)，丁如明、聂世美校点《白居易全集》卷四，第 48 页。

洪迈批评白居易《续古》其四“语意皆出太冲，然其含蓄顿挫，则不逮也”[①]，指出白诗过于浅切直白，无含蓄之美，其实，这正是白居易批评现实之作的特色。又如宋王禹偁《感兴》即景兴感：

吾尝入深山，溪谷寒且冱。杉桧颇凌云，岁月自朽蠹。般输日不见，何由用斤斧。东山大夫松，中岳金鸡树。秦政本独夫，则天乃淫妪。名号被常材，所幸因一顾。为木岂有命，偶然生要路。谁取涧底松，上作明堂柱。

大夫松和金鸡树本木中常材，因生于要路而得君王一顾，从此名扬天下。涧底松具凌云之材，却因生于深山溪谷之中而无人得知，只能随岁月流逝而日渐朽蠹。此情此景不由得让诗人想起与涧底松命运相似的下层文人，由此兴发感叹：“谁取涧底松，上作明堂柱。”表达了对社会用人制度的不合理的思考。这类诗歌都是站在一定的高度抒写对寒俊之士的怜悯与劝诫，可谓是“将自身站在旁边”[②]。

（二）迁客逐臣

松乃栋梁之材，却被弃置荒僻偏远之地，埋没于深涧幽谷之中。“寒山夜月明，山冷气清清”[③]，“亭亭涧底松，干凌雪霜孤。既无鸾凤翔，鸟雀来喧呼”[④]，这孤独、凄清、冷落的形象与迁客逐臣流落异地，失意、孤寂的境遇多么相似。涧底松虽隐沦不遇，依然直节青青，不染纤尘，正如贬逐之臣即使不被理解、处在困境中，也坚持自己的操守，不与

① ［宋］洪迈著，鲁同群、刘宏起点校《容斋续笔》，中国世界语出版社 1995 年版，第 260 页。

② 《贞一斋诗说》，第 930 页。

③ ［唐］刘希夷《孤松篇》，［清］彭定求等编《全唐诗》卷八二，第 407 页。

④ ［宋］傅察《次韵杜无逸西园独坐九绝句》其五，傅璇琮《全宋诗》卷一七二七，第 19477 页。

世俗同流合污。唐权德舆在从舅被免职后，作《寄侍御从舅初免职归东山》，对其进行宽慰：

> 靡靡南轩蕙，迎风转芬滋。落落幽涧松，百尺无附枝。世物自多故，达人心不羁。偶陈幕中画，未负林间期。感恩从慰荐，循性难絷维。野鹤无俗质，孤云多异姿。清泠松露泫，照灼岩花迟。终当税尘驾，来就东山嬉。

诗以幽涧松比喻从舅，涧松身长百尺，直立无附，自甘幽独，落落寡合，虽然材不得用，却能全真保性，免受世俗羁累。勉励从舅开阔心胸，安享闲逸，怡养身心。宋黄庭坚《古诗二首上苏子瞻》是写给贬谪中的好友苏轼的，其二曰：

> 青松出涧壑，十里闻风声。上有百尺丝，下有千岁苓。自性得久要，为人制颓龄。小草有远志，相依在平生。医和不并世，深根且固蒂。人言可医国，可用太早计。小大材则殊，气味固相似。

以涧松比喻东坡，虽然暂时沉沦，总有出世之日，其时必又重当大任，威名远播。目前既然材不得用，那就修心治性，养根固本，不必为一时的失意而烦恼。以上都以幽壑涧松比方迁谪之臣，他们大材堪任栋梁，正直反致沦落，与涧底松正可引为同类。

（三）蛰伏之士

涧底松置身荒僻、偃蹇蛰伏，虽遗世独立、藏朴守拙，但并未泯灭用世之心。犹如蛰伏之士随时准备待时而出，一展雄才。涧底松不受秦封之“清”，幽居涧底之“逸”，正与蛰伏之士的志趣相合。唐徐夤《涧底松赋》曰：“三公之梦犹阻，岂万乘之封尚遥，何殊孔明之先主未迎，空怀良策；吕望之文王非猎，不到终朝。”[1]直接以未遇明主的孔明和吕望为喻，隐则为高人，用则是贤相。《寄华山司空侍郎二首》是徐夤写给隐居华山的司空图的，诗曰：

金阙争权竞献功，独逃征诏卧三峰。鸡群未必容同鹤，蛛网何由捕得龙。清论尽应书国史，静筹皆可息边烽。风霜落满千株木，不近青青涧底松。

将司空图比喻为涧底松，一是称扬其不慕权势富贵，追求山林野逸，犹如涧底松一般超尘越俗；二是赞扬其具备安邦治国之才，像松一样，乃栋梁之选。元侯克中《秋夜》一诗比喻犹为新颖："山头有苗高且崇，下荫涧底百尺松。良才偶处荆棘丛，岁寒岂与蒿莱同。我知富贵皆王公，谁云草泽无英雄。"将涧底松喻为"草泽英雄"，虽然平时默默无闻，上有山苗相荫，下与荆棘共处，但待到岁寒之日，草木枯凋，涧底松却郁茂青葱，傲视自然万物，关键之时方显英雄本色。

（四）烈女贞妇

岁寒、劲节是松最基本的比德寓意，元谢宗可《松枝火》将这一比德推崇到了极致："余烬尚留霜后节，死灰难灭岁寒心。有时焰气随风转，犹是苍龙涧底吟"。即使枝干化为灰烬，也不能泯灭其气节操守,这份岁寒贞心与节烈贞妇差可堪比。元陈旅《韩节妇诗》以"宁为涧底松，不作道旁树。道旁众所怜，涧底人不顾"称扬节妇刘氏盛年独守之操。明谢肃《朱娥咏》描写一位"临难愿代母"的少女朱娥，以"稚松生涧底，已擢凌寒姿"来誉其孝义之风。明孙一元《题许氏夫妇节义》赞扬守节至老的许氏妇"白发映青裙，投老志愈烈。磊磊涧底松，凛凛岩上雪"。这一类型的人格拟喻与"涧底"毫无干系，

① ［唐］徐夤《钓矶文集》卷二，载道楼重刊本，第40页。

纯粹是着眼于两者品德的相似。

涧底松拟象的发展体现了由外部条件、境遇的相似向内在操守、品格关注的变化，体现人们对涧底松认识、评价的不断提高。

（原载《闵江学刊》2015年第1期）

借前人之酒杯，浇自我之块垒

——读左思《咏史》其二

郁郁涧底松，离离山上苗。以彼径寸茎，荫此百尺条。世胄摄高位，英俊沉下僚。地势使之然，由来非一朝。金张籍旧业，七叶珥汉貂。冯公岂不伟，白首不见招。

——左思《咏史》其二

中国古代士人在追求个人价值实现之路上，大多备尝艰辛。怀才不遇、人生苦短而功业未竟之叹每个时代都不乏其音。这其中固然有个人因素，但更多时候还是社会环境使然。面对社会压力，是沉默，还是抗争？左思做出了自己的选择。

左思文才出众，一篇《三都赋》，豪富之家竞相传写，曾使洛阳纸贵。他对自身才华也充满自信，渴望能够有所作为。“左眄澄江湘，右盼定羌胡”(左思《咏史》其一)，是其理想生活的写照，显现了澄清天下的雄伟愿望和信心，形象超迈高逸、卓尔不群。然而，现实与理想却差距甚远。左思生活的西晋社会正是门阀士族垄断政权的时代，家世出身成为品评人才的主要标准。左思出身寒微，性格内向，不好交游，仕途很不得意。加之“貌寝，口讷”，刚入洛时被陆机等视为“伧父”[1]。生理上的缺陷、寒族的家庭背景与他对自身才华的自恃形成强烈的反

① ［唐］房玄龄等撰《晋书》卷九二，中华书局1974年版，第2376页。

差，给他带来很大心理压力的同时，也形成其强烈的自尊心。面对社会压力，左思并没有沮丧自怜，而是表现出与现实社会相对抗的姿态。《咏史》其二便是其反抗精神的集中表现。

作者开头就选取了涧底松和山上苗这样一组具有强烈差别的植物来进行对比描写：松高大繁茂、经冬不凋，树干笔直，材质坚硬，自古便是可以“柱明堂而栋宗庙”的栋梁之材(明洪璐《木公传》)。《诗经·商颂·殷武》：“陟彼景山，松柏丸丸，是断是迁，方斫是虔，松桷有梴，旅楹有闲，寝成孔安。”《鲁颂·閟宫》：“徂徕之松，新甫之柏，是断是度，是寻是尺。松桷有舄，路寝孔硕，新庙奕奕。”说的就是用松柏木建成的宫室、宗庙高敞气派，居住清静安康。从《鄘风·柏舟》《卫风·竹竿》中“柏舟”“桧楫松舟”的字面可见，松柏在先秦时期还是造船的良材。松在上古时期就有了崇高的地位。《论语》称“夏后氏以松”，《尚书》(逸篇）云“大社惟松”，尊松为社木。《史记·龟策传》：“松柏为百木长也，而守门阙。”可见，自人类文明形成以来，松便是大用之材。与松相对应的是“苗”，“苗”乃初生之草木。草木初生，茎干纤细，柔弱娇嫩，尚不能挺直腰杆，一阵风过便随风摇摆。倘若松与苗生长在同一地平线上，会是种什么情况呢？《左传》曰：“松柏之下，其草不殖。”唐刘希夷《孤松篇》：“青青好颜色，落落任孤直。群树遥相望，众草不敢逼。”强弱之势分明。松树本性能耐寒，“岁寒，然后知松柏之后凋”(《论语·子罕》)，严冬来临，“众草零，群木堕”，而这树中的强者，“根含冰而弥固，枝负雪而更新”(唐谢偃《高松赋》)。在草木凋零、肃杀索悴的冬日背景中，愈寒愈转苍翠的松树该是多么鲜明醒目、令人惊喜!

然而，由于生长环境的差异，诗中松与苗的境遇却完全颠倒过来。松生长在涧底，虽身长百尺却所托非所，徒具良材美质、清韵雅操而无人得知。苗虽矮小纤弱却生长在高山之上，日采阳光，夜吸雨露，得天时地利之便，“径寸”之“茎”却能遮盖百尺之长的松树。这是自然界中的不平等现象，主要是通过强烈的对比来实现的。首先是二者物色上的差异。“郁郁”,茂盛貌,可见涧底松的挺拔伟岸、枝繁叶茂。“离离”，下垂貌。透露出山上苗的柔弱纤细、不堪风雨。二是材质的对比，“径寸茎”与“百尺条”的比较。三是所处地势，即“涧底”与“山上”的对比。三组对比使得“百尺”之松为“径寸”之茎所遮盖的结果显得触目惊心。“涧底松”与“山上苗”既是起兴，又是比喻，采用的是《诗经》中传统的比兴手法。之所以是“松”而非他木，突出的是大材；之所以置之“涧底”，乃是强调其势位之低。以松之大器伟材，处之深涧幽壑，人而不得知，材之不为用，已是憾事，更何堪“离离”之“苗”高处其上，以彼“径寸”之“茎”荫之蔽之。

而这种不平等的现象在现实社会中同样存在。“世胄摄高位，英俊沉下僚。”又是一组具有强烈对比意味的诗句，这正是诗歌起首所要兴起和比喻的内容。“士胄”内在虚弱却能凭借家世背景登上高位,与“山上苗”何其相似。“英俊”才秀人微只能屈居下位，与“涧底松”可引为同类。而追根溯源，导致这种不平等现象的原因即在二者与生俱来的“地势”不同。“地势”具有双重含义，在物指所处的地理位置，这是造成自然界中不平等现象的原因；在人指出身门第，即承自“冢中先骨”(祖先) 的血统，这是当时的门阀制度荐取人才的关键，也是诗人反对和抗议的对象。“地势使之然，由来非一朝”，这句统领全诗，是本诗的核心所在，是由现象归结出的本质。就整首诗的结构来看，又有着总上起下的作用。以下转入对前代例证的陈述。“金张籍旧业，七叶珥汉貂。冯公岂不伟，白首不见招。”“金张”指金日磾和张安世两家族,是西汉宣帝时的权贵。金张依靠祖先的世业七代做汉朝的贵官。《汉书·金日磾传赞》曰:“七世内侍，何其盛也。”[1]戴逵《释疑论》云:“张汤酷吏，七世珥貂。”[2]张汤是张安世的父亲。而作为对立的反例，生于汉文帝时的冯唐虽自身才能出众，一生也不过任郎官小职。这两句诗以前代真实存在的人物为例，“金张”正是出自“世胄”之家，冯唐则是屈沉“下僚”的英俊人物的代表。这组事例再次构成强烈的对比，说明不合理的制度并非是本朝才形成的，而是渊源久自。

这是左思代表天下寒士向不合理的社会发出的抗议书。极度的自尊使他在社会压迫面前不是被动接受，而是以精神的自我提升，作出个性化的反抗。社会贵贱等级的品评体系在他眼里不屑一顾，他心中有着自己的评价标准 :“贵者虽自贵，视之若尘埃 ; 贱者虽自贱，重之若千钧。”(《咏史》其六) 他心中真正倾慕的是段干木、鲁仲连那样“功成耻受赏”的高义之士 (《咏史》其三)，是荆轲、高渐离那样重然诺、轻生死的英雄豪杰 (《咏史》其六)。这种人生态度表明，人的尊卑贵贱的社会地位是由社会、由他人决定的,但人的尊严是由自己来决定的。跻身上流社会，王侯将相的荣华富贵并不代表个人价值的实现，利用自身的才智排解急难、解决纷争、成就高名，不受势位羁累，追求心灵自由，这才是左思渴望的理想人生。全诗主体精神高扬，贯注着豪迈激昂的情绪，辞文壮丽瑰奇，笔力矫健、气势壮大，不乏“建安风骨”的意味。

诗中的涧底松已不仅是自然存在的物象，而是经过精心选择，用

---

① ［汉］班固撰《汉书》卷六九，岳麓书社 2008 年版，第 1106 页。

② ［梁］戴逵撰，［唐］释道宣辑《广弘明集》卷二十，明万历三十八年庚戌（1618）刻本。

以寄托了作者思想情感的“意”中之“象”，是自然物象与诗人的遭际处境、才能自诩、胸怀性情融合为一的结果。

意象是中国古代诗歌理论中的一个重要范畴，起源较早。《周易·系辞》已有“立象以尽意”之说。王弼《周易略例·明象篇》明确阐述言、象、意三者之间的关系：“意以象尽、象以言著。故言者所以明象，得象而忘言；象者所以存意，得意而忘象。”刘勰首次把这一概念运用于文学领域：“玄解之宰，寻声律而定墨；独照之匠，窥意象而运斤：此盖驭文之首术，谋篇之大端。”（《文心雕龙·神思篇》）直至王国维的“一切景语皆情语也”[①]，都强调了“情”与“景”、“心”与“物”、“神”与“形”的密切联系。左思《咏史》（其二）奠定了涧底松意象的基本内涵：才高位卑的寒微之士，因社会地位的限制个人才能得不到发挥，价值无法实现，由此揭示不公平的社会现象。而这种现象不仅在晋时的门阀制度下是普遍的，每个时代这种情况都不在少数，由此引发后人强烈的共鸣，以涧底松为意象和专门描写涧底松的作品不断涌现。唐王勃《涧底寒松赋》曰“徒志远而心屈，遂才高而位下”，唐刘希夷《孤松篇》曰“吁嗟深涧底，弃捐广厦材”，唐白居易《涧底松》云“天子明堂欠梁木，此求彼有两不知”，唐刘得仁《赋得听松声》云“不知深涧底，萧瑟有谁听”，发出的是与左思相似的志不得伸的感喟。无名氏《幽松赋》“涧底幸左思之咏，岁寒蒙孔丘之识”将左思涧底之咏与孔丘岁寒之识并提，成为咏松的典故。唐上官逊《松柏有心赋》“山苗乍凌，时郁郁于涧底”，唐白行简《贡院新载小松》“山苗不可荫”，明显是对左思《咏史》（其二）诗意、诗句的化用。可见，这首《咏史》诗对咏松诗的深远影响。

① 王国维《人间词话》，上海古籍出版社 1998 年版。

左思之前的咏史之作，如班固、王粲，纯粹咏的是史事。左思开创了借咏史以咏怀之路，成为后代诗人效法的范例。这是左思对中国诗歌史的独特贡献，前人评其“创成一体，垂式千秋”[1]，诚不诬也。

（原载《名作欣赏》2010 年中旬刊第 5 期）

---

① ［清］陈祚明《采菽堂古诗选》卷一一，清乾隆十三年刊本。

老松意象的审美特征与文化意蕴

一、老松意象的发生发展

先秦至魏晋六朝对松的审美观照的核心是郁茂、常青,老松的沧桑、雄奇之美很久以来没有得到文人的认可。先秦时期，人们首先关注的是松木的实际应用,对松树的审美认识也是从实用的角度考虑的,如《诗经》中有关松的描绘:“如竹苞矣，如松茂矣”(《小雅·斯干》)，“如松柏之茂，无不尔或承”(《小雅·天保》)，“松柏斯兑”(《大雅·皇矣》)，“松柏丸丸”(《商颂·殷武》)，对松的审美观照主要集中在生长繁茂和木材笔直两方面。魏晋六朝是一个自觉审美的时代，松从整体形象、生长环境到枝、干、茎、叶、实、色、香、声等细节之美在文学作品中都得以展现，但主流依然是秀荣、葱蒨的青春形象，如左棻《松柏赋》“虽凝霜而挺干，近青春而秀荣”，谢朓《高松赋》“纷弱叶而凝照，竞新藻而抽英”，沈约《高松赋》“轻阴蒙密，乔柯布汉”，都是以旺盛、青葱为松之美。汉乐府《艳歌行》中首次出现老松形象:“南山石嵬嵬，松柏何离离。上枝拂青云，中心十数围。”描写了老松的高大、粗壮，主要为了突出其材之大，这是早期松柏审美关注的主要方面。值得注意的是北周庾信的诗句“古松裁数树，盘根无半埋”(《咏画屏诗》)，描绘古松树形庞大、根部盘曲外露的特点，写出了古松独具的美感。不过这种描写不多，直到隋代才出现第一首咏古松的作品，即炀帝的《北乡古松树诗》，但这首诗仍停留在对松普遍性描绘的层面，并未能写出古松的特点，对老松形象美的全面发掘有待唐人。

唐代涌现出一批以“古松”“老松”为题的作品，朱湾、白居易、李胄、庄南杰、卢士衡、孙鲂、皇甫松、齐己、崔涂、张乔、许棠等都有这类诗作。这说明，唐人已有意识地欣赏松柏的古老沧桑之美。对老松怪异之美的描写在中晚唐表现得尤为突出，体现出以怪奇为美、以新异为美的时代新趣尚。宋代吟咏老松作品更多。《全宋诗》中就有54篇以“老松”“古松”为题的诗歌。老松的形体、姿态、神韵之美得到淋漓尽致的表现，描写手法更为多样。

元明清时期，老松成为绘画作品中常见的题材，相应地出现了一些题咏古松图的文学作品，如元傅若金《奉题仇工部壁间古松图歌》、李材《席上赋老松怪柏》，明金幼孜《徽庙古松山鹊》《古松图》、顾璘《题罗侍御所藏周必都古松障》《题杨司徒古松障子》、吴宽《马远古松高士图》等。在这类题画诗中，视觉化的具象呈现与虚拟化的意象联想融合，老松的物色之美得以完美展现。

二、老松的物色之美

所谓“物色美”是指自然物的生物种性体现出来的美感。对于老松来说，其物色美主要体现在形体美、姿态美和神韵美三个方面。

（一）形体美

形体美指自然物外在的形貌体态呈现出的美感，对于老松来说，其形体美集中表现在枝干、树叶、树皮、树根几方面。

1. **枝干**

图12 ［清］李方膺《墨笔古松图》，北京故宫博物院藏（http://www.dpm.org.cn/index1024768.html）。

老松的枝干或直上、或虬曲、或俯偃，造型各异，不一而足。无论形态何异，无不是霜柯露干，累柯多节，显示出历经风霜雨雪后的沧桑之感。老松干直者直刺苍穹，兼之旁枝斜出，从下而望，层层叠叠，数百茎夭矫如游龙，如唐杜荀鹤在《游茅山》诗中惊呼老松“松头穿破云”,宋石延年《古松》诗则云：“直气森森耻屈盘，铁衣生涩紫鳞干。影摇千尺龙蛇动，声撼半天风雨寒。”这类古松树干直耸，枝条旁逸，如龙似蛇，带给人的是震撼心灵的力度美。老松低偃者干短而俯，柯条横出，冠如张盖，龙姿虎势，如宋蔡襄笔下的古寺偃松“横柯圆若张青盖，老干孤如植紫芝”（蔡襄《和古寺偃松》）；明高启《偃松行》中“龙门西冈魏公祠”前之古松则是“长身蜿蜒横数亩，巨石作枕相撑揞。春泥半封朽死骨,冻藓全聚雏生皮。无心昂耸上霄汉,偃仰独向荒山陲”。偃松枝干横向发展,蜿蜒如巨龙,文人喜以“卧龙”喻之,如宋赵抃《题杭州普应院偃松》曰“深根盘屈卧龙形”，它们以一种雄奇之美冲击着人的视觉。老松虬曲者干弯转盘旋，枝随干走，奇形怪状，姿态万千，文人往往比之为“虬龙”，如宋郭祥正《古松行》中称老松是“千年化作虬龙形”，而宋于石《庭前有松树》中“百尺盘虬龙”的松树因体形而致“材大不适用”。这类老松以一种怪异之美吸引着观赏者的目光。

2. **树皮**

老松皮麤厚，呈青铜色，树皮粗糙皲裂，鳞片状，表皮往往附生一些莓菌、苔藓、蠹虫，色彩斑驳，最能显示久历岁月的印迹。古人写老松多抓住这一特征，如唐卢士衡笔下的灵溪老松“千尺鳞皴栋梁朴”（卢士衡《灵溪老松歌》），元舒頔笔下的古松“苍皮络紫藓”（《古松》），都形象地刻画出老松树皮纵裂翘剥、苔藓寄生的特点。古松表皮滋生的菌类给树皮带来了色彩的变化，还有依松而生的蠹虫，这些看似不美的事物也成为文人笔下的诗料，如朱湾《题段上人院壁画古松》云：“莓苔浓淡色不同，一面死皮生蠹虫。”

3. **树叶**

古松的树叶呈苍青色，诗人多“寒翠”“苍翠”描写，唐李胄《文宣王庙古松》曰：“阴森非一日，苍翠自何年。”宋林景熙《古松》言：“天矫森寒翠，髯蛟势倚天。乔阴无六月，老气欲千年。”老松树叶密集，树荫森蔚，远视似笼罩一层烟雾，唐庄南杰《古松歌》曰“森沈翠盖烟”，元陈樵言“千岁孤松生绿烟”（《霜岩石室二首》其一），明何景明《古松》中古松成林的景象更蔚为壮观：“临江西来烟雾起，夹谷连山一百里。黛色寒通七泽云，秋声夜卷三江水。”白居易《题流沟寺古松》“烟叶葱茏苍麈尾”，不仅点出老松树叶如烟似雾的苍苍之色，还形象地道出了松叶的形态特点。因为松叶针状成束、生于枝上的形态和麈尾的造型有些类似，古人因以“麈尾”来喻松，晋周景式《庐山记》有所谓“麈尾松”之说，隋炀帝杨广《北乡古松树诗》亦云：“独留麈尾影，犹横偃盖阴。”

4. 树根

老松树根坚硬如铁，盘曲交错，如龙爪入土，宋范成大诗中有“松根当路龙筋瘦”之句。为攫取充分的养料和水分，松根入土深、延伸远，顽强的生命力令人惊叹。唐张乔《和薛监察题兴善寺古松》曰“瘦根盘地远”，宋汪炎昶《次韵俞伯初古松篇》曰“深根谢撼拔”，都精要地概括出古松根系发达的特点，宋舒岳祥在《为胡后山提干咏南麓古松》中夸张地说：“志在千寻上，根蟠十里间。”松根即使为岩石所阻也不妨碍其生存，宋王之道《古松》所咏便是一株“根蟠苍崖石，梢拂青天云”的参天老松。

老松蟠石也是画家笔下常见的题材，如唐朱湾《题段上人院壁画古松歌》题咏的就是一幅“石上盘古根”的古松图，元宋无《南岳李道士画双松图》所咏之图也是“石上千年之老松”。古松之根，时有茯苓，“茯苓”自古便被视为延年益寿之灵药，古松也因此沾染了些许仙寿之气。宋陆游《纵笔》其二云：“百尺松根结茯苓，千年长养似人形。”刘克庄《赋得老松老鹤各一首》亦有“树根定有苓堪掘，造物方当寿此翁”之句。

（二）姿态美

老松的姿态指其整体形象特点，是干、枝、叶、皮、根等因素的综合呈现。老松姿态多样，有龙姿虎势者，有如蛇走龟蹙者，附之兔丝女萝，临之悬崖绝壑，照之清潭绿波，姿态万状，炫人心目。白居易《庐山草堂记》这样描写：“夹涧有古松老杉，大仅十人围，高不知几百尺，修柯戛云，低枝拂潭，如幢竖，如盖张，如龙蛇走。”[①]将老松变化多端的形态表现得惟妙惟肖。司马光《古松》则绘出另一番奇景：“摧颓岩壑间，磊落得天顽。香叶低渐水，余根倒挂山。”古松倒挂倚岩壑，香叶入水惹涟漪，这是怎样一幅动人的画面！古人每喜以“龙”喻古松，如元谢宗可《龙形松》写出了古松像龙一般蜿蜒蟠曲的体形、飘逸飞舞的须髯以及在云雨雷电中矫健的身姿。任士林在《蟠松赋》中发出“龙不知其为松,松不知其为龙”“龙乎松乎，松乎龙乎”[②]之感叹。

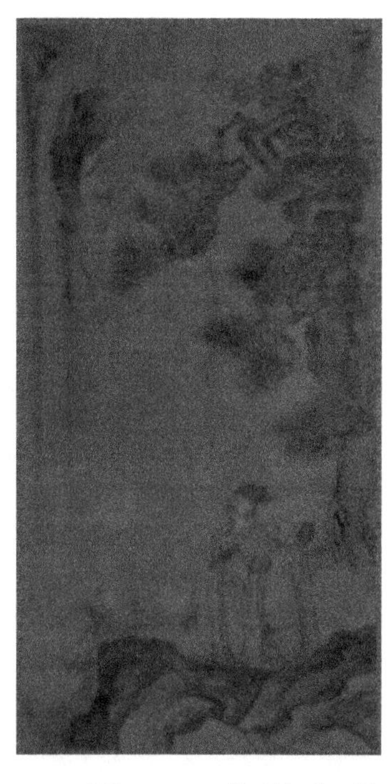

图 13 ［明］吴伟《松荫观瀑图》，北京故宫博物院藏（http://www.dpm.org.cn/index1024768.html）。

在自然界晨昏、风雨、雷电、霜雪、云月等不同的环境氛围中，文学作品对老松姿态风韵的描述又是多样的，体现了丰富的审美意趣。

古松在晨曦、黄昏之时，背阴、向阳之处，色彩有晦明变化，唐李胄《文宣王庙古松》诗云：“寒影烟霜暗，晨光枝叶妍。近檐阴更静，临砌色相鲜。”画家对光线明暗变化下的古松形态也有表现，如宋陈文蔚《题郑好古松图和赵国兴韵》所咏图中之古松即是“乍浓乍淡阴复晴，晦明变化天所成”。

① ［唐］白居易著，丁如明、聂世美校点《白居易全集》卷四三，上海古籍出版社 1999 年版，第 630 页。

② 李修生主编《全元文》卷五八〇，江苏古籍出版社 2000 年版，第 18 册，第 329 页。

（三）神韵美

神韵美指内在的精神韵味和审美个性，是自然属性美的凝聚和升华。综观古代文学中有关古松的描写，其精神美主要表现在以下三个方面：

1. **沧桑**

老松“古貌苍髯”，自有一种沧桑之感。“苍松古柏，美其老也”[①]即盛赞老松之美之贵，与老松习处，如师如友。关于这一点，明何乔新《友松诗序》说得更好：“故吾于是松也，朝夕对之如对益友焉，观其苍髯黛色凛乎其不可狎也，则思所以潜消吾暴慢之气；观其霜枝雪干挺乎其不可挠也，则思所以益厉乎贞介之操；观其贯四时而不改，越千岁而不衰也，则思所以诚吾恒久之心；仰焉而睇，俯焉而思，其有益于吾之进修多矣。”[②]

2. **丑怪**

古松为巉岩陒石所碍者，郁不得伸，往往变为偃蹇，槎枒突兀，风雨摧折之下日益支离臃肿，再附之瘿瘤肿节，于是丑怪之态生焉。自然界中怪异老松在文学作品中也有描写，宋汪炎昶《次韵俞伯初古松篇》中“貌古自类怪”的古松面目狰狞、丑怪无比：“梢优轴厚地，皮是船下濑。五岳空峥嵘，可纳枯窍内。绿狞攒磔髯，纹皴蹙腥背。萝茑获引援，萧艾藉覆盖。”明高启《偃松行》中“怪且寿”的偃蹇古松正是因体态怪异不入材选而得养天年。奇形怪状的老松也是画家笔下的爱物，宋释文珦《题履道兄古松图》所题图中之四松“槎枒古怪势不同”，纷以丑怪争胜。元傅若金《奉题达兼善御史壁间刘伯希所画

---

① ［清］李渔《闲情偶寄 · 种植部》，上海古籍出版社 2000 年版，第 333 页。

② ［明］何乔新《椒邱文集》卷九，《影印文渊阁四库全书》本。

古木图》亦云所见之古松“盘屈百怪聚”。可见，丑怪老松也是审美对象而被诗人、画家吟咏描绘。

3. **雄奇**

林语堂先生对古松的雄奇之美颇有心得，他在《论树与石》一文中说：“中国人在欣赏松树的时候，总要选择古老的松树，越古越好，因为越古老越是雄伟的。”[①]老松夭矫如虬龙，怒枝伸缩，古怪变异的姿态中自有一股雄奇壮伟之气。文人塑造老松形象，往往很注重对其内在气势力量的把握，宋王之道《古松》曰：“老松如蛟龙，气夺百万军。”李纲《藤山路古松为取松明者所刳剔》中所写的古松虽“颠倒委榛棘”，仍然“气象犹峥嵘”。明乔宇《游盘山记》中被称为“苍龙”的老松“破石罅中出，骈起而中摧，怒枝南倾，如渴虬之欲攫”[②]，“破”“摧”“怒”“攫”等，都是很有力度的。画家对古松的这一形象特点也有表现，如元傅若金《奉题仇工部壁间古松图歌》题咏的图中苍松便具“奇古”之势：“交柯崛走森昼晦，其下将疑鬼神会。雾雨寒霏虎豹毛，雷霆怒折蛟鼍背。”诗人不由感叹，“乃知巨笔老且神，力斡造化雄千钧。”画家与诗人在古松“雄”“奇”特征的描绘和体认上取得了一致。

三、老松意象的文化意蕴

除上述的物色美感和精神风韵外，老松意象还在长期的风俗承继和文学创作中积淀了一定的文化意蕴和比德内涵，指示着相应的符号

---

① 林语堂著《林语堂散文经典全集》，北京出版社 2007 年版，第 56 ～ 57 页。

② ［清］汪灏、张逸少撰《佩文斋广群芳谱》卷六八，上海古籍出版社 1991 年版，第 9 页。

意义。

（一）仙灵长寿

老松意象最初频繁出现于汉晋时期的仙话传说中。在中国民俗心理中，凡百年千年长存之物，体内多聚有灵异之气，能变化为种种神物、精灵。仙话传说中的千年老松往往会生成一些附生之物，服之可以长

图14 ［清］郎世宁《松树羚羊图》，沈阳故宫博物院藏（《中国绘画全集·清5》，第174页）。

寿延年。《玉策记》称："千岁松树，四边披越，上杪不长，望而视之，有如偃盖，其中有物，或如青牛，或如青羊，或如青犬，或如人，皆寿万岁。"[1]道家还将老松体内的这些附生物作为辅助他们修炼的外丹

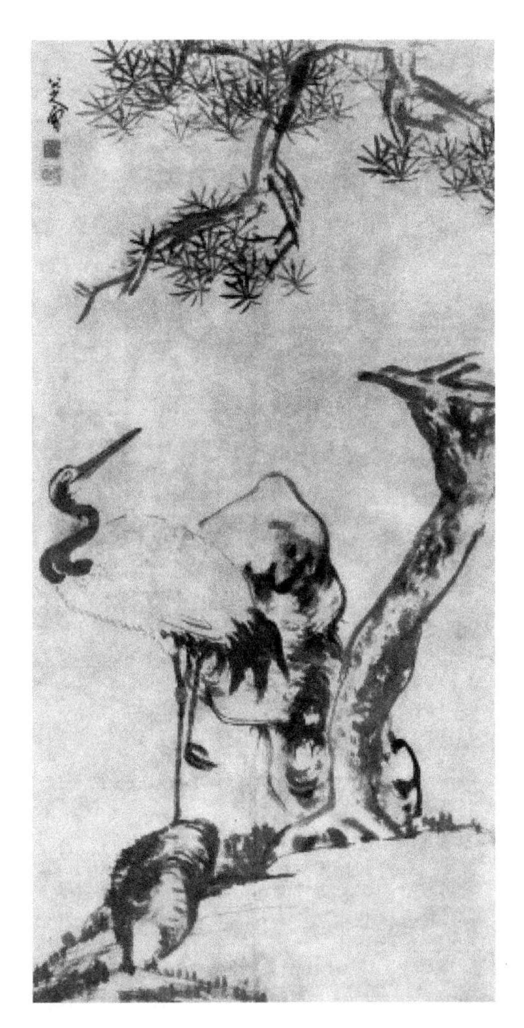

图15　[清]朱耷《松鹤图》，上海博物馆藏（《中国绘画全集·清5》，第97页）。

仙药,《抱朴子·仙药》云："松树枝三千岁者,其皮中有聚脂,状如龙形,

① [清]汪灏、张逸少撰《佩文斋广群芳谱》卷六八，第3册，第4页。

名曰飞节芝，大者重十斤，末服之，尽十斤，得五百岁也。”[①]《嵩高山记》中亦有类似之说："嵩岳有大松，或百岁千岁，其精变为青牛，或为伏归，采食其实得长生。”[②]刘向《列仙传》和题为班固所作的汉武帝内传》中都有服食松脂、松膏或茯苓延寿成仙的描写。松脂、茯苓等老松附生之物确实具备祛病健身之功效，这使得老松长寿仙灵的形象更加令人信服。

老松素以长寿著称，有“木中之仙”的称号。在民间信仰中，千年古松可幻化为人形，即松精，后唐冯贽《云仙杂记》中便有这样的描写："茅山有野人，见一使者异服，牵一白羊，野人问居何地，曰偃盖山。随至古松下而没，松形果如偃盖，意使者乃松树精，羊乃茯苓耳。”[③]宋范致明《岳阳风土记》亦有类似传说。小说中将此类传说生发为绘声绘色的文学描写，如宋李昉《太平广记》所引《潇湘录》中关于书生贾秘的故事：唐顺宗时书生贾秘在古洛城边，见绿野中有数人环饮，“七人皆儒服，俱有礼”[④]。这其实是七树精，当先一人即为松精。松为百木之长，故松精在众人中首言其志，表现得自信从容，矫矫不群。吴承恩《西游记》第六十四回“木仙庵三藏谈诗”中霜资风采的“劲节十八公”也是松树精，出场时“一阵阴风，庙门后，转出一个老者，头戴角巾，身穿淡服，手持拐杖，足踏芒鞋”[⑤]。

老松的仙灵之性，主要在于它得享寿龄。长寿与后凋一样，被视

① 王明著《抱朴子内篇校释》卷一一，中华书局 1985 年版，第 200 页。

② 《广群芳谱》卷六八，第 3 册，第 4 ～ 5 页。

③ 王汝涛编校《全唐小说》卷四，山东文艺出版社 1993 年版，第 3192 页。

④ ［宋］李昉等编《太平广记》卷四一五草木十“贾秘”条，中华书局 1961 年版，第 3384 页。

⑤ ［明］吴承恩著《西游记》下册，黄山书社 2007 年版，第 636 页。

为老松的自然本性，《抱朴子·对俗》即认为松柏之寿乃“禀之自然，何可学得乎”[①]。老松与龟、鹤一起成为民间最常见的长寿象征物，其中，松与鹤更以其优美的组合形象构成民俗中流行的长寿图。鹤栖老松之说在晋代就流行了，如晋葛洪《西京杂记》中有这样的记载：“东都龙兴观有古松树，枝偃倒垂，相传云：‘已经千年，常有白鹤飞止其间。’”[②]晋王韶之《神境记》所记更为神异：“荥阳郡南有石室，室后有孤松千丈，常有双鹤，晨必接翮，夕则偶影，传曰：‘昔有夫妇二人，俱隐此室，年既数百，化成双鹤。’”[③]这种传说可能是民间松鹤长寿图的直接来源。

（二）君子人格

老松气度雍容、格调高古，保有青春之质，不逐时尚之好，在众木之中独标高风。对于老松的精神之美，唐人已有所体会，如王维《过乘如禅师萧居士嵩丘兰若》云：“深洞长松何所有，俨然天竺古先生。”约略把握了老松的风貌。到了宋代，随着社会道德意识的加强，文人士大夫人格自励之风渐炽，老松成为古雅君子的象征，其人格魅力得以充分、全面的揭示。刘克庄《赋得老松老鹤各一首老松》曰：“青帝行将转邹律，苍官何必爱秦封。”着重表现的是老松孤高正直、洁身自好的一面。释文珦《古松歌》“尝间无用乃全生，却恐身为材所误。最好无过是樗散，一生不入良工眼。”描写了老松不求材用，高洁超脱的品格。老松身上集中体现了古代君子刚毅、超然、固穷等可贵的品格，寄寓着人们对其人格力量的钦佩与追慕。

---

① ［东晋］葛洪著，王明校释《抱朴子内篇校释》卷三，第 46 页。

② ［清］陈梦雷《古今图书集成·草木典》第二百一卷松部，中华书局 1985 年版，第 29 页。

③ ［清］汪灏、张逸少撰《广群芳谱》卷六八，第 4 页。

元明清文学中也不乏对老松人格的表现,如明何景明《古松》:“郡城之北江水东，鄂王祠庙丹青空。英雄为谟本宏远，古木至今多烈风。忠魂义魄杳何在,故物依然见遗爱。繁枝百世人不翦,直气千寻我当拜。”将古松与岳飞的形象融为一体，“烈风”自持、“直气千寻”，即是这位民族英雄伟大人格的写照。

综上所述，老松自唐代引起人们的审美关注，成为重要的文学意象，古人在文学作品中展现了老松特殊的美感和神韵，正适应了唐宋之际以新、异为美的审美风尚。老松意象在中国文学和文化的长期积淀中，形成丰富的意蕴，逐渐被推为中国民俗中最具代表性的长寿意象，并被文学家赋予古雅君子的人格象征，成为具有特定含义的民族文化符号。

（原载《阅江学刊》2013年第1期）

枯、病、怪松柏意象的审美特征与象征意蕴

先秦至魏晋六朝松柏审美和比德的重点是常青、劲直，从唐代开始，松柏的丑怪、雄奇之美受到文人更多的关注。文学作品中对枯、病、怪松柏意象描摹逼真，写出其真情真性，并作出了合理的审美评价，给人以美的享受。这不但使松柏的审美表现更为全面，也是对自然审美的充实和丰富。

一、枯、病、怪松柏意象的发生发展

北周庾信较早在文学中表现枯树，用以寄寓深切的身世之悲。从唐代开始，枯、病、怪松柏受到文人关注，并作为审美对象在文学艺术作品中加以表现。如初唐卢照邻《双槿树赋同崔少监作》中“徒冒霜而停雪，空集凤而吟龙”的“涧底枯松”[①]，是诗人遭际境遇的写照。李白《蜀道难》中“枯松倒挂倚绝壁”的描写[②]，则纯是审美的观照。杜甫对枯病类植物意象较为关注，创作出《病柏》《病橘》《枯棕》《枯楠》四诗，“皆兴当时事”[③]，充分发挥这类意象反映现实的功用。唐陆龟

① ［唐］卢照邻著，任国绪笺注《卢照邻集编年笺注》，黑龙江人民出版社1989年版，第33页。

② ［唐］李白撰，［清］王琦注《李太白全集》卷三，中华书局1977年版，第165页。

③ ［宋］叶梦得撰《石林诗话》卷上，中华书局1991年第1版，第9页。

蒙《怪松图赞》以怪松喻“怪民”,揭示出环境对人的影响[1]。自宋代起，描写枯、怪松柏的作品增多，文人表现出对这类松柏特别的喜爱，并认识到其独特的欣赏价值。如元郑玉《怪松记》云：“然地奥气和，松皆直干，从叶不异凡木，故虽繁而不为人所称道。”[2]元鲜于伯机“尝于废圃中得怪松一株,移植之,呼为‘支离叟’,朝夕抚玩……醉即抱之,或歌或泣。”[3]怪松在元明清时期屡入图画，出现了如元周权《题施德趣怪松图》、明李日华《怪松》等一类题画诗。

二、枯、病、怪松柏意象的审美特征

举凡植物，自以健壮旺盛、姿态优雅为美，特别是松柏这样高大的乔木，树干挺拔、苍翠浓密才是其自然健康状态，枯、病、怪皆是松柏的特殊生态，其物色特征可以一“丑”字来概括。但不可否认，它们虽形象怪异却饶有情趣，丑怪之中蕴含清奇突兀之美；还有那丑陋外表掩盖下的内在张扬的生命力以及不屈不挠的生存意志，再加上文人墨客在诗文绘画中艺术化的表现，使得这一类植物意象具有更加耐人寻味的美感。

枯、病、怪松柏意象的审美特征可以概括为“以丑为美”。从外形上看，这类植物意象枯寂、病态、陋怪，显然不符合传统的审美观念。就枯松而言，其形多怪异，树叶凋尽，空余枝干;且树皮鳞皴，色泽灰黯，

---

① ［唐］陆龟蒙著，宋景昌、王立群点校《甫里先生文集》，河南大学出版社1996年版，第264页。

② ［元］郑玉《师山集》卷五，《影印文渊阁四库全书》本。

③ ［清］汪灏、张逸少撰《广群芳谱》卷六八，上海古籍出版社1991年版，第8页。

一副破败之相；就内在的生命力来看，也是枯黄支离、了无生意。看文学作品中是如何描绘的，唐李涉《题苏仙宅枯松》曰“一旦枝枯类海槎”[①]，唐元稹《清都夜境》曰“枯松多怪形”[②]，宋韩琦《再赋》曰“枯松老柏竞丑怪”[③]，宋白玉蟾《枯松》云“霜鳞雪爪一枯松”[④]，皆言枯松形貌之丑。枯病松柏形象中最打动人心的是其生命的萎谢，这也是此类咏物诗重点描写的部分，比如清张英《枯松行》:“一夕风雨过，萎黄何忽焉。众松失颜色，台殿增寂然。惜彼凌霜姿，遽随群卉迁。”[⑤]傲立霜雪的松树在一夕风雨后忽随群花萎黄，生意殆尽。枯松空留一副没有生命的躯壳，固然令人叹惋，而病树虫蠹蚁蚀、憔悴零丁，残存的生命更加让人痛惜，且看唐杜甫《病柏》:“有柏生崇冈，童童状车盖。偃蹙龙虎姿，主当风云会。神明依正直，故老多再拜。岂知千年根，中路颜色坏。出非不得地，蟠据亦高大。岁寒忽无凭，日夜柯叶改。”[⑥]原本龙姿虎势、受人崇拜的崇冈古柏也因中路坏了根本而改柯易叶、日渐凋零。枯病类松柏干枯黄萎，缺乏生机和活力，从外表上看，确实给人一种不愉快的感觉。

丑怪类松柏以外表的扭曲变形、怪异骇人为特点，也可归为“丑”

---

① [清]彭定求等编《全唐诗》卷七七七，中州古籍出版社2008年版，第14册，第5435页。

② [清]彭定求等编《全唐诗》卷四〇〇，北京大学出版社1993年版，第12册，第4478页。

③ 傅璇琮等主编《全宋诗》卷三三六，北京大学出版社1993年版，第6册，第3974页。

④ 傅璇琮等主编《全宋诗》卷三一四一，北京大学出版社1993年版，第60册，第37602页。

⑤ [清]张英《文端集》卷六，《影印文渊阁四库全书》本。

⑥ [唐]杜甫著，[清]仇兆鳌注《杜诗详注》卷一〇，中华书局1979年版，第336页。

之列。文学作品中的丑松怪柏并不少见，如唐陆龟蒙《怪松图赞并序》中的怪松，“根盘于岩穴之内，轮囷逼侧而上。身大数围而高不四五尺，傴魄然，蹙缩然。干不暇枝，枝不暇叶，有若龙挐虎跛、壮士囚缚之状”，可谓“甚骇人目”[1]。宋王曾《矮松赋》中生长发育不成比例的矮松：“卑枝四出，高不倍寻，周且百尺，轮囷偃亚，观者骇目”，“拥肿支离，不为世用”[2]。金冯璧笔下的同希颜怪松：“偃蹇如蟠螭，奋迅如攫兽。叶劲须髯张，皮古鳞甲皱。菌蠢藤瘿怒，支离筇节瘦。”[3]也是既“丑”且“怪”。金李纯甫《怪松谣》用了一连串怪奇突兀的词语来表现怪松带给人的视觉冲击力：“轮囷拥肿苍虬姿。鳞皴百怪雄牙髭，拏空夭矫蟠枯枝。疑是秘魔嵓中老，慵物旱火烧天鞭。不出睡中失却照，海珠羞入黄泉蜕。其骨石钳沙锢汗，且僵埋头卧角政。摧藏试与摩挲定，何似怒我张触须。”[4]金雷渊《会善寺怪松》亦是如此，用激荡、凶险的词语描绘怪异、恐怖的事物，感觉就像读韩愈的某些作品。“物生自有常，怪特物之病”[5]，丑怪类植物因其面貌特异而被视为生物学的变态。这些造型奇特的树木，显然不符合以对称、均匀、平衡、和谐为美的传统美学观念。

然而，“美”和“丑”之间并不是对立的，两者之间是可以相互转化的。况且天生万物，物各有态，不能以统一标准来衡量，截然将万物分为美丑两端，通常认为丑陋的事物如换一角度来看，依然有美感

① ［唐］陆龟蒙著，宋景昌、王立群点校《甫里先生文集》，第 264 页。

② 曾枣庄、刘琳主编，四川大学古籍整理研究所编《全宋文》卷三一九，巴蜀书社 1989 年版，第 8 册，第 351 页。

③ ［金］冯璧《同希颜怪松》，［金］元好问编《中州集 · 巳集》卷六，中华书局 1959 年版，第 285 页。

④ ［金］元好问编《中州集》卷四，第 226 页。

⑤ ［金］元好问编《中州集》卷六，第 316 页。

可言，松柏亦是如此。

（一）特殊另类的外在美

枯、病、怪松柏从外形上看，虽不符合大众审美标准，但从艺术的层面来欣赏，树木的畸形反而在视觉上增加了线条的丰富性和变化性，从而显示出一种特殊的另类之美。即使槎枒突兀的枯松也有值得欣赏之处，如唐李白《蜀道难》之“枯松倒挂倚绝壁”①，宋刘攽《和李公择题相国寺坏壁山水歌》之“枯松挂崖正矫矫”②，宋刘跂《又景亮惠藜杖赋绝句以谢》之“藜根矫矫似枯松”③，都写出了枯松的桀骜不群之气，表现出一种动态的美。奇松怪柏抑郁盘错，虽乖生理，却蕴含一股勃勃不灭之生气在胸中，自能呈现奇谲瑰丽之面貌。如宋杨万里笔下的道傍怪松：“两枝垂地却翻上，活是双龙戏翠球。”④明李东阳描绘雪后古柏：“苍然古柏势横空，数尺盘拏成百折。玉龙战罢缠碧梢，流涎喷沫凝不飘。”⑤都活画出奇松怪柏争奇斗艳的姿态。元郑玉《怪松记》写出了怪松丰富多彩的美感：“或一枝夭矫飞入云汉，如虬龙上腾，云雾四起；或一枝横出，低垂掠地，如飞鹰旋野，狐兔在目，利爪方张；或蟠结如车轮；或曲折如矩尺……”⑥清施闰章《黄山怪松歌》写出了黄山松奇异诡绝之美：“山中老松多诡绝，风伯手揉云绾结。青枝如组踵屈铁，根似引绳长百折。高可寻丈短尺许，寄生以石不以土。

---

① ［清］王琦注《李太白全集》卷三，第 165 页。

② 《全宋诗》卷六一五，第 11 册，第 7140 页。

③ ［宋］刘跂撰《学易集》卷四，中华书局 1985 年版，第 38 页。

④ ［宋］杨万里《道傍怪松》，［宋］杨万里著《杨万里诗文集》卷二六，江西人民出版社 2006 年版，第 460 页。

⑤ ［明］李东阳《左阙雪后行古柏下有作》，李东阳著《李东阳集》卷一，岳麓书社 1984 年版，第 220 页。

⑥ ［元］郑玉《师山集》卷五，《影印文渊阁四库全书》本。

餐风饮雾无凡姿，倒身拂地翩跹舞。”[①]严酷的自然条件使得这些松柏离开了生物学的本态而畸形发展、扭曲变异，于清丑奇倔中见一片盎然生机，真可谓“丑而雄”“丑而妍”。

（二）耐人寻味的内在美

枯、病、怪松柏带给人的美感已不仅是外形姿态上的千变万化之美，它们顽强的生命力和对自然环境适应、利用的主动精神更加令人激动、给人启示。宋钱时《怪松》云:“何如头角峥嵘起，直节凌霄愈更奇。”[②]宋文同《观音院怪松》云：“若遇风雷宜守护，恐生头角便飞腾。”[③]明金李纯甫《怪松谣》曰：“怒我枨触须髯张，壮士囚缚不得住。”[④]张扬的都是松柏怪形异态之下蕴含的挣脱束缚、追求自由的精神。还有明高启游白莲寺所见之病柏，虽盖瘁梢枯，下窾蚍蜉、上穴螺赢，却是“死色见已深，生意存犹颇”[⑤]。病柏在生死线上苦苦挣扎，那一份对生命的执着、对春天的向往也足令人动容，其坚忍不拔的毅力和对美好生活的期望可以给那些身处逆境中的读者度过难关的勇气和动力。清袁枚《松无故自萎者甚多》曰:“千年古松也四布，一朝秃立不知故。老干虽招雷火焚,残枝尚作蛟龙怒。意欲人间作栋梁,不贪冷处饱风霜。甘心绝代擎天手，付与樵夫说短长。”[⑥]阅读这样的诗句，我们不仅为

---

① ［清］施闰章撰《学余堂诗集》卷二一，《影印文渊阁四库全书》本。

② ［宋］钱时《怪松》，《全宋诗》卷二八七六，第 55 册，第 34332 页。

③ ［宋］文同撰《丹渊集》卷一三，《影印文渊阁四库全书》本。

④ ［金］元好问编，中华书局上海编辑所编辑《中州集 · 丁集第四》，中华书局 1959 年版，第 226 页。

⑤ 《病柏联句》，［明］高启著，［清］金檀辑注，徐澄宇、沈北宗校点《高青丘集》卷一四，上海古籍出版社 1985 年版，第 566 页。

⑥ ［清］袁枚著，周本淳标校《小仓山房诗文集》卷三一，上海古籍出版社 1988 年版，第 863 页。

这类松柏奇异的生态之美所惊奇，更为其不屈的意志所打动，从而产生心灵的震撼和精神的提升，这是更高层次的美感。

三、枯、病、怪松柏意象的情感指向

李浩在《怅望古今》一书中说道："艺术丑在内容上往往包含着对现实人生的愤争和抗议，同时也夹杂着嘲讽人生世相的机锋。'以人世浑浊，不可与庄语'，故嘻笑怒骂，冷嘲热讽，旁敲侧击。压抑的情感，扭曲的性格，都可以借变态的形相宣泄出来。"[①]枯病怪类松柏意象正具备这种特点，文人创造出这一类意象，很少停留在简单的摹物阶段，而是借物论理，由物及人，在反映人物情感和心灵的同时，还隐含针砭时世的目的。

（一）反映个人心灵

杨义《李杜诗学》云："意象是一种选择，对特殊情境中心灵对应物的选择。诗人异常敏感，心理结构又极为复杂，在历时性上它可能由少年气盛，因历尽风霜而转为心境苍凉，所选择的意象也就由骏马变为瘦马、病马。"[②]从这一意义上说，枯、病、丑怪植物意象之所以能成为某些文人的选择对象，也是文人在一定时期心灵世界的反映。

意象归根结底是一种选择，文人之所以会在纷纭万物中单单选中某些意象作为创作对象，是因为这些意象符合当前的心境，能够反映特定时期创作主体心理和情感的主导倾向。作家的气质、性格不同，经历、遭际各异，对意象的喜好和选择便不尽相同，即便同一个人，

---

① 李浩著《怅望古今》，人民文学出版社 2007 年版，第 94 页。

② 杨义《李杜诗学》，北京出版社 2001 年版，第 629 页。

图 16 ［宋］苏轼《枯木怪石图》，现藏日本（《中国绘画全集·五代宋辽金 1》，第 78 页）。

在不同的成长阶段也会在意象的选用上有所变化。比如初唐卢照邻，在短暂的一生中饱受疾病折磨，个人发展也不顺利，虽才华横溢却一直屈居下位，他的笔下就不乏枯病植物意象，像《双槿树赋并序》中“徒冒霜而停雪，空集凤而吟龙”的“涧底枯松”[①]，可以说是诗人自我形象的写照。宋苏轼一生宦海沉浮，屡遭贬谪，经历了几次大的人生磨难，胸中难免郁积不平之气，除借助诗文以抒写胸中之块垒外，他还在绘画作品中加以宣泄，其传世作品《枯木怪石图》中画蟠曲枯松一株，枝干突兀，又有顽石一块，深具意趣。米芾《画史》论:“子瞻作枯木，

① ［唐］卢照邻著，任国绪笺注《卢照邻集编年笺注》，黑龙江人民出版社 1989 年版，第 33 页。

枝干虬曲无端倪，石皴硬，亦怪怪奇奇，如其胸中蟠郁也。”[1]也正如苏诗中所说：“枯肠得酒芒角出，肝肺槎枒生竹石。森然欲作不可回，吐向君家雪色壁。”[2]枯木怪石题材绘画也正是他心灵的写照。

丑怪类松柏意象则常被文人用之比喻那些才不得伸而出以惊世之举、骇俗之文的奇士狂生，人物压抑的情感、张扬的性格借助怪木逼仄的生态、屈折的形象志郁不伸成怪松[3],宋徐铉《九叠松赞》则将“荀、孟、屈、贾之徒”视为怪松之同类，文曰：

> 嗟夫！草木丽地，禀天之和，条畅秀茂，固常也。若乃原隰之宜失，阴阳之候违，柔脆之姿，则离披枯瘁，贞劲之质，则抑郁盘错。生理乖矣，独有瑰奇之貌。呜呼！失其所乎？昔在太古体现出来。宋王炎《用元韵寄周推萧法》云：“君臣强名，贤愚同域。洪洪洞洞，是谓太和。降及后代，圣人有作。显仁义，建功名，扶衰拯敝，不得已也。于是有爱恶则象生焉。其甚者，饰行以矫时，执方以违俗。考盘闾巷，声重王公。上德丧矣，独有高世之誉。呜呼！荀、孟、屈、贾之徒，岂斯松之类邪？[4]

怪松以“瑰奇之貌”而夺人目，狂生以“矫时”“违俗”而博高誉，张狂外表掩盖下的是清醒而痛苦的灵魂。非常态的松柏意象成为文人思想情感的寄托物，压抑的情感、扭曲的性格以及对现实人生的愤争

① 卢辅圣主编《中国书画全书》第1册，上海书画出版社1993年版，第983页。

② ［宋］苏轼《郭祥正家醉画竹石壁上，郭作诗为谢，且遗二古铜剑》，［宋］苏东坡著，毛德富等主编《苏东坡全集》卷一二，北京燕山出版社1998年版，第664页。

③ ［宋］王炎撰《双溪类稿》卷五，《影印文渊阁四库全书》本。

④《全宋文》卷二四，第1册，第437页。

和抗议在这一物象的描摹中展露无遗。

（二）影射社会现实

以枯、病、怪松柏为吟咏对象的作品，除表现文人施及天地万物的仁爱之心外，往往还别有寓意。如唐杜甫《病柏》:“有柏生崇冈，童童状车盖。偃蹇龙虎姿，主当风云会。神明依正直，故老多再拜。岂知千年根，中路颜色坏。出非不得地，蟠据亦高大。岁寒忽无凭，日夜柯叶改。丹凤领九雏，哀鸣翔其外。鸱鸮志意满，养子穿穴内。客从何乡来，竚立久吁怪。静求元精理，浩荡难倚赖。”[①]杜甫的崇冈古柏被视为神明的化身,受到故老的崇拜。这样一个张扬着辉煌的生命，却被连根蚀坏，枝枯叶败，成为“鸱鸮”盘踞之处。对此，仇兆鳌《杜诗详注》引清人黄生《杜诗说》所云:“此喻宗社欹倾之时，君子废斥在外,无从匡救,而宵小根据于内,恣为奸私,此真天理之不可问者。”[②]日本学者兴善宏《枯木上开放的诗》一文认为:“它表达的是对世间不公平的愤怒。正直者不得志，横邪者遂其欲。这一对照写出了当时社会善恶价值的颠倒，由此引出结尾四句作者对病树形象寄寓的感慨。”[③]杨义《李杜诗学》云:“这种生命祭奠蕴含着诗人的时代感受，若要寻找隐义，可以说这是盛唐巨柏被连根蚀坏的象征。”[④]诸家都将“病柏”解读为睹物讽世的文学意象，诗人描写这种饱受摧残的生命，以曲折的隐喻表达他忧国忧民的情怀。我们通过这类“丑”的形象可以感受到一个心系国家安危、人民哀乐的伟大灵魂，“在其不可抗拒的人格力

---

① 仇兆鳌《杜诗详注》卷一〇，第2册，第851～853页。

② 仇兆鳌《杜诗详注》卷一五，第2册，第853页。

③ 蒋寅编译《日本学者中国诗学论集》，凤凰出版社2008版，第203页。

④ 杨义著《李杜诗学》，第630页。

量中自可了解到丑是如何转化为美得诗学秘密。”[①]

丑怪类松柏为突破生长环境的限制而呈现出扭曲变形之态，又因形态之丑而被视为怪木。松之怪形丑态，非天性如此，不利的自然条件，限制了松的自由生长，却造就其瑰丽奇伟之貌，人亦如是。不甘压抑的文士借诗酒一浇胸中之块垒，发泄一肚皮的不合时宜，甚至以狂怪为极致。正如唐陆龟蒙《怪松图赞》曰：

> 草木之生，安有怪耶？苟肥瘠得于中，寒暑均于外，不为物所凌折，未有不挺而茂者也，况松柏乎？今不幸出于岩穴之内脞脆者，则磔然之牙伏死其下矣，何自奋之能为？是松也，虽稚气初拆，而正性不辱。及其壮也，力与石斗。乘阳之威，怒已之轧，拔而将升，卒不胜其压。拥勇郁遏，坌愤激讦，然后大丑彰于形质，天下指之为怪木。吁！岂异人乎哉？天之赋才之盛者，早不得用于世，则伏而不舒。熏蒸沉酣，日进其道。摧挤势夺，卒不胜其厄。号呼呶挐，发越赴诉，然后大奇出于文彩，天下指之为怪民。呜乎！木病而后怪，不怪不能图其真。文病而后奇，不奇不能骇于俗。非始不幸而终幸者耶？[②]

文章借物论理，由物及人，因论物理而及于时事。松受到岩石压制，为求生存而努力突破环境的限制，乖生理、呈异态。人亦同此，人秉大才而不为世用，权挤势夺、困顿倾轧之境造就其怪异之性情，于是见于言行，披之文章。在松而为怪木，在人而为怪民，怪木以畸形骇人目，怪民以奇文惊天下。社会环境的压制，统治者用人制

---

① 杨义著《李杜诗学》，第630页。

② ［唐］陆龟蒙著，宋景昌、王立群点校《甫里先生文集》，第264页。

度的不合理，影响了这类人物政治才干的发挥，却成全其在文学上的骄人成就。怪民以桀骜不驯的态度表明了与朝政不合作的态度，奇谈怪行正是他们抗争的手段，“怪”中包含着对社会环境不满与对抗的意味在里面。

宋范仲淹在《上吕相公书》中曾引陆龟蒙《怪松图赞》之语言己：

窃念仲淹草莱经生，服习古训，所学者惟修身治民而已。一日登朝，辄不知忌讳，效贾生恸哭太息之说，为报国安危之计。而朝廷方属太平，不喜生事，仲淹于搢绅中独如妖言，情既龃龉，词乃睽戾。至有忤天子大臣之威，赖至仁之朝不下狱以死，天子指之为狂士。然则忤之之情无他焉，正如陆龟蒙怪松图赞谓：“草木之性，其本不怪，乘阳而生，小已遏不，伸不直而大丑彰于形，质天下指之为怪木，岂天性之然哉。”①

范仲淹以国家天下安危为己任，敏锐地意识到宋初升平表象下的隐患，于太平之世时发忧患之言，在满朝歌功颂德之声中独如妖言，以致天子指为“狂士”。狂士与怪木类似，都是个性不得伸展而致，归根结底还是环境使然。

综上所述，通过研究枯、病、怪松柏意象，我们可以了解与此相关的文化信息，看出古人审美趣味的变化，并可借以洞悉有关人物心灵的隐秘，知晓社会对人物性格情感的影响。不仅如此，枯、病、怪松柏意象还可以引发我们对类似文学意象的探索，诸如庾信之枯树，杜甫之病橘、枯棕、枯柟，卢照邻之病梨树，李商隐之残荷等，都是

① ［宋］范仲淹著，李勇先、王蓉贵校点《范仲淹全集》卷一一，四川大学出版社 2002 年版，第 254 页。

积淀和融化着某种社会内容和个人情感的“有意味的形式”，值得我们仔细地体味。

（原载王颖《中国松柏审美文化研究》，安徽人民出版社2016年版，此处有增补修订）

松风意象的审美意蕴与文化衍生

松是重要的植物意象，早在《诗经》中就成为文学表现的对象。松风天籁自鸣，其声宏大劲健，有“松涛”之谓。明刘基《松风阁记》曾详述“松”与“风”最相宜的道理：

> 风不能自为声，附于物而有声，非若雷之怒号，訇磕于虚无之中也。惟其附于物而为声，故其声一随于物：大小清浊，可喜可愕，悉随其物之形而生焉。土石质羼，虽附之不能为声；谷虚而大，其声雄以厉；水荡而柔，其声汹以豗。皆不得其中和。使人骇胆而惊心。故独于草木为宜。而草木之中，叶之大者，其声窒；叶之槁者，其声悲；叶之弱者，其声懦而不扬。是故宜于风者莫如松。[①]

松风在魏晋六朝时就已受到文人的喜爱和推崇，是文学中常见的复合声音意象。松风意象在古典文学中出现的频率较高，且审美内涵丰富，文化衍生广泛，值得深入地加以考察。本文拟对我国古代文学中松风意象的演变过程、审美内涵、意趣寄托和文化衍生等进行梳理和总结，力求全面、深入地展现这一意象的文学与文化意义。

---

① ［明］刘基撰《诚意伯文集》卷九，上海古籍出版社 1991 年版，第 228 页。

一、松风的文学呈现

魏晋六朝人对松风已明确喜爱甚至推重，据史书载，南朝被称为“山中宰相”的陶弘景就“特爱松风，庭院皆植松，每闻其响，欣然为乐”[①]。这一时期，松风在文学作品中不仅作为自然风景出现，还常被用来形容名士的风姿节操，成为风度和品德的象征。如：

桓帝时，南阳语曰：“朱公叔肃肃如松柏下风。”（晋袁山松《后汉书》卷三《朱穆传》）

谢混与从子谢灵运齐名，时人谓混风韵为高日望葵，萧如寒风振松，康乐凛凛如霜台笼日。（[唐]欧阳询《艺文类聚》卷八八木部上松）

京师号曰：“陈仲举，昂昂如千里骥，周孟玉，浏浏如松下风。”（《青州先贤传》）

（嵇康）德行奇伟，风勋劭邈，有似明月之映幽夜，清风之过松林也。（[晋]李氏《吊嵇中散文》）

“肃肃”形容松风之凛冽劲健，比喻朱穆矜严刚正的为人。“萧如寒风振松”，比喻谢混冷峻潇洒、品德端方。“浏浏”形容松风的清劲，比喻周孟玉为人之高洁。松林“清”风，形容嵇康之意态高雅、行止从容。以上各例都是借松风喻人，这种比喻是建立在对松风美感欣赏的基础上的，是由物及人的一种美感联想。从中，我们既能感受到松风清逸

① [唐]李延寿撰《南史》卷七六，中华书局1975年版，第1898页。

劲健的自然之美，又能体味到魏晋名士风韵潇洒、情趣高雅的人格气质之美。自然之美与主体之美融为一体，形态之美与神韵之美打成一片，很难分开。

唐代与松风意象相关的作品数量大大增加，据笔者统计，仅《全唐诗》中含松风意象的作品就有202篇。松风意象的内涵大为丰富，审美特点、艺术表现也趋于多样。如李白诗中有17次写到松风，行旅之苦、田园之乐、游仙理想、历史感怀在他笔下都可以借助松风意象表现出来。王维、刘长卿、白居易、王昌龄、韦应物、皎然、李群玉、皮日休等都在作品中多次写到松风意象。唐人在描写松风时，采用了象声词拟声、水月映衬、通感手法、寓声于景等多种手法，在艺术表现方面较前有很大进步。

宋代迎来了松风意象和题材创作的高潮。据笔者统计，《全宋诗》中含松风意象的作品多达1222篇，以松风为主题的作品就有60篇，《全宋词》中含松风意象的作品有34篇。松风意象在宋代得到了文人的普遍喜爱，陆游作品中松风意象出现47次，有4首专咏松风之作，松风的壮美在其笔下得到了充分表现。黄庭坚作品中松风意象出现40次，松风题材的作品有3首，对松风的禅意化描写是其特点。杨万里集中松风意象出现22次，其中有3首松风题材之作，其特点是擅用拟人手法，将松风描写得生动活泼，充满天真的童趣。此外苏轼、范仲淹、范成大、刘克庄等都表现出对松风的喜爱，在作品中多次描写松风意象。宋代文人已把握住了松风的精神韵味，常用松风来比喻诗文作品的风格，打通了自然与人文的界限，令人耳目一新。如郑刚中《读苏子美文集》以“秋风入松竹”来比方苏舜钦文章意气风发、清新爽利的特色[1]；刘

① ［宋］郑刚中撰《北山文集》卷二，中华书局1985年版，第43页。

辰翁《松声诗序》以“松风”言诗，提出作诗应师心自然、率性而发的主张，“松风”用来比喻“天然去雕饰，清水出芙蓉”的诗风；杨万里《跋姜春坊梅山诗集》以“松风涧水打窗声”比方阅读姜春坊诗时的审美感受[①]，《题徐衡仲西窗诗编》以“松风涧水出肝肠”言徐衡仲诗之情致悠远[②]。上述各例，都是以松风某一方面的特点进行比喻，松风清新、自然、飘逸、刚劲等对应着欣赏作品时产生的相似美感体验，体现出文人心思之缜密和意趣之优雅。

元明清时期松风意象的创作也颇为可观，仅清顾嗣立所编《元诗选》中含松风意象作品就有212篇。这一时期还出现了几篇松风题材的长篇诗文，有元戴表元《松风阁记》、元刘仁本《松风吟》、明瞿汝稷《松声赋》、明刘基《松风阁记》、明宋濂《松风阁记》、清毛奇龄《松声赋》等。值得一提的还有，这一阶段有关松风绘画的题咏之作明显增加，出现了诸如元元好问《巨然松吟万壑图》《大简之画松风图》，元赵孟𫖯《题洞阳徐真人万壑松风图》，明虞堪《题洞阳徐真人万壑松风图》，清彭孙遹《题既庭松风图兼送南还》，清御制诗《王蒙坐听松风图》《李士达坐听松风图》《马麟静听松风图》等一类题画诗，从一个侧面丰富了松风题材的内容。

二、松风意象的审美内涵

松风之所以赢得文人的普遍喜爱，缘于其独具的美感。对于松风

① ［宋］杨万里著《杨万里诗文集》卷二〇，江西人民出版社2006年版，第364页。

②《杨万里诗文集》卷二三，第406页。

这样具有声响的自然物象来说，松风之美主要指声音方面的特点、物象的整体风韵、不同环境的映衬烘托等。松风虽然主要通过听觉来感知，没有色彩、姿态、气味方面的内容，但历代文人对这一天籁之音的体味刻画也是细致深刻的，在创作中充分展现出这一物象的审美特色和欣赏价值。具体说来，松风之美主要体现在以下方面：

图 17 ［宋］李唐《万壑松风图》轴，台北故宫博物院藏（《中国绘画全集·五代宋辽金 2》，第 88 页）。

（一）清逸

松风清新凉爽，不着一点尘埃，听之可以解烦闷。涤昏聩，令人心旷神怡，飘飘然欲与造化游。文人对松风之“清”的体验颇多，如宋陆游《龟堂杂兴》云：“少年身寄市朝中，俗论纷纷聒耳聋。清绝宁知有今日，高眠终夜听松风。”清蒲松龄《五月十九，移斋石隐园》言：

“松风已自清肌骨,又听蕉窗暮雨来。”都抓住了松风“清”的内在神韵。松风既清，就有人想用之洗耳浣尘，以清心耳，扫却尘俗，宋黄庭坚《武昌松风阁》云:“风鸣蜗皇五十弦，洗耳不须菩萨泉。”明陈继儒《小窗幽记·集灵篇》亦云闻松风“可浣尽十年尘胃”[1]。欲求清高之境，无需远寻，静听松风即可，刘基《松风阁记》就表达了这样一种观点：“观于松可以适吾目，听于松可以适吾耳，偃蹇而优游，逍遥而相羊，无外物以汩其心，可以喜乐，可以永日，又何必濯颖水而以高，登首阳而以为清也哉？”[2]

从自然上说，松风之“清”源于松之“清”首先，松树清高其风也清。如宋刘辰翁《夏景·清风松下来》云：“狭世清风少，清风不受催。惟应松下有，肯向坐间来。”其次，松之耐寒，其意亦寒。如唐陆希声《松岭》云:“岁寒本是君家事,好送清风月下来。”宋徐侨《双松亭》云：“满眼春风生，中有岁寒意。”最后，松林之大，其气亦清且盛,如大厦夏凉。元僧英《山中景》曰:“六月山深处,松风冷袭衣。”元赵汸《龙门避暑》曰：“龙门绝顶松风冷，空翠湿衣山更深。”突出夏日山中松风的快爽清劲。

在表现手法上,“水”与“月”对松风之“清”起到了很好的映衬作用。

1. **水边**

松风与水之间首先是一种自然生态联系。松依水而生是自然界中常见之景，在游赏行旅诗中，松风涧水意象比并连用的现象比比皆是，唐顾况《欹松漪》、白居易《题遗爱寺前溪松》是松与水相伴、水映松树影的实景写生。松风溪水声相和成了自然界最美妙的音响,唐郑谷《西

① ［明］陈眉公辑《小窗幽记》卷四，中州古籍出版社2008年版，第159页。
② ［明］刘基撰《诚意伯文集》卷九，第229页。

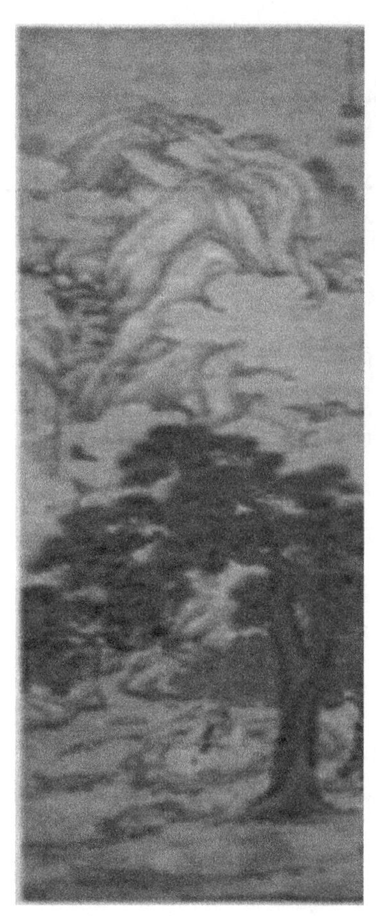

图 18 [明] 丁云鹏《松泉清音图》轴，北京故宫博物院藏（http://www.dpm.org.cn/index1024768.html）。

蜀净众寺松溪八韵兼寄小笔崔处士》："松因溪得名，溪吹答松声。"元赵孟頫《题先天观》："松风和涧泉，杂佩响琼瑶。"都是实地再现的松风水声交响曲。松风与水之间还有更深一层的感觉氛围上的关联。水之清寒与松风之神韵乃至文人幽远之心境有着内在的共通性。读着这样的诗句："涧水寒逾咽，松风远更清。"（[隋]薛道衡《从驾幸晋阳诗》）"水寒深见石，松晚静闻风。"（[唐]许浑《泛溪》）"泉声泻入松风寒，山光滴破云根翠。"（[宋]俞煜《游九锁》）我们不难体味出松风与水共同营造出的清远幽寒之境与诗人心境的契合。

2. **月下**

松风与月之间不存在生态上的联系，主要是审美感觉上的共通。月光皎洁、清冷，如梦似幻，与松风一起打造出光影风声、动静适宜的月夜幽景。宋姚勉《题松风阁》："万松排立撑云表，虚籁生风秋月皎。"宋陆游《松风》："半岭松风破睡时，起看山月倚筇枝。纵横满地髯龙影，尽是当年手自移。"展现的都是松风月色声光交映的画面。

松风与月的组合不止是营造出一种声光氛围，当我们读到王维《酬张少府》："松风吹解带，山月照弹琴。"宋晁公遡《松风亭》："皎皎石上月，飕飕松下风。清绝谁领会，倚杖送飞鸿。”我们不难体味到沉潜其中的高雅闲逸、超凡脱俗的文人精神。

3. **松风、水、月的相宜相配**

图 19 ［宋］夏圭《松溪泛月图》，北京故宫博物院藏（《中国绘画全集·五代宋辽金 3》，第 69 页）。

松风、水、月有着清幽绝尘的共同特点，三者遇合，会创造出更加动人的氛围，如宋张侃《明月堂闻松风》：“老松夭矫双凤翔，翠色依月新凝光。神仙所居无乃是，我来访古摩藓苍。夜长月正当窗白，风入松梢声划划。娥江元自通涛江，脱似江潮撼僧床……悠悠江水流不尽，晚日浮沈潮势平。披衣起坐寂无语，松影参差复如故。风声四散不暂停，遥见江流趁东去。”风松在月光下摇曳生姿，松涛伴着水声在耳边回响，结语造成一种令人回味不尽的绵邈情味，颇得张若虚《春江花月夜》之神韵。随着人们审美体验的日渐丰富，松风与水月相宜相配成为作家的自觉认识。如唐韩溉《松》：“翠色本宜霜后见，寒声偏向月中闻。”唐刘得仁《赋得听松声》：“况复当秋暮，偏宜在月明。”宋汪炎昶《暑夜闻松声》：“来从月里觉愈爽，助以溪声听更长。”清御制诗《水月》：“内空外空内外空，千江曾是一轮同。透彻犹将过镜象，清华端合配松风。”上述诗句可以用这样几句话来概括：松风与水月相宜，水月助松风之音，松风配水月之清。松风水月之洁净高华正是文人清高雅洁人格意趣的绝好写照，在下面的诗歌中，我们可以看到，三者在特定情境中合而为一了：

山中之乐何由说，知者不言言者拙。红尘飞尽散松风，独酌寒泉弄明月。（[宋]曹勋《山中谣》）

石上无禾养伯龄，种云锄月漫关情。饮泉卧听松风曲，别是人间一段清。（[元]王旭《有怀泰山十绝句寄家兄景明》）

松风与水月从相映相衬、烘托氛围到精神上的拟似比类，再到与文人意趣的沟通契合，说明诗人们的审美体验越来越深入了。

（二）古雅

松风纯真朴实，仿佛是从远古流传下来的乐声，其古朴典雅之美，有似上古之大韶乐、葛天歌，令箫瑟等人工吹奏之音相形见绌。宋王安石《次韵董伯懿听松声》曰：“庙中奏瑟沉三叹，堂下吹箫失九成。俚耳纷纷多郑卫，直须闻此始心清。”将瑟箫声比作郑卫之音，言下之意，松风才是雅乐正声。宋范仲淹《岁寒堂三题·松风阁》曰：“淳如葛天歌，太古传于今。洁如庖义易，洗入平生心。”将松风比作上古虞氏舜所作之《大韶》。元郑元佑《松风吟》亦言:“日听松风不异大韶乐，自谓身是葛天民。”文人在诗歌中频频称松风为“古音”，宋曾丰《道边松》云“撼雨号风太古音”，元赵孟频《云林山中》云“松风太古声”，清朱彝尊《和松庵》云“泠泠太古音”。这种对松风古雅韵味的把握，不是从其自然特征来的，而是一种文人感受。

图 20　[清]王时敏《松壑高士图》，北京故宫博物院藏（http://www.dpm.org.cn/index1024768.html）。

天籁而成“古音”，主要是从松风与音乐之间相似的审美特点来说的。松风自然天成，古朴雄壮，又清雅萧肃,兼具“雅乐”与“清商乐”的审美特点。唐代,“雅乐”和“清商乐”都已过时，被称作“古乐”，唐宋的流行乐是燕乐，元代又流行更为自由通俗、复杂多变的“北曲”。唐刘长卿《幽琴》云:“月色满轩白，琴声宜夜阑。飗飗青丝上，静听松风寒。古调虽自爱,今人多不弹。”元倪瓒《听袁员外弹琴并序》云:“古音萧寥，如茂松之劲风。”对松风“古音”的赞美中包含着对已逝的高雅音乐和古代文化的追怀。

（三）劲健

松树的特点在于力量，松风也偏于刚劲一路，听之“澎湃淜滂，飘忽飏激，如秋江怒涛”[1]，因有“松涛”之谓。文学中常用比喻手法来描写松风之劲，如宋陆游《秋夕大风松声甚壮戏作短歌》曰：“忽如倒巨浸，便欲翻大块。又疑楚汉战，澒洞更胜败。不然六月雨，雷电奔百怪。”宋郑清之《山间大风雨昼夜不止闻松声撼床戏成拙语谩录呈葺芷参溪明》曰：“松声撼空吼万牛，轰豗势欲倾不周……恍疑赵壁环诸侯，呼声动地锵弓矛。又疑变化鹍鹏俦，垂天鼓翼南溟陬。或者挽翻河汉流，电飞霆击龙蛟虬。不然火烈陆浑丘，天跳地踔啼熊猴。狂吞狠吐山裂鸠，大音奔腾怒相投。”都是连用一些具有巨大声响的现象来比喻松风之壮烈，给人留下深刻的印象。文人描写松风时，多用“撼”“奔”“吼”“沸”“振”“号”等一些富有力度的动词，如晋《拟古》(松生垄坂上)“刚风振山籁”，宋胡仲弓《咏松》其五“林杪撼潮海”，元郑元佑《游支硎南峰》“万树松涛沸紫冥”，元谢宗可《龙形松》“声号如卷怒潮回”等，充分表现出松风动荡劲健的特点及带来的听觉冲击力。

三、松风意象的意趣寄托

古典文学中的松风意象，不仅具有清幽高华的美感，而且渗透了文人深刻的思想，寄托着丰厚的意趣，这可从以下几个方面体现出来：

---

① ［明］都穆《游茅山记》，［清］汪灏、张逸少撰《佩文斋广群芳谱》卷六八，第9页。

（一）自由超逸情怀的象征

图21　［宋］马麟《静听松风图》，台北故宫博物院藏（《中国绘画全集·五代宋辽金3》，第108页）。

松风常与明月、清泉为伴，与白云、飞鸟为伍，自由随意、无拘无束的特点使得松风常常成为文人自由超逸情怀的物象指征。李白笔下的松风就是一个典型的例子。如《夏日山中》云：“懒摇白羽扇，裸体青林中。脱巾挂石壁，露顶洒松风。”山间松风是李白追求自由、想往自然的情怀心性的物象指征，裸体青林、脱巾露顶的任诞行为是李白放旷不羁个性的外在体现。韩子苍《太一真人歌》云“脱巾露顶风飕飕”，“脱巾露顶”即出自此诗。张炎《临江仙》(太白挂巾手卷) 一词中有“石壁苍寒巾尚挂，松风顶上飘飘”之句，刘辰翁有《夏景·露

图22　[明]唐寅《山路松声图》，台北故宫博物院藏（《中国绘画全集·明4》，第96页）。

顶洒松风》之诗。可见，“露顶洒松风”作为自由不羁的象征已被普遍认同，成为具有固定意义的事典。“松风”意象常用来代表回归自然、修养身心，与红尘俗事隔绝，和儒家用世远离的生活方式。有时甚至直接作为功名富贵的对立面出现，如孟郊《游终南山》：“长风驱松柏，声拂万壑清。到此悔读书，朝朝近浮名。”皮日休《寒日书斋即事三首》其三：“暂听松风生意足，偶看溪月世情疎。如钩得贵非吾事，合向烟波为五鱼。”张令问《寄杜光庭》：“试问中朝为宰相，何如林下作神仙。一壶美酒一炉药，饱听松风清昼眠。”“松风”与“浮名”“得贵”“宰相”相对而立，象征的是超凡出尘、自得自适的人品格调和人生境界。

（二）隐逸和游仙理想的寄托

松与隐逸和游仙都有着密切的关系。首先，松是隐逸生活中的常见物象。松与道教也有很深的渊源，感松柏之常青而思托玄远、渴慕长生也是游仙诗常表现的题材。松风意象自然也就成为文人寄托隐逸和游仙理想的载体，这主要采用以下两种方式来表达：一是借松风以释放隐逸情怀。李白《题元丹丘山居》中“松风清襟袖，石潭洗心耳”是元丹丘山居生活的生动写照，《白毫子歌》中的“淮南小山白毫子”也是“南窗萧飒松声起，凭崖一听清心耳”。此外，像唐刘禹锡《游桃源一百韵》、宋程珌《念奴娇·忆先庐春山之胜》、元马致远《南吕·四块玉·恬退》等作品中，“松风”都是用来构成隐居环境、渲染闲逸气氛、彰显隐者精神的重要因素。二是以松风渲染环境气氛，表达求仙的意趣。唐薛昭蕴《女冠子·求仙去也》描绘了求仙者“静夜松风下，礼天坛”的虔诚，宋周密《浣溪沙·题紫清道院》渲染出“松风吹净世间尘”的世外清境，元张可久《越调·小桃红·游仙梦》则表现了“白云堆里听松风，一枕游仙梦”的闲趣。在游仙诗中，松风意象往往伴随着仙人、蓬阙（仙山）、笙箫（仙乐）、白鹿（仙人坐骑）、鸾凤（为仙人驭车的神兽）、青童（仙人童仆）等意象，用以构成超脱凡俗的一系列意象群。如唐李华《仙游寺有龙潭穴弄玉祠》、李白《至陵阳山登天柱石酬韩侍御见招隐黄山》、李白《感兴》（十五游神仙）、韦应物《学仙二首》等诗皆是如此。松风吹拂的尘外仙境表现出文人对美好生活的尽情向往，高远的情思、跃动的思维使其自由出入于理想和现实之间。

（三）佛理禅思的寓意

松与禅有着密切的关系，在佛禅道场和阐发禅趣的诗歌中，松不仅是禅者修行的助伴，还是禅师的化身。松风也成为一个充满禅意的意象，在公案机锋中，松风常被用以释禅，如黄州齐安禅师回答“如何识得自己佛”时曰：“一叶明时消不尽，松风韵罢怨无人。”[①]太原海湖禅师在回答“如何是无问而自答”时云“松韵琴声响”[②]，南台寺藏禅师回答“如何是南台境”时曰“松韵拂时石不点”[③]。文学作品中，松风滔滔，化成禅师说法之声，似乎在演示无尽禅意。如：

> 天柱峰无心肩，郁郁高松满川。万身苍髯老禅，刳心忘义忘年。说法曾无间歇，松风寺后山前。四海五湖衲子，更于何处参玄。（[宋]黄庭坚《题万松亭》）

老松化身禅师，松风说法声声，学禅之人可以从中参取玄义。明宋濂《松风阁记》中有关松风的一段论述更值得深思：

> 明月之夜，白露初零，默然出坐庭际，松声到耳，乍大乍小，或亟或徐，中心颇乐之。方知隐居酷爱之者，良有以也。

---

① [宋]普济辑《五灯会元》卷四，西南师范大学出版社1997年版，第209页。
② [宋]普济辑《五灯会元》卷六，西南师范大学出版社1997年版，第305页。
③ [宋]普济辑《五灯会元》卷六，西南师范大学出版社1997年版，第326页。

自松声而推之，世间之声，万变不齐，虽不可胜穷，其道亦不外是矣。尝一滴之咸而知沧海之性，窥寸隙之光而见日轮之体，又何以纷纭为哉！恬师学佛之流，故予极其变而告之。须知变之中而有不变者存。不变者何？前所谓心者是也。心，无体段，无方所，无起灭，三世诸佛不见其有余，河沙凡夫不见其不足。恬师能索之于此焉，则松风朝夕所演，无非大乘微妙之法，隐居恶足以语此哉！[①]

由松声联想到隐居之乐，再到“世间之声”、声中之“道”，最后归结到佛家大乘妙义，思路遂拓展开来。

（四）生命体验的媒介

松自古以来就与死亡紧密相连，文学中的松风意象也常作为死亡的借代与坟墓、泉户相伴出现，在挽诗、墓志铭一类的诗文中，这种用法更为常见，往往借松风渲染萧索荒凉的气氛。有时松风由死亡的借代进一步引发人们有关生命的思考，如唐寒山《诗三百三首》之四十六曰：“谁家长不死，死事旧来均。始忆八尺汉，俄成一聚尘。黄泉无晓日，青草有时春。行到伤心处，松风愁杀人。”唐沈佺期《邙山》曰：“北邙山上列坟茔，万古千秋对洛城。城中日夕歌钟起，山上唯闻松柏声。”人生短暂、死亡永恒的生命体验，以及人不可避免地走向死亡的哀痛都借助松风表达出来。

松风意象还是传递羁旅行役愁思的载体。松风不仅是构成行旅环境的因素，旅愁、乡思、孤独感全都通过这一意象传达出来。如唐岑参《初过陇山途中呈宇文判官》：“溪流与松风，静夜相飕飗。别家赖归梦，山塞多离忧。”松风意象烘托出行役之苦和离别之忧。而在岑参

① ［明］宋濂撰《文宪集》卷二，《影印文渊阁四库全书》本。

《宿华阴东郭客舍忆阎防》、杜牧《旅情》等行旅诗中，松风意象又传递出羁旅之愁和思乡念友之情。松风意象成为游子役夫远行在外荒凉、艰苦、孤独生活的对应物，其情感意蕴多为哀怨、愁苦与不平。对于漂泊无定的江湖倦客、谪居他乡的迁客骚人来说，当三更梦醒或彻夜难眠时，松风最易唤起他们人生如梦、不如归去的情绪。宋李纲《山居四首 · 松风》曰:“岁晚苍官鬓髮青，回风披拂自悲鸣。不容逐客多归梦，故作江湖波浪声。”松风“悲”鸣令迁逐之人心绪不宁，整夜未眠，连做个归乡梦也成了奢望。此时，松风是激发归心的触媒。有时，松风又作为故乡湖山的缩影保留在游子的心灵最深处，如宋范成大《念奴娇 · 和徐尉游口湖》:“一梦三年，松风依旧，萝月何曾老。邻家相问，这回真个归到。”故乡松风依旧，山水如昨，就像完美的图画镌刻在游子的脑海里，成为他们重温归梦时最鲜明的记忆。

（五）历史感悟的载体

松风意象还普遍地用于怀古诗，通常是经过帝王陵墓或历史遗迹，临风怀想、抚今追昔，松风意象蕴含着世事变幻、沧海桑田的沉重历史感。李白《大庭库》曰:“古木朔气多，松风如五弦。帝国终冥没，叹息满山川。”还有王维的“更闻松韵切，疑是大夫哀”(《过始皇墓》)，刘长卿的“松声伯禹穴，草色子陵滩”(《瓜洲驿奉饯张侍御公拜膳部郎中却复宪台充贺兰大夫留后使之岭南时侍御先在淮南幕府》)，都是将历史的沉淀感融入松风之中。凭吊历史陈迹本已令人“咨嗟”“叹息”，若置身秋季，松风飒飒、满耳秋声，必定平添更多的感慨和忧伤，正如李白《岘山怀古》所言:“感叹发秋兴，长松鸣夜风。”这种情绪在白居易《嵩阳观夜奏霓裳》一诗中得到充分展现:“开元遗曲自凄凉，况近秋天调是商。爱者谁人唯白尹，奏时何处在嵩阳。迥临山月声弥怨，散入松风韵更长。子晋少姨闻定怪，人间亦便有霓裳。”在伤感的秋季，忧郁的商调、盛世的遗响，“散入松风”之中，听来只能倍感“凄凉”。松风中弥漫着由时序节流、时空转换、人生变幻所带来的忧伤和怅惘。这类作品中形成了具有特定历史积淀与时代特点的松风意象，从意象所蕴涵的审美情感中可以观照出个人生涯与家国历史的沧桑，又能感受到有关历史人生的审美体验和哲学思考。

四、松风意象的文化衍生

宋代以后，“松风”不仅在室名、园林、绘画、音乐中得到广泛应用，文人还以“松风”为别号、为文集名，如清朱彝尊别号为“松风老人”，元钱惟善著有《江月松风集》、明陈昌积有《松风轩藏稿》、清姚宏绪有《松风余韵》等。这表明文人对松风的喜爱极为普遍，松风不只是自然意象，也成为人文符号了。

（一）“松风”意象在室名、园林中的应用

宋以后，特别是元明清时期，以“松风”命名斋室、人工景观的现象特多，相关的题咏之作也很常见，成为值得关注的文化现象。以“松风”为室名者如元吕复松风斋、清徐釚松风书屋、清胡湄松风别墅、清吴景潮松风草堂、清夏必达松风堂、清程雄松风阁等。以“松风”命名的亭台楼阁等人工景观更是不胜枚举，宋梅尧臣、曾几、苏过、叶适、赵良生、董天吉、曹翊、李曾伯、朱敦儒，元蒲道源、许有壬，明吴鹏等都有关于“松风亭”的专门题咏；宋黄庭坚、姚勉、释居简、薛嵎、裘万顷，元戴表元，明刘基、宋濂等有“松风阁”为题的诗文

传世；宋刘宰，元刘仁本、杜本等有题“松风轩”之作；宋徐玑，元顾瑛、黄溍等有“松风楼”之咏；宋郑魏珽有咏“松风馆”之作；宋李纲有“松风堂”之咏；元陆居仁、清吴礼有咏“听松楼”之作；清朱彝尊有咏“松风台”诗等，可谓名目众多。

（二）“松风”意象在音乐中的应用

松风是主要通过听觉来感知的天籁，最适合用音乐来表现，松风的雄壮、强劲、萧瑟、清雅的美感都可以在音乐中得到淋漓尽致的表现。松风与音乐有很深的渊源，晋嵇康创作《风入松》古琴曲，以弦乐模拟松风的自然之音，开创了松风与音乐关系的先河。唐僧皎然有琴曲歌词《风入松歌》，表现的是风动寒松、木叶飘摇的艺术情境，是琴乐表现的主要主题，合题名“风人松”之意。宋元时期，风入松成为词牌、曲牌名，保持了与音乐的密切联系。直至现代阿炳的《听松》，用二胡来表现惠山泉松声的壮美，松风再一次成为音乐的主题。

（三）“松风”意象在绘画中的应用

以松风为主题的绘画作品不在少数，其中影响较大的当推：宋李唐《万壑松风图》、马麟《静听松风图》、宋徽宗《听松图》、张敦礼《高士听松图》，元王蒙《坐听松风图》、赵孟頫《枕石听松图》、黄公望《山居听松图》、赵善长《听松图》；明唐寅《山路松声图》，文伯仁《万壑松风图》、沈周《听松图》、项圣谟《松风图》、李士达《坐听松风图》，清董邦达《万壑松风图》、朱伦瀚《仙岭松风图》，沈韶、恽寿平合作绘制《公牧坐听松风图》，禹之鼎、王翚合绘《李图南听松图像》等。关于松风绘画的题咏之作也不少见，如宋陈傅良《题僧法传为沈仲一画听松图》、郑思肖《陶弘景三层楼听松风图》，元李孝光《九霞听松图》、赵孟頫《题洞阳徐真人万壑松风图》，明虞堪《自画万壑松风图歌赠天台朱秉中梅花巢》等。绘画作品主要通过画面来表现松风，郁茂的松林、松树风中摇曳的身姿以及听松者的神情姿态等，作用于观画者的视觉，在其头脑中产生“如听万壑风泉音”的想象和联想。

图 23 ［清］柳遇《宋致静听松风图》，北京故宫博物院藏（http://www.dpm.org.cn/index1024768.html）。

（四）“松风”意象在茶文化中的应用

松风意象与茶文化关系密切，松风常被用来比喻煎煮茶水时发出的响声。如唐刘禹锡《西山兰若试茶歌》：“骤雨松声入鼎来，白云满碗花徘徊。”就以松风喻水沸声，这种说法在唐代还不多见，至宋代已成为流行语，几乎到了谈茶声必以松风为喻的地步。如宋苏轼《试院煎茶》曰：“蟹眼已过鱼眼生，飕飕欲作松风鸣。”宋罗大经《茶声》曰：“松风桧雨到来初，急引铜瓶离竹炉。待得声闻俱寂后，一瓯春雪胜醍醐。”[①]都是以松风喻水声。从“蟹眼”生时微闻“松风”，到“鱼目”现时“松风”渐响，再到腾波鼓浪时松声大作，最后松声渐弱至无，闻“松风”之变化即可知水开之程度。以“松风”喻茶声，除“松风”的确和茶声

① ［宋］罗大经《鹤林玉露》丙编卷三，中华书局 1983 年版，第 279 页。

有相似之处外，与品茶环境的选择也有很大关系。文人多喜在松荫下、泉水边煮泉烹茶,唐代王建《七泉寺上方》诗中有“煮茶傍寒松”之说，元倪瓒《雪中折枇杷花寄吴寅夫》诗亦云:“两株松下煮春茶”。“松风”喻茶声，还因为松风清逸高雅，与茶性相配，以之为喻，更能表现文人雅趣。

图 24　［明］文征明《惠山茶会图》，北京故宫博物院藏（《中国绘画全集·明 5》，第 68 页）。

总之，随着“松风”在社会生活和艺术领域中的广泛应用，“松风”已经由自然意象上升为一种人文符号，代表了文人对清高雅洁人品的崇尚与对自由脱俗生活的追求。

（原载《南京师范大学文学院学报》2015 年第 3 期）

松林的文学表现和文化内涵

我国古代松林资源丰富、分布广泛，相应地，相关文学创作数量繁多，积累了丰富的观赏经验和审美情感。松林具有阴翳、深邃的景观效果和“清”“冷”的审美感觉，松林在古代诗文、小说两类文学中呈现出的不同审美特色和文化内涵：诗文中的松林常被描写成具有隐逸、佛禅内涵的景象，而小说中的松林往往有着阴森可怖的氛围或神秘奇幻的情境。

一、古代的松林资源

我国古代松林的分布广、规模大、资源多，南北方都有分布。广泛而丰富的松林资源，为审美观赏和相关创作提供了便利条件。

上古时期松林主要分布在我国西北、北部，南方部分地区也有松林资源，这在古代文献、文学作品中都有记载和反映。《逸周书·职方解第六十二》曰：“河内曰冀州。其山镇曰霍山，其泽薮曰杨纡。其川漳，其浸汾露。其利松柏……”[1]“河内”谓黄河以北，即今山西及河南省一带。《尚书·禹贡》将当时疆域划分为冀、兖、青、徐，扬、荆、豫、梁、雍九州，对各州的山林和贡品情况有记载，如青州“厥贡盐絺，

① 黄怀信、张懋镕、田旭东撰《逸周书汇校集注》卷八，上海古籍出版社1995年版，第1055页。

海物惟错。岱畎丝、枲、铅、松、怪石。”[1]青州，旧治在今山东省青州市，也属北方。

《山海经》为上古山川地理之书，对植物分布等情况的记载较为详细，《山海经》中记载了柏23次，松18次，其中有16次说到松的分布，如

钱来之山，其上多松……

白於之山，上多松柏……

涿光之山……其上多松柏……

潘侯之山，其上多松柏……

诸余之山……其下多松柏……

咸山……是多松柏……

谒戾之山，其上多松柏……

骄山……其木多松柏……

荆山……其木多松柏……

大尧之山，其木多松柏……

翼望之山……其上多松柏……

皮山……其木多松柏……

董理之山，其上多松柏……

从山，其上多松柏……

这些山集中在今陕西、山西、河南、山东、河北等地。

《诗经》中也有关于松林地理分布的描写。《卫风·竹竿》写道：“淇

① [唐]孔颖达正义《尚书正义》，中华书局1980年影印阮刻《十三经注疏》本，第197页。

水悠悠，桧楫松舟。”[1]说明淇河流域一带（今河南省北部）有松、桧分布。《小雅·斯干》中有“秩秩斯干，幽幽南山，如竹苞矣，如松茂矣”的诗句[2]。这里说的“南山”是终南山，即今秦岭，在陕西境内。这说明秦岭在西周和春秋时期有茂密的竹林和松林。《大雅·皇矣》中写道：“帝省其山，柞棫斯拔，松柏斯兑。”[3]这首诗所写的地点为岐山，表明当时岐山（今陕西省岐山县东北）附近有松、柏分布。《鲁颂·閟宫》中写道：“徂来之松，新甫之柏，是断是度，是寻是尺。”[4]这里的“徂来”即徂来山，位于今山东省泰安县东南，“新甫”即新甫山，亦称宫山，位于今山东省新泰县西北。这表明当时鲁中的徂来山和新甫山是有松林和柏林的。《商颂·殷武》：“陟彼景山，松柏丸丸。”[5]所指是今安阳西部山区一带。

相对来说，上古时期对南方松林的记载和描写要少得多。但这并不是说这一时期南方就没有松林，只是因为松树耐寒，北方天气寒冷，尤其严冬树木凋零，苍翠郁茂的松林更容易引起人们的注意。而南方气候温暖，一年四季花木葱茏，松林就显得不那么突出了。比如，上古时期湖南和湖北都有松林分布。据对湖南洞庭湖以南的湘阴、湘乡和汉寿等县全新世孢粉的分析，全新世中叶（距今8000~3000年），该地以松、栎树种占优势[6]。古荆州在今湖北省中南部，上古时期也是松

---

① ［汉］毛亨传，［汉］郑玄笺，［唐］孔颖达疏《毛诗正义》卷三，北京大学出版社1999年版，第236页。

② 《毛诗正义》卷一一，第681页。

③ 《毛诗正义》卷一六，第1024页。

④ 《毛诗正义》卷二〇，第1424页。

⑤ 《毛诗正义》卷二〇，第1466页。

⑥ 见龚法高、张丕远、张瑾瑢《历史时期我国气候带的变迁及生物分布界限的推移》，《历史地理》第五辑，第3页。

林分布区。《墨子·公输》载墨翟曰：“荆有长松文梓楩楠豫章，宋无长木，此犹锦绣之与短褐也。”[①]可见，松树在当时是荆州地区的主要树种之一。

中古、近古时期的松林分布。从文献记载和文学作品来看，中古、近古时期，无论是在中国的北方、中部，还是南方，都有大面积的松林存在。我国古代以松来命名的地名、景观很多，《古今图书集成》引用的地方志中，约有50处因多松而得名，可见松林分布之广泛。

文学作品中对此也有反映。如山东在先秦时期就有松林资源，唐代时鲁中依然是松林分布区。周尚兵在《隋唐时期山东农业发展的特点》一文中说：“唐代鲁中南丘陵山地区仍是松林分布区。杜甫壮游齐钱时作有诸多咏怀诗：‘岱宗夫如何，齐鲁青未了’‘野亭逼湖水，歇马高林间’‘春山无伴独相求，伐木丁丁山更幽。涧道馀寒历冰雪，石门斜日到林丘。’……直到北宋后期山东林木遭规模性砍伐之后，沈括才无奈地说‘今齐鲁间松林尽也’。”[②]又如，元代河北省东北部有所谓“八百里黑松林”，元陶宗仪《南村辍耕录》曰：“‘滦人薪巨松，童山八百里。世无奚超勇，惆怅度易水’者，取松煤于滦阳，即今上都。去上都二百里，即古松林千里，其大十围，居人薪之，将八百里也。”[③]“滦阳”，即今河北承德市的别称。因在滦河之北，故名。元冯子振在《十八公赋》中写道：“长城之北又数百里，驰上京东北百数十里，为蹛林，环林四向，皆斥碛沙嶂，松低昂掩冉，殆且千万而未有数，所为古八百里黑松林

① 张纯一编著《墨子集解》卷一三，成都古籍书店1988年版，第461页。

② 周尚兵《隋唐时期山东农业发展的特点》，《农业考古》2010年第1期，第66~67页。

③ [元]陶宗仪著，武克忠，尹贵友校点《南村辍耕录》卷九，齐鲁书社2007年版，第117页。

者也。”[1]元袁桷《松林行》所咏也是这“八百里黑松林”:“阴阴松林八百里，昔日传言为界址。玄云卷甲天马来，雪兔霜狐先委靡……”[2]

明代云南曲靖有百余里黑松林，明王绅《黑松林》曰:“曲靖有松林，逶迤百余里。苍苍无异色，郁郁有佳致。灵籁天上来，怒涛樾间起。赫日任行空，凄飙常袭体。慨彼贞素姿，一一皆有以。大足任栋梁，小可就规矩。”[3]王绅《送张士弘归省序》又云:“以情事未申，上南滇道曲靖，过黑松林。长材巨干，森森数十百里不止切较，其大者固足为栋为梁，而小者亦不失为宊为闑。”[4]据何业恒、文焕然《湘江下游森林的变迁》一文论述，湖湘地区自古以来是松林分布区，直到明代，明王朝对湖湘森林资源大肆砍伐，导致了湘江下游松林资源渐少[5]。即便如此，清代湖湘还可见绵延百里的大松林，如清施闰章《永州南数十里夹路皆古松》云:“何代松林古，婆娑拥道周。鬼神深窟宅，烟雨蔽山丘。白鹤一群老，清阴百里秋。眼看遭剪伐，劫火几时休。”[6]诗中之“永州”，即在今湖南省境内。

松林在中国古典文学中有着生动而丰富的表现，在诗文和小说中呈现出不同的特色。下面分别从这两个方面来论述，总结松林在这两类文学中的不同特点。

---

① ［清］陈元龙编《历代赋汇》卷一一五，凤凰出版社 2004 年版，第 474 页。
② ［元］袁桷撰《清容居士集》卷一五，中华书局 1985 年版，第 275 页。
③ ［明］王绅撰《继志斋集》卷一，《影印文渊阁四库全书》本。
④《继志斋集》卷六，《影印文渊阁四库全书》本。
⑤ 何业恒、文焕然《湘江下游森林的变迁》,《历史地理》第 2 辑第 129、130 页。
⑥ 钟振振主编《清名家诗丛刊初集 · 施闰章》上册，广陵书社 2005 年版，第 285 页。

二、中国古典诗文中的松林

（一）审美表现

松林的审美特点和审美感觉：

1. 阴翳、深邃

松树柯叶浓密，连片成林后愈加幽深阴暗，特别在盛夏时节，松林是遮阳避暑的胜地。宋胡仲弓《咏松》其一："赤日行炎天，林下自秋至。"[①]写的正是松林荫翳，给人盛夏如秋的凉爽感觉。宋李纲《同李似之游蒋山》曰"松林静杳冥"[②]，元曹伯启《初到江阴寄徐路教仲祥三首》其三曰"松畹雾森森"[③]，都道出了松林幽暗深邃的特点。松林之中光线黯淡、人迹罕至，即便白日也会给人一种阴森恐怖的感觉，宋欧阳修在《病暑赋》中这样描绘泰山松林："松林仰不见白日，阴壑惨惨多悲风。"[④]宋苏辙《次韵子瞻游道场山何山》也说："松林阴森白日静，忽惊人世如奔湍。"[⑤]因此，松林在古典文学中有着阴森神秘、险恶恐怖的象征意蕴。

① 傅璇琮等主编《全宋诗》卷三三三五，北京大学出版社 1991 年第 1 版，第 63 册，第 39794 页。

② ［宋］李纲撰《李纲全集》卷一四，第 172 页。

③ ［清］顾嗣立编《元诗选 · 初集》，中华书局 1987 年版，第 781 页。

④ ［宋］欧阳修著，李之亮编年笺注《欧阳修集编年笺注》卷一五，第 10 页。

⑤ ［宋］苏辙著，曾枣庄、马德富点校《栾城集》卷五，上海古籍出版社 1987 年版，上册，第 101 页。

2.“清”与“冷”

文人笔下的松林,给人最鲜明的感受可概括为“清”与“冷”。王维《过香积寺》云:“泉声咽危石，日色冷青松。”连明亮温暖的日光，也仿佛冷却在青松林里。诗人用触觉感受“冷”，表现对日照松林的视觉印象，正如清人赵殿成在《王右丞集注》中说:“著一‘冷’字则深僻之景若现。”[①]又如《青溪》:“色静深松里，声喧乱石中。”[②]也运用了通感,是视觉向听觉的转换。诗人以静的听觉感受表现对松色的视觉印象,一个“静”字，表现清溪流经蓊郁松林时，被染成了深绿色，仿佛受到松林静谧气氛的感染，显得那么幽远清静。这里所表现的松林景色都是森冷幽寂的，既是客观大自然的反映，也是诗人禅学寂灭主观感情的投射。不唯王维,其他文人在描写松林时,也喜用“清”“冷”“凉”之类的字眼，如宋胡仲弓《咏松》其二:“凉飙起深谷，清影摇空山。”[③]宋杨万里《池陂邓店松林》:“声搅三更梦，阴和片月凉。”[④]明丘浚《题李将军四时行乐图 · 夏坐松林》中，这类字眼更反复出现:“松风流响团凉影，翠涛翻空火云冷。一军无事枕戈眠，万马不嘶清昼永。将军燕坐凝清香,静对珠钤万虑忘。不用更挥诸葛羽,溶溶心月自生凉。”[⑤]一首诗中使用了2个“凉”字、2个“清”字、1个“冷”字，把松林

---

① [唐]王维撰，[清]赵殿成笺注《王右丞集笺注》卷七，上海古籍出版社1961年版，第131页。

② [唐]王维撰，[清]赵殿成笺注《王右丞集笺注》卷三，上海古籍出版社1961年版，第34页。

③《全宋诗》卷三三三五，第63册，第39794页。

④ [宋]杨万里著《杨万里诗文集》卷二六，江西人民出版社2006年版，第458页。

⑤ [清]陈邦彦选编《康熙御定历代题画诗》卷五一，北京古籍出版社1996版，第616页。

清冷的审美感受描写得淋漓尽致。这说明松林本身就具有这种审美质素，才能引起文人共通的感受。

有时，文人描写松林，虽不用“清”“冷”之类的词语，但从意象的选用到整体的感觉都营造出一派清冷幽寂的氛围。如胡仲弓《咏松》其四：“萧萧琴瑟鸣，洒洒霜露下。愿期素心人，同游明月夜。”①风吹松林发出“萧萧琴瑟”般的声响，松林中飞舞着皎白的“霜露”，笼罩着“明月”的清辉，游于松林的也是心无尘埃的“素心人”，这声象、物象和人物一起，构成了清净绝尘的境界。这境界仿佛人类原初那般纯净无邪，就如同宋陆游《松下纵笔》所言：“自扫松阴寄醉眠，龙吟虎啸满霜天。却思初到人间世，似是唐尧丙子年。”②寂历松荫下，耳闻松风之声如同“龙吟虎啸”，目睹飘洒着洁白霜花的纯净青林，在这清洁混沌的世界里，诗人的思绪超越时空，回到了远古之初。

松林在月下、水边、雨中、风中、雪后，各有风姿，令人赏之不足。

1. 月下、水边

月下松林，枝影横斜，便如画境。宋文同《新晴山月》云：“高松漏疏月，落影如画地。徘徊爱其下，夜久不能寐。”③宋曹勋《松梢月》词细述月下松林之美：

> 院静无声。天边正、皓月初上重城。群木摇落，松路径暖风轻。喜揖蟾华当松顶，照榭阁、细影纵横。杖策徐步空明里，但襟袖皆清。　恍若如临异境，漾风沼岸阔，波净鱼惊。气入层汉，疑有素鹤飞鸣。夜色徘徊迟宫漏，渐坐久、露湿金茎。

① 《全宋诗》卷三三三五，第 63 册，第 39794 页。

② ［宋］陆游著，钱仲联校注《剑南诗稿校注》卷二六，上海古籍出版社 1985 年版，第 1832 页。

③ 《全宋诗》卷四五〇，第 8 册，第 5380 页。

未忍归去，闻何处、重吹笙[1]。

月上松梢，月色如水般空明，地下枝影纵横，词人漫步这澄明莹澈之境，感觉通体皆清，恍如进入了神仙世界。临水而生是松林常见之生态，文人笔下也不乏描述，如宋游九功《松》云："烟翠松林碧玉湾，卷帘波影动清寒。"[2]明顾清《挹泉》云："寒泉出幽谷，上有长松林。我行林谷间，毛发增萧森。脱缨不忍濯，竟日临清深。"[3]都是水边松林的实景写生，松林与寒泉一起，构成了幽深之境。而松林、明月与水的遇合，会形成更加优美的意境。如明王履《玉女峰待月》："万松林里夜萧萧，月影来时转寂寥。试看影从何处起，正东峰上水波摇。"[4]诗中，松林与水、月交融互渗为一体：月色受到萧森松林的感染似有寂寥之意，月影起处水波摇漾。画面圆融，笔法简洁，其中蕴含不尽之意。明万廷言《泛舟诗序》更描绘出松林与水、月涵混统一的化境：

余世家东溪之上，溪北为太湖，纵五里，横里之半，萦抱溪上如玦。两岸多老树，最异者大松千余株，屏舒壁竦、森秀深郁，夏秋月出，当两岸空处天空水清，松林纳影其中，幽光邃碧，下上一色，棹舟溯波，凉风徐来，如大圆智镜，不知身在何世[5]。

意境清逸出尘，与苏轼《赤壁赋》颇为相似。

2. 风中、雨中、雪后

如果说月下、水边之松林以画面取胜，风雨中之松林则以声响见长。

---

① 唐圭璋主编《全宋词》上，中州古籍出版社 1996 年版，第 838 页。
② 《全宋诗》卷二八〇三，第 53 册，第 33316 页。
③ ［明］顾清《东江家藏集》卷七，《影印文渊阁四库全书》本。
④ 《御选明詩》卷一〇三，《影印文渊阁四库全书》本。
⑤ ［清］黄宗羲编《明文海》卷二六九，《影印文渊阁四库全书》本。

松声变化多端，王维云“飒飒松上雨”[1]，用叠音词模拟雨打松声。宋林逋云“雨敲松子落琴床”[2]，不仅有雨声，还夹杂松子落下时触物之声。这都属于轻微的声响，至如清吕碧城《瑞鹤仙》云“战松林万翠鸣秋，并作怒涛澎湃”[3]，则以巧妙比喻摹写大风吹过松林时发出的狂暴声音。雨后松林发出的清香也屡入诗笔，唐僧卿云“松径雨余香”[4]，宋陈宓《松》曰“风行扬远韵，雨过发真香”[5]，不仅状写风松之声，还摄取雨中之香。雪后松林景色更美，南朝宋颜延之《赠王太常》诗有“山明望松雪”[6]之句，“明”字状雪后松林的耀眼洁白之状。宋林季仲《次韵康侍郎咏雪》云：“最是松林难画处，晚晴犹吐玉霏霏。”[7]松林雪后初晴的晶莹剔透之美毕现。唐司空曙《松下雪》不光再现雪后松林之景，还以松雪寄托个人情志：“不随晴野尽，独向深松积。落照入寒光，偏能伴幽寂。”[8]雪后初晴，松林上的积雪还未融化，夕阳照耀在松雪之上，余晖中仿佛夹带着寒气。着一“伴”字，使得松雪具有了人的思想情趣，似乎甘与松林同守寂寥。全诗以松下雪为喻，赞隐者甘于寂寞、洁身自持。

松林因规模大小、地形条件的不同，又有不同的形态，有松径、松坞、

① ［唐］王维《自大散以往，深林密竹，磴道盘曲四五十里至黄牛岭，见黄花川》，［清］彭定求等编《全唐诗》卷一二五，中州古籍出版社 2008 年版，第 578 页。

② ［宋］林逋《湖山小隐》，林逋著，沈幼征校注《林和靖诗集》卷二，浙江古籍出版社 1986 年版，第 58 页。

③ 龙榆生编选《近三百年名家词选》，上海古籍出版社 1979 年版，第 223 页。

④ ［唐］僧卿云《旧国里》，《全唐诗》卷八二五，第 4161 页。

⑤《全宋诗》卷二八五七，第 54 册，第 34033 页。

⑥ ［唐］欧阳询撰，汪绍楹校《艺文类聚》卷三一人部十五，上海古籍出版社 1965 年第 1 版，第 553 页。

⑦《全宋诗》卷一七八九，第 31 册，第 19957 页。

⑧《全唐诗》卷二九二，第 1502 页。

松冈、松岭、松坡、松壑之分，不同形态的松林，各有其景观特点。

1. 松径

松径是松林中的小路，松树生长得茂密苍翠，松林中的小径愈发显得幽远深长。唐狄焕《咏南岳径松》曰："一阵雨声归岳峤，两条寒色下潇湘。客吟晚景停孤棹，僧踏清阴彻上方。"[①]以"两条寒色"描绘径松，可谓形象之至，"条'字状延伸之远，"寒"字状松色之苍。宋郭岩《松径》云："一径深且纡，森森荫松柏。清风池上来，幽思与之发。逸响谐素琴，凉阴散清帙。弘景或可邀，高怀共披豁。"[②]"深且纡"恰当地概括出松径的特点，深邃悠远而又曲折迂回。松荫浓密，为路人带来清凉，松涛声声，可供行人听赏。宋李纲曾为松径专门写过一首诗："松林缭峻岭，百尺森葱青。不知何年种，天矫乱龙形。浓阴翳修途，当暑有余清。长风一披拂，时作波涛声。"[③]盛赞松径遮阳避暑之功用以及松声之雄伟壮美，为松径遭人破坏甚感惋惜。

2. 松坞

松坞是小片松林，有天然形成和人工种植之分。松坞规模较小，不像大片松林那样阴森可怖，比较适宜人居，因此唐代文人就有以"青松坞"为别墅名者[④]。文学作品中有专写松坞之美者，如宋黄非熊《瑞松坞》："谁种灵松近佛家，根盘深坞斗狞蛇。风吹碧落双龙动，月照黄昏两盖斜。千里雨声喧洞壑，半空清影浸云霞。山僧长日频来赏，

① 《全唐诗》卷七六八，第3912页。

② 《全宋诗》卷三七〇二，第70册。

③ ［宋］李纲《藤山路古松为取松明者所刳剔》，《李纲全集》卷二五，岳麓书社2004年版，第334页。

④ 如［唐］刘禹锡有《裴祭酒尚书见示春归城南青松坞别墅寄王左丞高侍郎之什命同作》，可为例证。

只恐春来起爪牙。”[①]明陈颙《苍松坞》云：“一簇烟霞岛，周遭尽植松。蓬莱元不远，弱水自应通。翠滴林梢露，寒生石罅风。茯苓如可斸，早晚约仙翁。”[②]写出了松坞虽面积不大，松林的月下、水边之姿，风雨中之声音动态，春夏秋冬四季之景却也一应具备。相对大片松林来说，松坞有其长而避其短，因此在宋代松坞就成为文人园林别业常见之景观。

3. 松岭、松壑、松冈

图 25　傅抱石《松林策杖图》，北京故宫博物院藏（http://www.dpm.org.cn/index1024768.html）。

傍山生长的松林，有缘岭而生的松岭、幽处低谷的松壑、依阜而

① 《全宋诗》卷四〇一，第 7 册，第 4940 页。

② ［明］曹学佺编《石仓历代诗选》卷三四一，《影印文渊阁四库全书》本。

长的松冈等。松岭所处地势高，文学表现时文人多选取居高临下、整体观照的视角，如宋吴芾《松岭》:“君爱山间十八公，俨然风操出樊笼。四时已占青青色，更有松黄胜万红。”[1]元陈镒《松岭早行》:“松林曙

图26 傅抱石《松溪观山图》，北京故宫博物院藏（http://www.dpm.org.cn/index1024768.html）。

① ［宋］吴芾撰《湖山集》卷一〇，《影印文渊阁四库全书》本。

色未全分，半入青山半入云。落叶钟声何处寺，行人疑在梦中闻。”[1]都是以山岭为观察点，展示松林全貌，表现出开阔的视野和胸襟。松壑恰在山与山交接的低凹处，是山风最剧的风口，因此有“万壑松风”之说，文人描写松壑时也多着眼于此，如明袁凯《松壑》：“矫矫千岁姿，生此众石间。微飔度岩阿，殷殷起波澜。幽人一壶酒，日夕自怡颜。安得川上舟，与子相往还。”[2]明邓雅《松壑为张仲伦赋》：“淦水东南望松壑，秀色茏葱气磅礴。千株雪压龙虎争，万窍风生竽籁作。”[3]小山上覆盖松林便形成松冈，明申时行有《松冈》诗云：“宛转循高阜，青葱结茂林。团云低盖影，挟雨送涛音。节抱风霜苦，根盘岁月深。亦知弘景意，山阁助清吟。”[4]松林循山势而生，冈上风云变化都会在松林中产生回应，云过投影、雨送涛音、风成清吟，构成了松冈丰富的景观效应。

（二）文化内涵

1. 松林的隐逸内涵

隐逸是中国古代文人的传统生活方式之一，特别是士不遇或仕不顺时，更容易受佛、老思想影响而选择归隐。古代文人讲究心与景的和谐，隐者多钟情于林下泉边，所谓“隐士托山林，遁世以保真”[5]。松林人迹罕至、幽静空灵，正契合隐者虚静淡泊的心理状态、原始质朴的审美理想和超然洒脱的人生态度，所以松间栖隐成为文人隐居的常见方式，松林甚至成为隐逸的象征。如南朝梁陶弘景解官归隐时即言：

---

① ［清］钱熙彦编次《元诗选补遗》，中华书局2002年版，第612页。
② ［明］袁凯《袁海叟诗集》卷二，《丛书集成续编》本，第626页。
③ ［明］邓雅撰《玉笥集》卷二，《影印文渊阁四库全书》本。
④ ［清］汪灏、张逸少撰《佩文斋广群芳谱》卷六九，第3册，第35页。
⑤ ［晋］张华《招隐士》，《先秦汉魏晋南北朝诗 · 晋诗》卷三，上册，第622页。

“今便灭影桂庭，神交松友。”[①]从此归隐茅山松林之中，闻松风而欣然为乐。北周庾信《任洛州酬薛文学见赠别》曰：“白石仙人芋，青林隐士松。”[②]不单单是纯然写景，也是写己高尚归隐之志。唐孟浩然《夜归鹿门寺》曰：“岩扉松径长寂寥，唯有幽人自来去。”[③]塑造的是幽居松林的隐者形象。

笔者以为，表现松林隐逸臻于妙境的还数唐贾岛的那首《寻隐者不遇》：“松下问童子，言师采药去。只在此山中，云深不知处。”[④]“松下问童子”，暗示隐者傍松而居，以松为友，渲染出隐者不与世俗、清洁孤傲之志。松间隐者行踪飘忽，山中白云自由闲悠，表现出超凡脱俗的隐逸情致。语言平常如话，却把一位隐者的飘逸风神和以及诗人的惆怅企羡之情含蓄地表现出来，可谓言有尽而意无穷。清赵关晓的《踏雪》与此诗有异曲同工之妙：“踏雪访山樵，一路草鞋痕。山樵踏雪去，寻入松深处。”清沈德潜在评点此诗时说：“神合唐人‘松下问童子一绝。’”[⑤]可谓一语中的。

文人除了“结屋松林下”[⑥]，即在自然松林中隐逸栖居外，也不乏在斋前屋后或庄园别墅中种松成林以托林泉之志者。如王维的辋川庄，在今陕西蓝田终南山中，是王维的隐居之地。王维写了不少咏辋川的

① ［梁］陶弘景《解官表》，［清］严可均校辑《全上古三代秦汉三国六朝文·全梁文》卷四六，中华书局1958年版，第3214页。

② ［北周］庾信撰，［清］倪璠注，许逸民校点《庾子山集注》卷三，中华书局1980年版，第194页。

③ ［唐］孟浩然著，佟培基笺注《孟浩然诗集笺注》卷上，上海古籍出版社2000年版，第86页。

④ 《全唐诗》卷五七四，第3007页。

⑤ ［清］沈德潜编《清诗别裁集》卷二八，中华书局1975年版，第515页。

⑥ ［明］龠翔《题戴氏风泽山房二首》其二，《薜荔园诗集》卷二，《影印文渊阁四库全书》本。

作品，其中提到“松”的如《积雨辋川庄作》“松下清斋折露葵”①，《别辋川别业》“惆怅出松萝”②，《戏题辋川别业》“松树梢云从更长”③，《华子冈》“落日松风起”④。从这些咏辋川的诗歌来看，辋川别业中就有小片松林。元揭傒斯《胡氏园趣亭记》中所写胡叔俊隐居官溪时所筑之园也是松林郁郁：“松竹者贯岁寒而后凋，故以植乎西北，中又杂植梅数十株，曰松竹之友也，今皆蔚然为林矣。”⑤

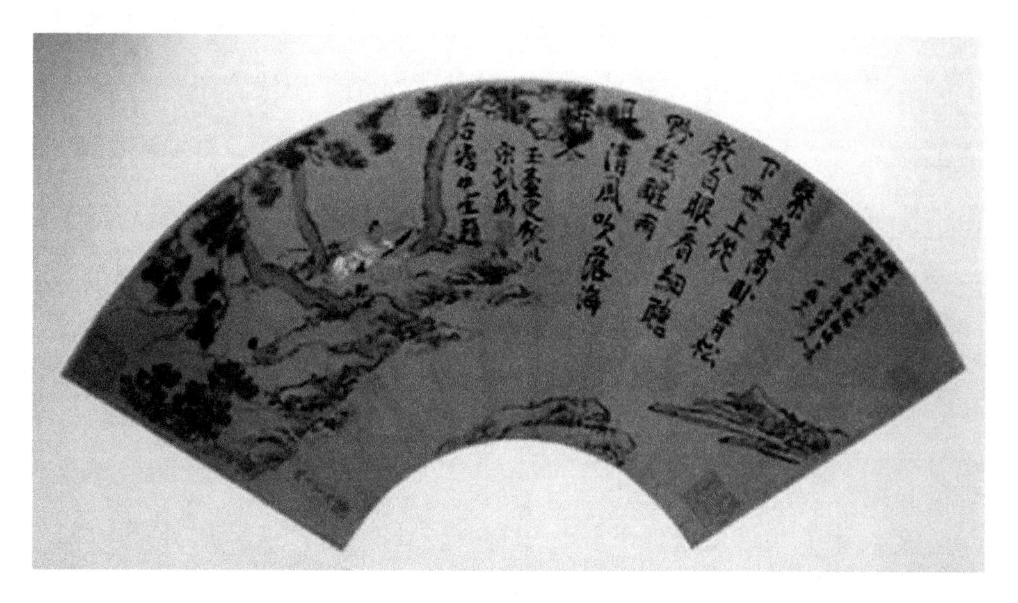

图 27　［明］仇英《松下眠琴图》，上海博物馆藏（《中国绘画全集·明 5》，第 76 页）。

中国文人素来注重人品与物性的遇合，文人选择松林栖隐，有借松以标榜高洁操守之意。如宋陈天瑞《大暑松下卧起》二首云：“迅翻

① ［唐］王维《积雨辋川庄作》，王维撰，［清］赵殿成笺注《王右丞集笺注》卷一〇，第 135 页。

② 《王右丞集笺注》卷一三，第 251 页。

③ 《王右丞集笺注》卷一四，第 260 页。

④ 《王右丞集笺注》卷一四，第 242 页。

⑤ ［元］揭傒斯《文安集》卷一〇，《影印文渊阁四库全书》本。

趋炎歊，高标閟幽雅。隐士何所营，芰之清荫下……亭亭松篁边，小池开菡萏。芬清泥自污，根固波徒撼。终日哦其间，一卧寂百感。相期晚节香，看此秋容淡。”[①]隐于松下看重的是松的“高标”“幽雅”，可与自己“相期晚节”，人与自然因为品性相似而融合无间。明梁兰《松坡退隐》曰：“青松产阳坡，苍苍挺崇标。霜雪岂不繁，凌寒恒后凋。凝阴翳垂景，清响回流飙。乘间肆盘桓，取适爰逍遥。仰视白鹤飞，浮云亦飘飘。贵富奚复慕，宠辱良自招。但兹养余日，讵云非松乔。”[②]选择归隐松坡，也是因为松有着凌寒后凋、高洁雅致的标格，这与抒情主体不慕富贵、宠辱不惊的情趣是相投合的。

2. 松林的佛禅内涵

修禅者倾向远离尘世喧嚣，去发现纯真的性灵，以达道见性、回归自我，松林正为参禅者提供了一个绝佳的生活空间。所以唐释寒山言：“画栋非吾宅，松林是我家。”[③]宋释智圆《松下自遣》曰：“日在林下游，暮在林下宿……举头谁是友，风月与松竹。”[④]不仅如此，松林幽远沉静，深契禅道境界，松下参禅悟道，有助于更好地领悟其中三昧。宋郑刚中便在诗中写了这样一位隐者：“松林竹坞雨冥冥，对坐焚香一缕青。扫壁静开摩诘象，研朱闲点太玄经。愚痴我岂能无漏，警悟人皆诮不灵。

① ［清］陆心源撰《宋诗纪事补遗》卷七六，山西古籍出版社 1997 年版，第 1783 页。

② ［明］梁兰《畦乐诗集》，《影印文渊阁四库全书》本。

③ ［唐］寒山《诗三百三首 · 古言》，寒山子原著，徐光大校注《寒山子诗校注》，陕西人民出版社 1991 年版，第 170 页。

④《全宋诗》卷一四〇，第 3 册，第 1559 页。

允愿凉风吹酗毒，要令举世得醒醒。”[1]《太玄经》为东汉扬雄模仿《周易》体裁写成，其思想融合儒、道、阴阳诸家；维摩诘是印度大乘佛教所宣扬的在家居士，特别受到禅宗的推崇。松林万籁俱寂，凉风吹拂，松下观摩诘、读《太玄》，心境澄澈，更能领悟其中真意。

在抒写隐居山林的禅寂之乐的诗歌中，松林往往成为一个饱含禅意、禅趣的意象。如唐王维《登辨觉寺》："软草承趺坐，长松响梵声。”[2]僧人的诵经声、梵钟响声与松风相和，寺院松林中充溢着无尽的禅意。唐刘长卿《送灵澈上人归嵩阳兰若》一诗中有“作梵连松韵，焚香入桂丛”[3]之句，与此类似，都是寺院生活写真。至于王维《过香积寺》“日色冷青松”[4]，唐綦勿潜《题鹤林寺》“松覆山殿冷”[5]，唐常建《梦太白西峰》“松峰引天影”[6]，同样是表现禅理、禅趣，意境、笔致却要含蓄、圆融得多。葛晓音在《山水田园诗派研究》一书中说这类诗句“都是心性空寂而导致感觉在潜意识中的放大。而诗人更使这些无形的感觉可覆、可挂，使清汉如同鉴照万物的明镜，便巧妙地将‘寥亮心神莹，含虚映自然’的佛理和玄理变成了具体可感的意境”[7]。以上诗例都是在寂静中感知松林声色，把人引入屏心静虑、心性空寂的禅定境界中去。

---

① ［宋］郑刚中《义荣见示和禅月山居诗盥读数过六根洒然但余素不晓佛法今以受持孔子教中而见于穷居之所日用者和成七首》其五，《全宋诗》卷一七〇〇，第30册，第19066页。

②《王右丞集集笺注》卷八，第150页。

③ 刘长卿著，储仲君编年笺注《刘长卿诗编年笺注》，中华书局1996年版，第494页。

④《王右丞集笺注》卷七，第131页。

⑤《全唐诗》卷二五三，第1300页。

⑥《全唐诗》卷一四四，第673页。

⑦ 葛晓音著《山水田园诗派研究》，辽宁大学出版社1993年版，第275页。

图 28　[元]王蒙《春山读书图》，上海博物馆藏（http://www.shanghaimuseum.net/museum/frontend/）。

月下松林蕴含的禅意、禅境。“月”本身就是一个颇具禅韵的意象，以月喻心，是佛禅常用的比喻。月亮清光满照，明朗皎洁，了无渣滓，有如圆净明朗之慧心。而“寒松月”作为禅语机锋也在佛学著作中一再出现，如《五灯会元》卷八“龙华契盈禅师”条记载的问答：僧问：

图 29　[清] 邹喆《松林僧话图》，上海博物馆藏（http://www.shanghaimuseum.net/museum/frontend/）。

“如何是龙华境？”[1]师曰：“翠竹摇风，寒松锁月。”《五灯会元》卷十二“法轮彦孜禅师”条：僧问：“如何是不涉烟波底句？”师曰：“皎

① [宋] 普济辑，蒋宗福、李海霞主译《五灯会元》卷八，西南师范大学出版社 1997 年版，第 451 页。

皎寒松月，飘飘谷口风。”[1]在文学作品中，松林月下参禅是经常出现的画面，如唐钱起《送赟法师往上都》即云：“今宵松月下，门闭想安禅。”[2]诗歌中，月下松林既有优美之意境，又往往喻示深邃之禅理，有寻绎不尽之妙。如王维某些写田园隐逸生活之乐的诗句蕴含浓郁的禅意，像“明月松间照，清泉石上流”[3]，“松风吹解带，山月照弹琴”[4]。诗中把自己清净简淡的禅寂生活与松林、月色等意象结合起来描写，禅境、禅意与清秀灵异的景物融合在一起，既含蓄隽永、神韵超然，又平淡自然、深入人心。元王恽《松林秋月》一诗直接将苍松比为老禅师：“万壑松声月色开，夜深清景湛灵台。放怀不为樽中醁，坐听苍髯说法来。”[5]月下松林清幽虚静，使人灵台清明，老松苍髯披拂，如阅世老禅现身以说法。在明释大圭《虚亭秋月为实上人作》中，松林清境与禅境水乳交融：“幽庭坐虚寂，月出青松林。流光入禅户，凉思满衣襟。六根净无垢，万境亦消沉。荡兹着有想，快我遗世心。浩歌秋水篇，聊续寒山吟。”[6]月下松林幽寂空虚，与佛家倡导的“六根清静、四大皆空”的境界和谐地融为一体。

三、中国古典小说中的松林

小说中的松林呈现出两种审美特征，有时神秘、阴森，是大虫出没、

---

① 《五灯会元》卷一二，第726页。

② 《全唐诗》卷二三七，第1204页。

③ ［唐］王维《山居秋暝》，《王右丞集笺注》卷七，第122页。

④ ［唐］王维《酬张少府》，《王右丞集笺注》卷七，第120页。

⑤ ［元］王恽《秋涧集》卷三四，《影印文渊阁四库全书》本。

⑥ ［清］钱谦益编著《列朝诗集 · 闰集第二》，中华书局2007年版，第6183页。

妖精盘踞之处，强盗杀人越货的首选之地；鬼女、情妖也常现身松林，与文人士子发生一些情爱纠葛。有时又清雅秀丽，是得道仙人的往来寓居之所，往往云雾缥缈、幽静平和。在《水浒》第三十二回中，施耐庵这样描写清风山之松林：

古怪乔松盘翠盖，杈枒老树挂藤萝。瀑布飞流，寒气逼人毛发冷；巅崖直下，清光射日梦魂惊……若非佛祖修行处，定是强人打劫场。[①]

《西游记》第十七回“孙行者大闹黑风山”中，吴承恩这样描写黑风山景色：

崖深岫险，云生岭上；柏苍松翠，风飒林间。崖深岫险，果是妖邪出没人烟少；柏苍松翠，也可仙真修稳道情多。[②]

“若非佛祖修行处，定是强人打劫场”，“果是妖邪出没人烟少……也可仙真修稳道情多”，正概括出松林在小说中两个截然不同的表现方面。

1. 阴森可怖的氛围

古代自然生态条件好，松林分布广泛，其中不乏猛兽、强盗出没。小说中经常写到松林中猛虎出现、意欲伤人的情景，比如《水浒传》第一回《张天师祈禳瘟疫 洪太尉误走妖魔》，太尉洪信上龙虎山上清宫途中，“只见山凹里起一阵风，风过处，向那松树背后奔雷也似吼一声，扑地跳出一个吊睛白额锦毛大虫来”[③]。又如第二十三回“横海郡柴进留宾 景阳冈武松打虎”，有一篇古风单道景阳冈武松打虎，其中有“秽

① ［明］施耐庵著《水浒传》第三二回，人民文学出版社1975年版，第420~421页。

② ［明］吴承恩著《西游记》，黄山书社2007年版，第214页。

③《水浒传》第一回，第9页。

污腥风满松林，散乱毛须坠山奄”[1]之句，可见武松打虎之处，景阳冈乱树林正是松林。还有第四十三回“假李逵剪径劫单人，黑旋风沂岭杀四虎”，写沂岭“古木悬崖，时见龙蛇之影”[2]。“如龙蛇影”正是对老松的惯常描写，而李逵之母正是在岭上松树边的大青石旁被猛虎吃掉的。

松林树荫浓密，白日犹暝，本身就给人黑暗阴森之感。在小说中，松林又常被描写为强盗聚集、抢劫杀人的险恶之地，如《水浒》第六回“九纹龙剪径赤松林 鲁智深火烧瓦罐寺”中有这样一段描写：

> 前面一个大林子，都是赤松树。但见：虬枝错落，盘数千条赤脚老龙；怪影参差，立几万道红鳞巨蟒。远观似判官须，近看宛似魔鬼发。谁将鲜血洒树梢，疑是朱砂铺树顶。
>
> 鲁智深看了道：“好座猛恶林子！”[3]

第八回“林教头刺配沧州道 鲁智深大闹野猪林”中又写道：

> 望见前面烟笼雾锁，一座猛恶林子。但见：
>
> 层层如雨脚，郁郁丝云头。杈枒似鸾凤之巢，屈曲似龙蛇之势。根盘地角，弯环有似蟒盘旋；影拂烟霄，高耸直教禽打捉。直饶胆硬心刚汉，也作魂飞魄散人。
>
> 这座猛恶林子，有名唤作“野猪林”，此是东京去沧州路上第一个险峻去处。宋时，这座林子内，但有些冤仇的，使用些钱与公人，带到这里，不知结果了多少好汉在此处。今日这两个公人带林冲奔入这林子里来。[4]

---

① 《水浒传》，第 296 页。
② 《水浒传》第四十三回，第 573 页。
③ 《水浒传》，第 91 页。
④ 《水浒传》，第 118~119 页。

结合下文数次提到松树，可以推断，“野猪林”也是一座松林。以“猛恶”来形容松林，生动而恰切地写出了松林的凶险可怕。在第十六回“杨志押送金银担，吴用智取生辰钢”中，吴用等人也是在松林中用蒙汗药麻翻了杨志一行人，劫取了高太尉的生辰纲。在第四十六回“病关索大闹翠屏山”中，杨雄和石秀在翠屏山上杀死了潘巧云和迎儿，杀人场景非常血腥，如杨雄杀了潘巧云后，“取出心肝五脏，挂在松树上”[①]。这些描写增强了松林的恐怖气氛。

在《西游记》之类的神魔小说中，松林又成为妖精盘踞之地，去西天取经的唐三藏数次在松林中被妖怪劫走，如第二十八回“花果山群妖聚义 黑松林三藏逢魔”中，历经磨难的唐僧在黑松林中被黄袍老怪拿住。第七十回“妖魔宝放烟沙火 悟空计盗紫金铃”中，麒麟山獬豸洞赛太岁盘踞之山也是松林郁郁：

冲天占地，碍日生云……碍日的，乃岭头松郁郁；生云的，乃崖下石磷磷。松郁郁，四时八节常青；石磷磷，万载千年不改。林中每听夜猿啼，涧内常闻妖蟒过……虽然倚险不堪行，却是妖仙隐逸处。[②]

第八十回“姹女育阳求配偶 心猿护主识妖邪”中，金鼻白毛老鼠精出现的黑松大林更为阴森可怕。连三藏都道：“我也与你走过好几处松林，不似这林深远。”你看：

东西密摆，南北成行。东西密摆彻云霄，南北成行浸碧汉。密查荆棘周围结，蓼却缠枝上下盘。藤来缠葛，葛去缠藤。藤来缠葛，东西客旅难行；葛去缠藤，南北经商怎进。这林中，

① 《水浒传》第四十六回，第620页。

② 《西游记》，第840页。

住半年，那分日月；行数里，不见星斗。你看那背阴之处千般景，向阳之所万丛花。又有那千年槐，万载桧，耐寒松，山桃果，野芍药，旱芙蓉，一攒攒密砌重堆，乱纷纷神仙难画。又听得百鸟声：鹦鹉哨，杜鹃啼；喜鹊穿枝，乌鸦反哺；黄鹂飞舞，百舌调音；鹧鸪鸣，紫燕语；八哥儿学人说话，画眉郎也会看经。又见那大虫摆尾，老虎磕牙；多年狐狢装娘子，日久苍狼吼振林。就是托塔天王来到此，纵会降妖也失魂！[1]

第八十一回“镇海寺心猿知怪 黑松林三众寻师”中，又写道：

云蔼蔼，雾漫漫；石层层，路盘盘。狐踪兔迹交加走，虎豹豺狼往复钻。林内更无妖怪影，不知三藏在何端。[2]

松郁郁，石磷磷，行人见了悚其心。打柴樵子全无影，采药仙童不见踪。眼前虎豹能兴雾，遍地狐狸乱弄风。[3]

总之，小说中松林幽深险怪，处处潜伏危机，猛兽、强人、妖邪随时可能对人的生命和财产造成威胁，形成了阴森可怖的象征意蕴。

2. **神秘奇幻的情境**

在小说中，作家有时充分发挥幻想，赋予松林扑朔迷离的神秘色彩。如《水浒传》第九十七回“乌龙岭神助宋公明”中，宋江军马在万松林中被郑魔君使妖法，黑暗了天地，迷踪失路，但见：“一周遭都是金甲大汉，团团围住。”[4]松树被包道乙作起邪法，化为人形，后经乌龙神相助破处邪法，宋江“醒来看时，面前一周遭大汉，却原来都是松

---

① 《西游记》，第965~966页。

② 《西游记》，第984页。

③ 《西游记》，第985页。

④ 《水浒传》，第1253页。

树”[①]。松树被施邪法后变化为“金甲大汉”，破除妖法后又恢复树身。这种类似魔幻的描写手法，使得松林有了神秘奇幻的色彩。

在描写鬼狐情妖的小说中，松林常成为鬼女情妖与文人士子相识、欢爱之处。《太平广记》中有很多这样的故事，如《太平广记》卷三二六鬼十一“刘导”条写刘导与李士炯在松间邂逅西施与夷光的鬼魂：

> 俄闻松间数女子笑声，乃见一青衣女童，立导之前曰：“馆娃宫归路经此，闻君志道高闲，欲冀少留，愿垂顾眄。”语讫，二女已至。容质甚异，皆如仙者，衣红紫绢縠，馨香袭人，俱年二十余。[②]

明冯梦龙编选的《情史》卷二〇情鬼类“玉姨女甥”条中又这样描写崔书生与玉姨相见及分别的光景：

> 比百余步，见一女人，靓妆华服，穿越榛莽，似失路于松柏间。
>
> 但自于一穴中。唯见芫花半落，松风晚清，黄萼紫英，草露沾衣而已，其赢玉指环犹在衣带。[③]

又如明冯梦龙编选的《情史》卷二〇情鬼类“花丽春”中，这样描写邹师孟与花丽春相遇之时、惜别之后的情景：

> 正踟躇间，忽睹丛林中灯光外射，生意为庄农所居，疾趋至彼，则嵬然巨室也。街衢整洁，松竹郁茂。
>
> 又明年，复诣其处，宅舍俱不知所在，唯松林内有两古坟。[④]

---

① 《水浒传》，第1254页。

② ［宋］李昉等编《太平广记》卷三二六，中华书局1961年版，第2587页。

③ ［明］冯梦龙著《情史》卷二〇，岳麓书社2003年版，第451、452页。

④ 《情史》卷二〇，第441页。

《情史》卷二十一情妖类“生王二”条中，生王二与情妖也是在松林中演绎了类似的故事。[1]清蒲松龄《聊斋志异》中也有这类描写，如“萧七”中这样描写徐继长与萧七欢会后的情景：

> 天色大明，松阴翳晓，身下籍黍穰尺许厚。骇叹而归，告妻。[2]

小说中鬼狐与文人的爱恋情缘，松树化人的奇妙情节，读来既神奇又诡异，这类描写形成了松林神秘奇幻的象征意蕴。

3. **仙灵祥瑞的气氛**

松林在小说中还是修行深湛、得道成仙者的寓居处，往往被描写成风景秀丽、幽寂中透着平和祥瑞之气的福地。如《太平广记》卷三六神仙三十六“徐佐卿”条：

> 益州城西十五里，有道观焉。依山临水，松桂深寂，道流非修习精悫者莫得而居之[3]。（出《集异记》）

《西游记》中描写的得道仙辈一般都是在松林之中居处修行的，如第一回“灵根育孕源流出，心性修持大道出”中，这样描写须菩提祖师居住的灵台方寸山：

> 忽见一座高山，林麓幽深。果是座好山：奇花瑞草，修竹乔松。修竹乔松，万载常青欺福地；奇花瑞草，四时不谢赛蓬瀛。[4]

在第二十四回“万寿山大仙留故友，五庄观行者窃人参”中，镇

---

① 《情史》卷二一，第 513 页。

② ［清］蒲松龄著，盛伟编《蒲松龄全集》，学林出版社 1998 年版，第 1 册，第 689 页。

③ 《太平广记》卷三六，第 227 页。

④ 《西游记》，第 9 页。

元子居住的万寿山五庄观的景致如是：

> 松坡冷淡，竹径清幽。往来白鹤送浮云，上下猿猴时献果……真个是福地灵区，蓬莱云洞。清虚人事少，寂静道心生。青鸟每传王母信，紫鸾常寄老君经。看不尽那巍巍道德之风，果然漠漠神仙之宅。①

图30 ［清］沈铨《柏鹿图》，苏州博物馆藏（http://www.szmuseum.com/home/index.aspx）

在第二十六回“孙悟空三岛求方，观世音甘泉活树”中，天上蓬莱仙境则是这般光景：

> 只见白云洞外，松荫之下，有几个老儿围棋：观局者是寿星，对局者是福星、禄星。②

可见，松林在通俗小说中主要被描写成两种情境：既是大虫、强人、妖邪出没的险境，也是仙道修行的福地，两方面相反相成，构成了松林丰富的象征意蕴和人文景观。

中国文人面对自然景物时往往持着审美欣赏、怡情养性的作风，

① 《西游记》，第289页。

② 《西游记》，第312~313页。

中国文学中对松林的描写经常采用的是主客观交融，文人精神与松林景色互渗的写法。这与外国文中的对松林的实用观照、白描描写构成了鲜明而有趣的对照，显示出中西方思维与文化的差异。关于这一点，笔者将另行撰文详加论述。

（原载王颖《中国松柏审美文化研究》，安徽人民出版社2016年版，此处有增订）

杨柳文学与文化论丛

石志鸟 著

目　录

先秦时期杨柳的文化原型意义

柳树的种类很多，全世界大概有520种，我国就有257种之多，主要有垂柳、旱柳、河柳、杞柳、台湾柳、云南柳、水柳、银柳、框柳、朝鲜柳、簸箕柳、白柳等。诗词中出现的杨柳主要指垂柳。垂柳是落叶乔木，枝条细长下垂，有光泽，叶子为矩圆形或条状披针形。在植物学上，柳与杨同属于杨柳科，垂柳属于杨柳科柳属类植物。但在远古时期，人们还没有明确的品种意识，对杨柳没有做较为详细的区分，往往是泛泛之称，有时称“杨”，有时称“柳”，有时“杨柳”并用，故在探讨杨柳原型意义时必须对杨、柳一并考察，才能客观地认清杨柳文化发生之初的存在状态。

一、杨柳的分布和利用

据考古专家证明，早在旧石器时代柳树就已经存在，在距今五万多年前的黄土高原马兰黄土中发现有柳树花粉。[①]另外，“距今10500－9700年的河北徐水南庄头新时期时代早期遗址中发现有柳树花粉，距今8000－7000年的裴李岗文化的河南贾湖遗址发现有柳树

① 聂树人《陕西自然地理》，陕西人民出版社1981年版，第32页。

说明：本论从所引书籍，凡多次引用的同一本书，第一次出现时详细注明版本信息，后面再出现时版本信息从简。

花粉，距今约6000年的西安半坡仰韶遗址中发现有柳树花粉，在洛阳皂角树相当于二里头文化（距今约3800年）的古河道地层剖面中也发现有柳树花粉”[1]。

杨柳很早就被开发利用，同古人生活密切相关。杨柳是古人取火用的重要木材。《周礼·夏官·司爟》:“司爟掌行火之政令，四时变国火，以救时疾。”郑玄注引郑司农据邹衍之言，云：“春取榆柳之火，夏取枣杏之火，季夏取桑柘之火，秋取柞楢之火，冬取槐檀之火。”[2]司爟四季变更国中用以取火的木材，来防救时气造成的疾病，柳树是其中最常用的木材之一。贾思勰《齐民要术》也详细记载了柳树栽培的方法，并计算了种柳卖柴所带来的不菲收入，如贾所言：“一亩二千六百六十根，三十亩六万四千八百根。根直八钱，合收钱五十一万八千四百文。百树得柴一载，合柴六百四十八载。载直钱一百文，柴合收钱六万四千八百文。都合收钱五十八万三千二百文。岁种三十亩，三年种九十亩；岁卖三十亩，终岁无穷。”[3]又引《陶朱公术》曰：“种柳千树则足柴。十年之后，髡一树，得一载，岁髡二百树，五年一周。”[4]柴米油盐是关乎人们生活的最基本的问题，杨柳在古代主要用作薪柴，同人们生活息息相关。古人常靠卖柴维持生计，杨柳可以说是一种重要的经济作物。

另外，柳枝条柔软，可用来编篮、筐、箱、篋、杯子等日常用品。《尔

① 转引关传友《中国植柳史与柳文化》，《北京林业大学学报》社会科学版2006年第4期，第9页。

② 李学勤主编《十三经注疏·周礼注疏》，北京大学出版社1999年版，第796页。

③ ［后魏］贾思勰著，缪启愉校释《齐民要术校释》卷五，农业出版社1982年版，第253页。

④ ［后魏］贾思勰著，缪启愉校释《齐民要术校释》卷五，农业出版社1982年版，第253页。

雅注》:“杞，柳也，生泽中，如芦荻，可编为棬箱。”[①]《本草图经》:“今人取其细条，火逼令柔韧，屈作箱箧。”[②]《孟子 · 告子上》:“性，犹杞柳也；义，犹杯棬也。以人性为仁义，犹以杞柳为杯棬。”杨柳还可以用来做篱笆,贾思勰《齐民要术》详细记载了用柳植篱笆的方法,曰:“(凡作园篱法）其种柳作之者，一尺一树，初时斜插，插时即编……如其栽榆，与柳斜植，高共人等，然后编之。数年长成，共相蹙迫，交柯错叶，特似房笼。既图龙蛇之形，复写鸟兽之状，缘势嵚崎，其貌非一。若值巧人，随便采用，则无事不成，尤宜作机，其盘纡茀郁，奇文互起，萦布锦绣，万变不穷。”[③]可见当时以柳植篱笆的技术已经非常娴熟。杨柳还可以用来制作舟船,如《小雅 · 菁菁者莪》中的“泛泛杨舟，载沉载浮”。此外，杨柳还可以用来做椽木之用。《齐民要术》曰：“少枝长疾，三岁成椽。比于余木，虽微脆，亦足堪事。”[④]可见柳树从扦插种植算起，只需三年就可以用作建造房屋的椽木。

基于柳树对人们日常生活的重要性和容易栽培的习性，春秋时期人们就已经开始栽培,而较早关于柳树的栽培是坟墓植柳。《春秋纬》云:“天子坟高三仞，树以松；诸侯半之，树以栢；大夫八尺，树以药草；士四尺，树以槐；庶人无坟，树以杨柳。”[⑤]在礼法确立的周代，庶人与天子之间存在着森严的等级差别，体现在丧葬方面，不仅存在有无坟墓和坟墓高低的区别，而且坟墓上所种之树也不同。老百姓处在社

---

① ［三国吴］陆玑撰，明毛晋广要《陆氏诗疏广要》卷上之下，《影印文渊阁四库全书》本 。

② ［三国吴］陆玑撰，［明］毛晋广要《陆氏诗疏广要》卷上之下，《影印文渊阁四库全书》本。

③ ［后魏］贾思勰著，缪启愉校释《齐民要术校释》卷四，第 178 页。

④ ［后魏］贾思勰著，缪启愉校释《齐民要术校释》卷五，第 253 页。

⑤ ［明］王志长《周礼注疏删翼》卷一三，《影印文渊阁四库全书》本 。

会的底层，死后连坟都没有，仅在埋葬地种植杨柳作为标志。众所周知，物以稀为贵，杨柳不被上层所珍重，正说明了杨柳在当时是一种常见的树木。

二、先秦典籍有关杨柳的文献

杨柳有悠久的开发利用史，很早就进入古人的生活，先秦典籍多有记载。殷商时期的甲骨卜辞中就有象形文字“柳”，周代《种柳鼎》、晚周《散盘》上的金文中亦有“柳”。

先秦典籍中关于柳树的记载不仅早，而且也很多。《夏小正》曰：“正月柳稊，稊也者，发孚也。”[1]可见，夏人对柳树的观察颇为细致，已经注意到柳树正月发芽的特点。《周易》大致成书于西周时期，《周易》中就有柳的记载，《周易注疏》曰：“枯杨生稊……老夫得女妻之，过以相与也，故无不利。”[2]以“枯杨生稊”喻老夫得少妻。在生产力低下的远古时代，人们对自然界的现象无法理解，对自然充满了敬畏，便将自然界与人事一一对应，把枯杨发芽视为祥瑞的征兆，同人间老夫娶少妻的喜事相对应。《诗经》主要收录的是西周初年到春秋中叶的诗歌，《诗经》中也多次出现柳，与同类植物相比，杨柳的优势很明显。据统计，《诗经》中共出现松柏（包括松和柏）17 次，竹 7 次，桐 3 次，桃 10 次，李 5 次，没有出现槐和杏，而杨柳则是（包括杨和柳）14 次，

① ［魏］王弼、［晋］韩康伯注，［唐］孔颖达疏《周易注疏》，上海古籍出版社 1989 年版，第 3 页。

② ［魏］王弼、［晋］韩康伯注，［唐］孔颖达疏《周易注疏》，上海古籍出版社 1989 年版，第 3 页。

仅次于松柏，居第二。《诗经》中出现的杨柳，兹列如下：

《齐风·东方未明》："折柳樊圃，狂夫瞿瞿。"

《秦风·车邻》："阪有桑，隰有杨。"

《陈风·东门之杨》："东门之杨，其叶牂牂。昏以为期，明星煌煌。"

《小雅·采薇》："昔我往矣，杨柳依依。今我来思，雨雪霏霏。"

《小雅·小弁》："菀彼柳斯，鸣蜩嘒嘒。"

《小雅·菀柳》："有菀者柳，不尚息焉。"

《小雅·南山有台》："南山有桑，北山有杨。"

《小雅·菁菁者莪》："泛泛杨舟，载沉载浮。"

《小雅·巷伯》："杨园之道，猗于亩丘。"

《小雅·采菽》："泛泛杨舟，绋纚（fúlí）维之。"

以上诗歌涉及到杨柳在周代社会的分布及开发利用情况，其中反映杨柳分布的，如"阪有桑，隰有杨""东门之杨""南山有桑，北山有杨"，也就是说，无论高山还是低洼之地，无论旷野还是庭院，都有杨柳的分布。杨园，既可理解为园名，又可理解为种植杨柳的园子，不管哪种解释都与杨柳有关；反映杨柳枝叶茂盛的，如"杨柳依依""有菀者柳""菀彼柳斯""东门之杨，其叶牂牂"。"依依，盛貌。"[①]《诗经注析》曰："《菀柳传》：'菀，茂木貌。'《说文段注》：'假借为郁字也。'"[②]《诗经注析》曰："牂，盛貌。"[③]均指杨柳茂盛之意；反映杨柳实用价值的，如

① ［清］王先谦《三家诗义集疏》，中华书局1987年版，第584页。

② 程俊英，蒋见元《诗经注析》，中华书局1991年版，第603页。

③ 程俊英，蒋见元《诗经注析》，中华书局1991年版，第373页。

“折柳樊圃”“泛泛杨舟”,此时人们已经开始用杨柳制作船只、围成篱笆,杨柳同周人生活密切相关。

图 01 杞柳图(http://blog.sina.com.cn/s/blog_883fee670102uy8b.html)

《孟子》和《战国策》中也有关于柳的记载,如《孟子 · 告子上》:“性,犹杞柳也;义,犹杯棬也。以人性为仁义,犹以杞柳为杯棬。”告子以杞柳比喻人之本性,以杞柳所作之杯棬比喻义理,那么凭借人性成就仁义,就好比用杞柳制成杯棬,以柳来比喻说明人性善恶的道理。《战国策 · 魏策》:“田需贵于魏王,惠子曰:‘子必善左右。今夫杨,横树之则生,倒树之则生,折而树之又生。然使十人树杨,一人拔之,则无生杨矣。故以十人之众,树易生之物,然而不胜一人者,何也?树之难而去之易也。今子虽自树于王，而欲去子者众，则子必危矣。”[1]惠施就以拔杨容易种杨难的道理，告诫田需要居安思危，善待左右，免得被他人嫉妒陷害。这说明战国时期杨柳经常被人用来比喻说明大道理。“从人类认识的一般规律来看，生物学的、经济的价值总是先为其他种类的价值提供最为便当的隐喻。”[2]杨柳用作杯棬的经济价值，被用来比喻说明人性善恶的大道理；杨柳生长迅速的生物特性，被用来比喻说明为官之道。

杨柳同古人的生活密切相关，古人也对杨柳给予了很多关注。从文字产生以来，有关杨柳的记载很多，从单纯地对杨柳经济价值和发芽早、长势旺等生物属性的叙述，到以杨柳为喻来说明大道理，古人对杨柳的认识进一步深化。

三、先秦杨柳审美认识

先秦时期是杨柳意象的发生期，从先秦典籍对杨柳的记载来说，古人对杨柳主要关注以下几点：(一) 实用价值。先秦人们主要关注杨柳的实用价值，如“折柳樊圃”“泛泛杨舟”之类，这主要是因为当时生产力水平低下，人们的温饱问题尚未解决，自然没有闲情逸致欣赏柳树本身的形象美。(二) 发芽早。杨柳发芽，是时序变迁、冬去春来的标志，而时序同古人生产密切相关，故很早就引起人们的注意，如“正月柳稊”。(三) 长势旺、生命力强。基于对杨柳实用价值的关注，古人更

---

① [西汉] 刘向编《战国策》，上海古籍出版社 1985 年版，第 838 页。

② [英] 贡布里希《艺术中价值的视觉隐喻》，载范景中编《艺术与人文科学——贡布里希文选》，浙江摄影出版社 1989 年版，第 63 页。

重视杨柳的长势,如“有菀者柳”“菀彼柳斯”“东门之杨,其叶牂牂”“昔我往矣，杨柳依依”等，都是对杨柳长势的关注，《战国策》中对杨柳旺盛生命力的描述，这是因为长势和生命力同实用价值密切相关，

从古人对杨柳认识情况的分析，可以看出古人对杨柳的认识具有以下特点：

(一)杨柳还没有成为独立的表现对象,还只是作为比兴的媒介出现。如果说《诗经》中杨柳更侧重于兴的话,那么《周易》中“枯杨生稊”、《孟子》中“性犹杞柳”和《战国策》以“种杨拔杨”说明道理,更像是比喻。

(二) 关注杨柳整株。钱钟书《管锥编》:“观物之时，瞥眼乍见，得其大体之风致，所谓‘感觉情调’或‘第三种性质’；注目熟视，遂得其细节之实象，如形模色泽，所谓‘第一、二种性质’。”[1]先秦时期处于人们认识的初期，对杨柳的认识也停留在最初级的阶段，所以只是从整体上关注杨柳的长势，很少关注杨柳的枝、叶、花、絮。在先秦人眼里，杨柳是一种发芽早、长势旺、生命力很强的一种树木，并非后世所描写的那样柔弱不堪。

(三) 杨柳意象具有浓郁的北方地域色彩。宋代以来，杨柳意象成为江南区域文化的典型象征，而在先秦时期，杨柳意象却更具有浓郁的北方地域文化色彩。

杨柳在先秦时期分布极为广泛，这可以从《山海经》的记载中反映出来。《山海经》相传为夏禹所记，实际上为秦汉间人作，据考证作者多是楚人，主要记载四海内外的山川地理、风土民情、草木禽兽、物产矿藏以及神话巫术传说等，因书中记有不少灵异之事，被鲁迅称

① 钱钟书《管锥编》，中华书局 1979 年版，第 70 ～ 71 页。

为“古之巫书”[1]。但神话也是现实的反映，况且“《山海经》绝不仅是巫书、神话书，而且是有一定历史和实用价值的地理书”[2]，从此书中我们还是能够了解一些当时的社会状况。书中记载了很多植物，植物出现的频率大体反映了该植物的分布状况和人们对它的熟悉程度。据统计，竹出现了 31 次，杨和柳共计 26 次，松（包括松柏 15 次）20 次，桃 17 次，槐 10 次，桐 6 次，李 6 次，榆 5 次，梅 4 次，杏 2 次。南方植物“竹”出现的频率最高，这也说明《山海经》中有不少作者是南方人，而“杨柳”出现的频率仅次于“竹”，说明杨柳在南方也有广泛分布。而作为南方文学代表的《楚辞》，其中记载了很多南方的鸟兽草木，却很少有杨柳意象的踪影。据统计，《楚辞》中“杨”一共出现了 3 次，即：

《楚辞·九叹·远游》:“济杨舟于会稽兮，就申胥于五湖。”

《楚辞·九叹·怨思》:“闵空宇之孤子兮，哀枯杨之冤雏。”

《楚辞·哀时命》:“使枭杨先导兮，白虎为之前后。”

其中《九叹》和《哀时命》是汉人作品，前者为西汉刘向所作，后者为西汉严忌所作，并非先秦屈原、宋玉之作，故可忽略不计，并且“枭杨”为山神之名，同杨柳没有关系。[3]这说明杨柳意象在《楚辞》中很少见，同杨柳在南方的广泛分布很不相称。相比较而言，作为北方文学代表的《诗经》，其中多次出现杨柳意象，并且多与北方风光相联，如《采薇》中“杨柳依依”与具有北方地域色彩的“雨雪霏霏”相对应。《采薇》是产生于周朝王畿的作品，诗歌反映了北方京洛一带的自然风光。

---

① 鲁迅《中国小说史略》，东方出版社 1996 年版，第 9 页。

② 萧兵《楚辞文化》，中国社会科学出版社 1990 年版，第 462 页。

③ 王逸《楚辞章句》卷一四曰：“枭杨，山神名，即狒狒也。”

由此可见，先秦时期杨柳意象更具有北方地域文化色彩。

先秦时期是杨柳意象的发生期，先秦对杨柳的审美认识对后代杨柳审美认识产生了深远的影响。

在物色描写方面，《诗经》对后世杨柳的描写影响深远。首先，“昔我往矣，杨柳依依”成为描写杨柳的经典之词。不过，在长期接受的过程中，“杨柳依依”的含义发生了很大的变化，不再是“枝条茂盛”之意，而是“枝条袅袅下垂”之意。这种变化至少从南朝开始，如南朝梁费昶《和萧记室春旦有所思诗》：“杨柳何时归，袅袅复依依。”[①]其次，《诗经》中关于杨柳长势兴旺、枝叶茂盛的描写，在汉代的杨柳赋中得到了最集中的表现。再次，“菀彼柳斯，鸣蜩嘒嘒”，是对柳上鸣蝉的描写，它开启了后世描写“柳上虫鸟”的风气。

在情感意蕴方面，《诗经》首次把杨柳同离别情感联系在一起。“昔我往矣，杨柳依依。今我来思，雨雪霏霏。行道迟迟，载渴载饥。我心伤悲，莫知我哀”几句，以典型的景物反衬了士兵旅途艰辛、久戍思归的凄苦心境，屡屡被后代诗人所化用，对杨柳题材有深远的影响，它初步把杨柳同离别之情联系在一起。如钱钟书《管锥编》所言：

> “昔我往矣，杨柳依依。”按李嘉祐《自苏台至望亭驿，怅然有作》：“远树依依如送客。”于此二语如齐一变至于鲁，尚著迹留痕也。李商隐《赠柳》：“堤远意相随。”《随园诗话》卷一叹为“真写柳之魂魄”者，于此二语遗貌存神，庶几鲁一变至于道矣。“相随”即“依依如送”耳。拟议变化，可与皎然《诗式》卷一“偷语”“偷势”之说相参。[②]

① ［南朝梁］费昶《和萧记室春旦有所思诗》，逯钦立辑校《先秦汉魏晋南北朝诗》，中华书局 1998 年版，第 2085 页。

② 钱钟书《管锥编》，第 136 ～ 137 页。

图 02 ［清］蒋廷锡《柳蝉图》，绢本，淡设色，墨笔，93×48.5 厘米，北京故宫博物馆藏（刘建平主编《中国美术全集 7 清代绘画》（中），天津人民美术出版社 1997 年版，第 129 页）。

虽然“杨柳依依”最初的含义是枝叶茂盛之貌，并非依依不舍之意，可是它作为士兵离开家乡之时的景物渲染，就同离别结下不解之缘，后来就逐渐演变为“依依不舍”之意。这样“依依”就成为描写杨柳的经典之词，杨柳也逐渐成为离别的符号。

在思想观念方面，《周易》对后世影响比较大。《周易》虽是一部卜筮之书，同文学联系不紧密，但《周易》这种思维方式，对后代的思想观念和文学创作产生了很大的影响，汉人的“天人感应”说明显受其影响。枯杨生稊为祥瑞之征兆，这一观念为后人所继承，对杨柳题材的拓展和咏柳文学的发展影响比较大，唐代《枯杨生稊赋》的创作就是受其影响，德宗贞元年间的进士考题为《西掖瑞柳赋》，其渊源亦可上溯至此。

在社会民俗方面，先秦时期，杨柳在坟墓的大量种植，对后世“折柳寄远”和“折柳赠别”民俗的产生有很重要的意义。先秦时期，人们在坟墓广泛栽种柳树，后来柳就逐渐跟丧葬习俗有了密切的联系。《周礼·缝人》:“丧，缝棺饰焉，衣翣柳之材。”[①]贾（公彦）疏云:“(翣柳)二者皆有材，缝人以采缯衣缠之，乃后张饰于其上。”[②]杨天宇《周礼译注》对贾疏做了进一步的解释:“翣之上有木框，下有木柄，皆当先用彩缯缠饰，即所谓衣翣。又出殡的柩车上，在棺柩周围有用木框架支撑而用布张起的帐篷形的装饰物，以像生前的宫室，这木框架就叫做柳，柳上也先用彩缯缠饰，即所谓衣柳。”[③]也就是说，办理丧事时要缝制棺饰，用彩缯缠饰翣和柳的木材。后来柳就用来统指棺柩上的

① 李学勤主编《十三经注疏·周礼注疏》，北京大学出版社 1999 年版，第 208 ～ 210 页。

② ［宋］王与之《周礼订义》卷一四，《影印文渊阁四库全书》本 。

③ 杨天宇《周礼译注》，上海古籍出版社 2004 年版，第 124 页。

装饰，正如郑康成曰："柳之言聚，诸饰之所聚。"[①]后来拖运棺柩的灵车也被称之为柳车。《史记 · 季布栾布列传》："置广柳车中。"[②]可见柳跟丧葬有着密切的联系，不仅坟墓植柳，而且棺柩的装饰也叫柳，就连装载棺柩的灵车也叫柳车。

杨柳在坟墓的广泛栽种不是偶然的，而是跟人们对杨柳的认识有关。我们知道，柳是火种的重要来源，而火跟人们的生活密切相关，是生命延续的重要保证。另外，柳的生命力和适应性都很强，极易栽种成活。古人认为，人是有灵魂的，人死后形体消失而灵魂不灭，坟墓植柳就希望柳树旺盛的生命力能够使灵魂早日附体托生。

先秦时期，杨柳在坟墓的广泛种植，这种习俗为后人所延续。汉、晋以来，坟墓仍大量栽种杨柳，这在诗歌中多有反映，如《古诗十九首》："驱车上东门，遥望郭北墓。白杨何萧萧，松柏夹广路。下有陈死人，杳杳即长暮。"[③]这就使人们萌生了对柳树的崇拜意识，认为柳树有神奇的力量，能够驱鬼避邪，给人们带来好运。北魏贾思勰《齐民要术》载："正月旦，取杨柳枝著户上，百鬼不入家。"[④]《荆楚岁时记》载："正月十五日，作豆糜，加油膏其上，以祠门户。"隋杜公瞻注："今州里风俗，望日祠门户。其法：先以杨枝插于左右门上，随杨枝所指，乃以酒脯饮食及豆粥糕糜插箸而祭之。"[⑤]唐段成式《酉阳杂俎》卷一载："三月三日，赐侍臣细柳圈，言带之免虿毒。"[⑥]柳树崇拜意识，对后

① ［宋］王与之《周礼订义》卷一四，《影印文渊阁四库全书》本 。
② ［西汉］司马迁《史记》，中华书局 1973 年版，第 2729 页。
③《古诗十九首·驱车上东门》，《先秦汉魏晋南北朝诗》汉诗卷一二，第 332 页。
④ ［后魏］贾思勰著，缪启愉校释《齐民要术校释》，第 253 页。
⑤ ［梁］宗懔《荆楚岁时记》，山西人民出版社 1987 年版，第 23 页。
⑥ ［唐］段成式《酉阳杂俎》，中华书局 1981 年版，第 2 页。

世的“折柳寄远”和“折柳赠别”民俗产生了较大的促进作用，而“折柳”民俗进而影响到杨柳题材的创作，使杨柳成了相思离别的载体。

总之，杨柳具有广泛的实用价值，很早就被古人开发利用，先秦典籍中有关杨柳的描写和叙述也很多。但由于生产力水平的低下，先民主要关注杨柳发芽早、长势旺、生命力强的生物属性和广泛的实用价值，杨柳的审美价值尚未引起注意。杨柳还没有成为独立的描写对象，只是用作比兴的媒介。值得注意的是，杨柳在先秦人眼里是一种强壮的树种，并非后世文学所表现的那样柔弱；杨柳意象也多出现在北方文学中，这使杨柳意象在发生之初就带有浓厚的北方地域色彩。先秦时期对杨柳旺盛生命力的描写，直接为汉代杨柳赋所继承。

（原载石志鸟《中国杨柳审美文化研究》第28～41页，巴蜀书社2009年版，此处有修订）

杨柳赋研究

汉代，杨柳开始作为独立的表现对象出现在杨柳赋中，魏晋时期兴起了杨柳赋创作的高潮，此后杨柳赋的创作不绝如缕。杨柳赋对杨柳的枝、叶、干等进行了详细的描写，不仅是咏柳文学的重要组成部分，而且对咏柳诗词也产生了很大的影响。杨柳赋创作的盛况，可以从杨柳与其他植物的比较中体现出来。据清陈元龙编《历代赋汇》草木门(包括《补遗》) 统计，该书一共收录竹赋 30 篇（包括《补遗》5 篇)，松赋 18 篇（包括《补遗》2 篇)，柏树赋 3 篇，槐赋 5 篇，梧桐赋 5 篇（包括《补遗》1 篇)，而杨柳赋是 14 篇。由此可见，杨柳的地位仅次于竹子和松树，远远超出梧桐和槐树。另据《古今图书集成》草木典统计，该书共收录竹赋 30 篇，松赋 11 篇（包括松柏赋 2 篇)，柏树赋 9 篇，梧桐赋 10 篇，槐赋 7 篇，而杨柳赋 15 篇。从中可以看出杨柳赋在中国文学中的地位。

杨柳赋有着悠久的创作历史，从汉代到明清经历了长期的发展过程，大致可分为三个时期：汉晋的发生繁荣期、唐宋的沉寂新变期、明清的复兴繁盛期。人们对杨柳的审美认识也发生了很大变化。在汉晋人心目中，杨柳既是一种生命力旺盛的强壮树种，又是聚天地灵气的珍奇树木，具有令人钦慕的坚贞、公正品格。然而在唐宋人心目中，杨柳逐渐变得柔弱不堪和毫无节操。汉晋至唐宋，杨柳由根粗干壮的伟丈夫变为柔弱妩媚的弱女子。汉唐时期文人赋作对杨柳的审美价值关注不多，明清时期，杨柳的审美价值受到了前所未有的重视，杨柳的姿态美和风景美成为描写的重点。

图03　李可染《柳塘渡牛图》(一)，68.2×45.6厘米，1984年作（杜滋龄《李可染画书全集：人物·牛卷》，天津人民美术出版社1991年版，第147页）。

图 04　李可染《柳塘渡牛图》（二），69×45.5 厘米，1984 年作（杜滋龄《李可染画书全集：人物 · 牛卷》，天津人民美术出版社 1991 年版，第 148 页）。

一、汉晋：发生繁荣期

（一）发生繁荣概况

杨柳赋的创作历史悠久，早在西汉就已经出现，相对于其他植物，杨柳赋出现比较早。文学上保存下来的槐赋，最早出现在曹魏时期，梧桐赋最早出现在南朝宋代，而备受人们推崇的松、竹，其赋作却直到南朝齐代才出现。

在汉大赋兴盛的背景下，杨柳开始作为独立的表现对象出现在杨柳赋中。自枚乘第一篇《柳赋》后，杨柳赋创作蓬勃兴起。汉、晋时期一共有9篇杨柳赋，根据《历代赋汇》和《古今图书集成》的统计结果，那么这一时期的作品数量占整个杨柳赋作的一半以上。除枚乘外，孔臧、应玚、繁钦、王粲、陈琳、曹丕、晋傅玄、成公绥都参与了杨柳赋的创作。汉、晋时期杨柳赋的繁荣，不仅体现在与杨柳自身的纵向比较中，而且还体现在与同类植物的横向比较中。据《历代赋汇》统计，魏晋时期有槐树赋5篇，梧桐赋3篇，松赋3篇，另有左九嫔《松柏有心赋》1篇，竹赋6篇。这些数据说明，汉、晋时期，同松柏、竹子、梧桐、槐树相比，杨柳赋的创作处于绝对优势。

杨柳赋的繁荣不仅体现在数量优势上，而且还体现在杨柳赋题材的多样性上。这一时期，不仅有对单株柳树的赋咏，还有对双柳的赋咏，如晋成公绥的《双柳赋》。除对柳树本身的赋咏外，还有对柳树种子即柳絮的赋咏，如晋伍辑之《柳花赋》。

（二）发生繁荣原因

汉、晋时期，杨柳赋创作的繁荣绝非偶然，有着深厚的社会现实基础、文化背景，同时也跟柳树自身的生理特性密切相关。

首先，离不开汉赋兴盛的文学背景。柳赋的出现是在汉赋兴盛的背景下出现的。刘勰《文心雕龙·诠赋》曰："赋者，铺也，铺采摛文，体物写志也。"也就是说，汉赋的最重要的特征就是"体物"，就是对具体事物的铺陈描写。汉赋所涉及的题材非常广泛，可谓"苞括宇宙，总览人物"，大至天地风云，四季物候，京都苑囿，山川风物，小到日常器物，花草树木，鸟兽虫鱼。柳作为现实生活常见的一种植物，广泛分布于宫廷苑囿、士大夫府邸和百姓庭院，自然会被赋咏。在此背景下，曹魏邺下文人集团内部同题唱和之风，推进了杨柳赋创作的繁荣。钟嵘《诗品序》："降及建安，曹公父子笃好斯文；平原兄弟郁为文栋;刘桢、王粲为其羽翼。次有攀龙托凤，自致于属车者，盖将百计。彬彬之盛，大备于时矣。"[①]建安时期，曹氏父子爱好文学，延揽人才，一大批文人云集邺下，邺下文人之间常常有诗文唱和。如王粲、陈琳、应玚、杨修同有《神女赋》，曹丕、丁廙同有《蔡伯喈女赋》，曹丕、曹植、王粲同有《出妇赋》，曹植、陈琳、阮瑀、应玚同有《鹦鹉赋》，曹丕、曹植、应玚同有《愁霖赋》，曹植、王粲、刘桢同有《大暑赋》，曹丕、王粲同有《浮淮赋》，曹丕、陈琳、王粲同有《马瑙勒赋》，曹丕、曹植、应玚、王粲同有《车渠碗赋》，曹丕、曹植、应玚、王粲同有《迷迭香赋》等，这些都是邺下文人集团同题唱和之作。汉、晋之际的 9 篇柳赋中，曹魏集团占 4 首，近一半，这 4 首是曹丕、王粲、陈琳、应玚的同题《柳

---

① ［南朝梁］锺嵘著，吕德申校释《钟嵘〈诗品〉校释》，北京大学出版社 1986 年版，第 37 页。

赋》之作。

其次，柳树的广泛分布是其现实基础。大多数植物有明显的分布区域，如松柏、梧桐、槐树等北方树种在南方分布较少，而竹子、梅花等南方树种则在北方很少见。柳树生命力很强，随处可活，不管干旱还是低洼之地，不论山地还是平原，柳树都能生长，分布遍及大江南北。故汉、晋时期的杨柳赋不仅有北人之作也有南人之作，所赋之柳既有北方之柳，也有南方之柳。而此时的 6 篇竹赋全出自南方文人之手，分别是晋代江逌的《竹赋》，南朝齐代王俭和南朝梁代江淹的《灵丘竹赋》，南朝梁代简文帝的《修竹赋》，南朝梁代任昉的《静思堂秋竹赋》，南朝陈代顾野王《拂崖筱赋》。这是因为汉、晋时期社会经济、政治、文化的重心在北方，竹子作为南方树种，很少引起北方文人的关注。而同为北方植物的松柏，此时才只有 4 篇赋作，远远少于杨柳。这主要是因为松柏的分布远不如柳树广泛，松柏比较耐寒耐干，最忌水湿，大多分布在高山谷涧，人迹罕至之处。如唐代李绅《寒松赋》曰："徒观其贞枝肃矗，直干芊眠，倚层峦则捎云蔽景，据幽涧则蓄雾藏烟。"[①]又唐代李德裕《柳柏赋序》曰："余常叹柏之为物，贞若有余，而华滋不足。徒植于精舍，列于幽庭，不得处园池之中，与松竹相映。独此郡有柳柏，风姿濯濯，宛若荑杨，而冒霜停雪，四时不改。斯得谓之，具美矣，惜其生于遐远，人罕知之，偶为此赋，以贻亲友。"[②]松柏虽凌寒不凋，但枝干不茂，又忌近水，所以园林、庭院中很少栽种。

再次，柳树自身的种性特征与时代思潮的契合。汉代社会安定，

---

① ［唐］李绅《寒松赋》，［清］陈元龙《历代赋汇》，江苏古籍出版社 1987 年版，第 474 页。

② ［唐］李德裕《柳柏赋序》，［清］陈元龙《历代赋汇》，第 476 页。

国力渐趋强盛，汉大赋主要体现了汉帝国积极进取的蓬勃生机和乐观自信的精神状态，而与常见树木松柏、梧桐、槐树、竹子相比，杨柳的生命力最强，生长速度最快，柳树的这些种性特征最能体现汉帝国的时代风貌。

魏晋时期，生命意识高涨。王瑶先生说："我们念魏晋人的诗，感到最普遍、最深刻、最激动人心的，便是那在诗中充满了时光飘忽和人生短暂的思想与情感。"[①]汉末社会动荡不安，魏晋南北朝又是中国历史上一个大动荡、大分裂的时期，政权更替频繁，战争频仍不断，人们朝不保夕，不仅对于普通百姓如此，而且对于步入仕途的士大夫也是如此，当时很多名士被杀。《晋书 · 阮籍传》载："魏晋之际，天下多故，名士少有全者。"[②]动荡的时局使文人意识到个体生命的脆弱，就连阮籍这样的名士也只能靠终日酣饮来保全自己。文人连最起码的生存都无法保障，更别说实现兼济天下的远大理想，只能在无所作为中消耗生命。

所谓"十年树木，百年树人"，一般树木要在十年以上才能成材，而柳树生长很快，三年便可成材。《齐民要术》曰："从五月初，尽七月末，每天雨时，即触雨折取春生少枝、长一尺以上者，插著垅中，二尺一根。数日即生。少枝长疾，三岁成椽。比于余木，虽微脆，亦足堪事。"[③]可见柳树从扦插种植算起，只需三年就可以用作建造房屋的椽木，虽然不是那么坚硬，但足够支撑屋顶。相比较而言，松柏、槐树、梧桐

① 王瑶《中古文学史论》，北京大学出版社 1998 年版，第 139 页。

② ［唐］房玄龄等撰《晋书》卷四九，列传第十九，中华书局 1974 年版，第 1360 页。

③ ［后魏］贾思勰著，缪启愉校释《齐民要术校释》，农业出版社 1982 年版，第 253 页。

远不如柳树长的快，特别是松柏生长极为缓慢。白居易《种柳三咏》其一曰："白头种松桂，早晚见成林。不及栽杨柳，明年便有阴。春风为催促，副取老人心。"白居易晚年居住洛阳，于自家庭院栽种柳树，主要因为杨柳生长快，一年后便可浓荫密布，不像松、桂之树，生长缓慢，不知何时才能长大，以自己暮年之躯恐怕等不到松桂成林之日，还是栽种杨柳吧。

生长迅速的杨柳，很容易激起文人时光飞逝，年华不再，功业无成的感慨。《晋书 · 桓温传》："温自江陵北伐，行经金城，见少为琅邪时所种柳皆已十围，慨然曰：'木犹如此，人何以堪！'攀枝执条，泫然流涕。"[①]桓温（312～373），是东晋人，有雄才，史称他"挺雄豪之逸气，韫文武之奇才"[②]。桓温一生三次北伐，第一次是在永和十年(354),以失败而告终。第二次是在永和十二年(356),桓温为征讨大都督，讨伐姚襄，最后桓温大败姚襄，凯旋而归。桓温经金城北伐，为桓温的第三次北伐,据刘盼遂、程炎震先生考辨,此次北伐为太和四年(369)。这次北伐意义重大，关系着霸业能否实现，而此时桓温已是57岁的高龄，一生为之奋斗的北伐大业尚未完成，故看见昔日所种之柳已长得枝干粗壮，不禁发出"木犹如此，人何以堪"的感叹。庾信也有类似感慨，其《枯树赋》曰："昔年种柳，依依汉南。今看摇落，凄怆江潭。树犹如此,人何以堪。"树的荣枯衰落,人的生老病死都是大自然的规律，看到昔日江边所种之柳已衰老不堪，枯老的枝干倒映在江潭，不禁使人凄怆不已。

① 《晋书》卷九八，列传第六十八，第2572页。

② 《晋书》卷九八，列传第六十八，第2581页。

（三）主题表现

汉代是杨柳赋的发生期，此时人们对柳树的审美认识尚处于较为浅层的水平，主要侧重于柳树的物色、实用价值。

杨柳赋最突出的表现，就是在对柳树枝、干、叶的具体描绘中，彰显了柳树旺盛的生命力。如“枝逶迟而含紫，叶萋萋而吐绿。出入风云，去来羽族”(枚乘《柳赋》)，如“溉浸以时，日引月长。巨本洪枝，条修远扬。夭绕连枝，猗那其旁”(孔臧《杨柳赋》)，如“郁青青以畅茂，纷冉冉以路离”(繁钦《柳赋》)。这些柳树根粗茎壮，枝叶繁茂，在春风雨露的滋润下茁壮成长，同汉帝国蒸蒸日上的国势和汉人积极进取的心态相契合。

图 05　张大千《东坡居士观柳图》，纸本，设色，1949 年作，121×34 厘米（张进先《艺术大师张大千》，四川美术出版社 2007 年版，第 83 页）。

汉代杨柳赋还表现了柳树遮阳蔽日的实用价值，如孔臧的“蔚茂炎夏，多阴可凉”，“暑不御箑（shà），凄而凉清。内荫我宇，外及有生”。柳树枝繁叶茂，能够在炎炎烈日下为人们提供浓荫，故常被种植在宫廷和庭院，是常见的绿化树种。《汉书》载：“上林苑中大柳树断枯卧地，亦自立生，有虫食树叶成文字，曰‘公孙病已立’。”[1]这则材料虽然主要是从天人感应的角度谈柳树的灵异，但由此可知汉代上林苑栽种柳树。王公贵族的府邸也常植柳，枚乘《柳赋》中所赋之柳就是梁孝

① ［东汉］班固《汉书》卷七五，列传第四十五，中华书局 1962 年版，第 3153 页。

王忘忧馆之柳。老百姓的庭院也经常植柳。《隋书·高颎传》:“颎少明敏，有器局，略涉书史，尤善词令。初孩孺时，家有柳树，高百许尺，亭亭如盖，里中父老曰:‘此家当出贵人。’”[①]可见家中柳树高大粗壮，参天蔽日，被视为祥瑞的象征，可以想象当时庭院以种柳为贵。

柳下宴饮赋诗的享乐生活也是汉代杨柳赋所体现的重要内容。枚乘《柳赋》曰:“于嗟细柳，流乱轻丝。君王渊穆其度，御群英而玩之。小臣瞽聩，与此陈词。于嗟乐兮，于是樽盈缥玉之酒，爵献金浆之醪。庶羞千族，盈满六庖。弱丝清管，与风霜而共凋。”[②]君臣在忘忧馆柳树下听丝竹之声，奏管弦之乐，饮酒作乐，赋诗断章，不亦乐乎！刘克庄《后村诗话》卷七载:“梁孝王游于忘忧之馆，集诸游士使各为赋，枚乘为《柳赋》,路乔如为《鹤赋》,公孙诡为《文鹿赋》,公孙乘为《月赋》,羊胜为《屏风赋》，韩安国作《几赋》不成，邹阳代作，邹阳、安国罚酒三升,赐枚乘、路乔如绢各五匹。”忘忧馆是梁园内一个著名的风景点，而梁园是汉景帝之弟梁孝王刘武所建，是我国历史上年代最早、规模最大的王室园林,首开我国私家园林之先河。梁孝王深得窦太后之喜欢，且在平定七国之乱中立下汗马功劳，身边聚集了大批文士，爱好文学的刘武，常带领骚人墨客，于茂林修竹、楼阁亭台之间悠游纵酒，赋诗唱和，枚乘的这篇传颂千古的《柳赋》就是在梁孝王的一次文人聚会中产生的。另有孔臧《杨柳赋》曰:“于是朋友同好，几筵列行，论道饮燕，流川浮觞。肴核纷杂，赋诗断章。合陈厥志，考以先王。赏恭罚慢，事有纪纲。洗觯酌樽，兕觥并扬。饮不至醉，乐不及荒。威仪抑抑,动合典章。退坐分别,其乐难忘。”可见同僚于柳树下宴饮享乐、

---

① ［唐］魏征《隋书》卷四一，列传第六，中华书局 2000 年版，第 1179 页。

② 枚乘《柳赋》，费振刚等编《全汉赋》，北京大学出版社 1993 年版，第 35 页。

吟诗作赋、谈古论今是常有之事。

魏晋时期是杨柳赋的繁荣期，杨柳赋在继承汉代的基础上有了新的发展，人们对柳树的审美认识进一步深化，关注重点开始逐渐转向柳树的审美价值。

通过对柳树枝、干、叶的描绘，彰显柳树旺盛的生命力，这可以说是魏晋柳赋对汉代柳赋的继承，如王粲的“枝扶疏而覃布，茎森梢以奋扬”。但汉赋中柳树旺盛的生命力，体现了汉人积极进取的豪情壮志，对此，魏晋文人却以感伤的心情来面对。看曹丕的《柳赋》:“在余年之二七，植斯柳乎中庭，始围寸而高尺，今连拱而九成。嗟日月之逝迈，忽亹亹以遄征。昔周游而处此，今倏忽而弗形，感遗物而怀故，俯惆怅以伤情。”看到生长迅速的柳树，从而感慨时光的飞逝。时间是一种看不见摸不着的东西，平时我们不易感觉到，但它却实实在在地存在着。冬去春来，四季的变迁，草木荣枯，生命的轮回，大自然景物的变化能使人强烈地感受到时间的流逝、生命的衰老。不像生长缓慢的松柏，多年如故，无大变化，柳树是一种生长迅速的植物，三年便可成材，因而很容易使人产生时光飞逝、物是人非的沧桑之感和蹉跎岁月、功业无成的忧愤之情。此赋前有序，曰 :“昔建安五年，上与袁绍战于官渡，是时余始植斯柳，自彼迄今，十有五载矣；左右仆御已多亡，感物伤怀，乃作斯赋。”建安五年（200），曹丕栽种此柳，正值官渡之战，曹操大败袁绍，统一了北方。志得意满的曹操又准备统一全国，可却在 208 年的赤壁之战中惨败于孙刘联军，元气大伤。曹丕创作此赋，距离当初栽种柳树已经十五年了，期间不仅发生诸如官渡之战和赤壁之战这样的战事，还有身边亲朋故友的离去。柳树见证了这一切，柳树还在，人已不在，难免使人产生物是人非的惆怅。

魏晋柳赋不单注意到柳树旺盛的生命力，还进一步关注到柳树自身的美感价值，如“柔条阿那而蛇伸”（曹丕《柳赋》），“若乃丰葩茂树，长枝夭夭。阿那四垂，凯风振条”[1]（傅玄《柳赋》）。柳树枝条细长，微风吹拂，婀娜多姿，甚是好看。除对整株柳树姿态的描述之外，还有对柳絮的专门描写，如晋代伍辑之《柳花赋》：“步江皋兮骋望，感春柳之依依。垂柯叶而云布，扬零花而雪飞。或风回而游薄，或雾乱而飙零。野净秽而同降，物均色而齐明。”[2]暮春时节，行走江岸，江边柳树枝叶茂盛，浓密如云，漫天飞舞的柳絮，如纷纷扬扬的雪花，洁白轻盈，飘荡游转，不知所去。

在魏晋时期的柳赋中，杨柳是早春芳物，是时序变迁的标志，是聚天地之灵气的珍奇树木，如曹丕的“四气迈而代运兮，去冬节而涉春。彼庶卉之未动兮，固肇萌而先辰”，傅玄的“美允灵之铄气兮，嘉木德之在春。何兹柳之珍树兮，禀二仪之清纯？受大角之祯祥兮，生蒙汜之遐滨”，晋伍辑之的“步江皋兮骋望，感春柳之依依”。初春时节，百草尚未萌动之际，柳树率先吐芽，昭示着春天的到来。傅玄甚至认为，树木的美好品德应表现在春天，柳树是报春的使者，秉天地之灵气，沾帝廷之恩泽，生长在水滨，是一种珍贵的树木。

作为珍贵树木，柳树被赋予很多可贵的品质，成为美好品格的象征。首先，柳树扦插繁殖的生物属性被誉为顽强生命力的象征。栽培柳树一般用扦插或播种的方式进行，由于扦插成活率高，生长迅速，故一般以扦插繁殖为主。北魏贾思勰《齐民要术》详细记载了扦插栽柳的方法：“正月、二月中，取弱柳枝，大如臂，长一尺半，烧下头二三寸，

① 傅玄《柳赋》，[清]陈元龙《历代赋汇》，第478页。
② 伍辑之《柳花赋》，[清]陈元龙《历代赋汇》，第478页。

埋之令没，常足水以浇之。必数条俱生，留一根茂者，余悉掐去。别竖一柱以为依主，每一尺以长绳柱拦之。若不拦，必为风所摧，不能自立。一年中，即高一丈余。其旁生枝叶，即掐去，令直耸上。高下任人，取足，便掐去正心，即四散下垂，婀娜可爱。若不掐心，则枝不四散，或斜或曲，生亦不佳也。六七月中，取春生少枝种，则长倍疾。少枝，叶青气壮，故长疾也。”[①]对扦插栽柳的具体时间、注意事项均有详细的记载，说明这项技术在当时已经很成熟。在汉赋作家眼里，柳树扦插繁殖的生物属性是柳树顽强生命力和坚贞品格的象征。如“虽尺断而逾滋兮，配生生于自然”，“惟尺断而能植兮，信永贞而可羡”，即使被折断，柳树还能存活，反而越长越繁茂，令人羡慕，令人钦佩。正因为柳树具有如此顽强的生命力，所以它能够不受地域的限制，如傅玄所言“无邦壤而不植”，分布广泛，茁壮成长。其次，柳树浓荫如盖，普荫众生，被看作是广施恩泽，不偏不倚，比上天还要公正的高尚行为，如“兼覆广施，则均于昊天”（傅玄《柳赋》）。

总之，汉晋时期是杨柳赋的发生繁荣期，与先秦时期相比，杨柳开始成为独立的审美对象，与《诗经》只是从整体上描写柳树的繁茂不同，汉晋杨柳赋对杨柳的枝、叶、干等进行了穷形极貌的描摹，但在彰显杨柳旺盛生命力这一点上可以说与《诗经》殊途同归。《诗经》中杨柳多是比兴的媒介，汉晋杨柳赋多是触景生情，即生长迅速的柳树引发文人时光飞逝、功业无成、物是人非的感慨。除物色描摹、触景生情外，杨柳还被赋予了许多美好的品质，杨柳先于众芳发芽吐绿，昭示着春天的到来，杨柳因此被视为“珍树”；杨柳“折而生之”的旺盛生命力被视为坚贞不屈品格的象征。这说明，在汉晋人心目中，杨

---

① ［后魏］贾思勰著，缪启愉校释《齐民要术校释》卷五，第252页。

柳仍然是一种充满生机活力的树木，并被赋予许多美好的品质，是一个积极向上、充满活力的正面形象。

二、唐宋：沉寂新变期

隋代历史比较短暂，留下来的文学作品比较少，杨柳赋更是一篇也没有。唐宋时期可以说是柳赋创作的沉寂期，但沉寂中有变化。

与汉、晋时期的9篇柳赋相比,这一时期柳赋创作数量骤减。据《全唐文》统计，唐代只有3篇，即陈诩和郭炯的《西掖瑞柳赋》和敬括的《枯杨生稊赋》。另据《影印文渊阁四库全书》统计,宋代只有1篇，即田锡《杨花赋》。也就是说，唐宋时期杨柳赋总共是4篇。相比较而言，唐宋时期却是松赋、竹赋创作的繁荣时期，松、竹在中国文学上的崇高地位也是在这个阶段确立的，这也可以从《历代赋汇》的统计中体现出来。《历代赋汇》所收录的唐宋柳赋只有上述4篇，在总数14篇中占28.6%；而松赋却有11篇（包括《历代赋汇补遗》)，在总数18篇中占61.1%；竹赋14篇，在总数30篇中占46.7%。同汉、晋时期相比，松、竹赋的创作在唐宋有了长足的发展，达到繁盛时期，柳赋却由繁荣走向衰落。

唐宋时期柳赋的衰落，主要是因为这一时期伦理道德意识渐趋高涨，对文学产生了重大的影响。中唐的古文运动和宋代的诗文革新运动，都是儒家道统在文学领域的渗透。相应地，随着人们审美认识的深化，人们也逐渐把关注的重点由花木的自然属性上升到花木的品格意趣。松柏、竹子四季常青、凌寒不凋，被视为坚贞不移的高洁品格象征，受到文人的普遍推崇。如许敬宗的《竹赋》曰："惟贞心与劲节，随春冬而不变，考众卉而为言，常最高于历选。"[①]又如宋代王炎《竹赋序》："小人之情，得意则颉颃自高，少不得意，则摧折不能自守；君子反是。竹之操，甚有似夫君子者，感之作赋以自箴。"[②]竹子傲霜挺立，四季常绿，不因外界环境的改变而喜而悲，故被誉为君子之格。松柏也是如此。唐上官逊《松柏有心赋》(以君子得礼岁寒不变为韵)："见称于前圣，喻德于君子。夫其劲节可佳，明心不忒。"[③]而柳树的荣枯有时、望秋先零则被认为是无节操的表现，如"保夷险之无易，哂荣枯之有期"[④](唐无名氏《慈竹赋》)。柳树的不受重视，自然在情理之中。

虽然这一时期的柳赋作品不多，但无论从题材还是审美态度上都出现了一些新变化。

从题材上来看，此时主要关注的是枯柳，唐代三篇柳赋都是如此。其中《西掖瑞柳赋》是贞元十三年(797)的进士试题，陈诩和郭炯之作，就是在进士科考上所为。关于此论，周勋初在《唐诗文献综述》中有详细的考证：

> 《唐会要》卷七六《贡举中·缘举杂录》："兴元元年，中书省有柳树，建中末枯，至是再荣，人谓之瑞柳，礼部侍郎吕渭试进士，以'瑞柳'为题，上闻而恶之。"此事不载年月，然可考知。查《唐语林》卷八记"神龙元年已来累为主司者……吕渭三，贞元十一年、十二年、十三年。"徐松据《永乐大典》

① [唐]许敬宗《竹赋》，[清]陈元龙《历代赋汇》，第483页。

② [宋]王炎《竹赋序》，《历代赋汇》，第484页。

③ [唐]上官逊《松柏有心赋》，《历代赋汇》，第476页。

④ [唐]无名氏《慈竹赋》，《历代赋汇》，第484页。

引《闻见记》“陈诩字载物，贞元十三年及第”，又据《永乐大典》引《宜春志》“贞元十三年，宋迪登进士第”，知陈诩、宋迪均为吕渭于贞元十三年知贡举时门下士，而《文苑英华》卷八七载陈诩《西掖瑞柳赋》，又与前“瑞柳”之说呼应；其前尚载郭炯《西掖瑞柳赋》（以“应时呈祥、盛德昭感”为韵），可知郭炯亦为同年进士。《文苑英华》卷一八八尚载陈诩、宋迪《龙池春草》诗，可知此乃该年试题；又二人之后有万俟造《龙池春草》诗，可知此人也是同年进士。[1]

进士考试的特殊背景，决定了作者的创作态度，那就是在对柳树的肯定和赞美中歌颂帝王的丰功伟绩和宽厚仁德。敬括的《枯杨生稊赋》虽不是进士科考之作，但由于创作题材的相似，故创作主旨与陈、郭二者之作雷同。

一方面，都把枯柳复荣看作吉祥的征兆，是君王圣德的体现。如郭迥《西掖瑞柳赋》:“神灵乘化而致理，枯朽效祥而发生。当圣泽未沾，故兀然枯瘁，及天光回照，遂蔼尔敷荣。”[2]一般情况下，柳树枯萎后是很难再繁茂的，故枯柳复荣常被看作祥瑞的征兆。《周易注疏》曰:“枯杨生稊，老夫得其女妻，无不利。注：稊者，杨之秀也。”稊，就是杨柳新生的枝叶，枯杨生芽，就如老夫娶少妻，能够使老者重新焕发生机。另外，受汉代天人感应学说的影响。该学说认为，天道和人道是统一的，人事活动会从上天得到反应，上天也会通过自然界的一些灵异现象给人们提示。陈诩《西掖瑞柳赋》曰：“其枯也，当烟尘之晦；其生

① 周勋初《唐诗大辞典》，江苏古籍出版社 1990 年版，附录第 32 ～ 33 页。

② 郭迥《西掖瑞柳赋》，[清] 陈元龙《历代赋汇》，第 478 页。

也，表氛沴之清。”[1]柳树枯萎，是因为没有得到雨露的滋润，没有得到君王的青睐，如陈诩所言“感巡游之未至，失荣落于先期”。枯而复荣，则是得承君王之恩泽，是君恩普荫众生的德政体现，如郭迥所言“众皆毕出尽达，我则向日而衰；众皆黄落萎腓，我则感时而盛。不然，何以知至德之动天，运神功而瑞圣者矣”。枯杨生稊，是大自然的反常现象，被认为是帝王的仁慈圣德感动了上天，上天降给人类的征兆。

另一方面，柳树荣枯有时被看作是合乎天理、顺乎本性的表现。郭迥《西掖瑞柳赋》曰：“舒卷以时，陋梧桐之半死；荣枯顺理，鄙松柏之后凋。且春布发生之庆，秋行肃杀之令，于天地而不失其常，在金木而各得其性。”又如陈诩《西掖瑞柳赋》曰：“政或可持，疾风始知夫草劲；节无所立，岁寒徒称乎柏贞。宜其俯凤池而洒润，接鸡树以连荣。儒有因物比兴，属词揣称，闻瑞柳于春宫，遂揄扬于天应。”四季的交替，树木的荣枯，是大自然的规律，是合乎天理的表现。柳树发芽吐绿，昭示着春天的到来，浓荫密布，则是夏日的标志，凋零枯萎，预示着秋天的到来，从柳树枝叶的变化，我们可以明确感受到四季的更替。梧桐发芽迟，凋落早，松柏常年一色，从梧桐、松柏身上，我们无法体会到天地运行的规律，也无法感知上天对人事的态度。

除枯柳之外，柳絮也受到了特别重视，诞生了田锡有名的《杨花赋》。兹列如下：

梁苑残春，垂杨映津。枝黛染以交引，叶眉纤而斗伸。落絮如雪，飘烟拂尘。轻芳兮就月为魄，淡白兮依风作神。当艳阳之美景，过上巳之良辰。其繁也六出之英未多，其艳也早梅之芳若何。释叶辞蒂，流枝逗柯。浮朝霭兮散斜阳，

① 陈诩《西掖瑞柳赋》，[清]陈元龙《历代赋汇》，第478页。

九重丹禁；拂扁舟兮随两桨，千里轻波。是时孝王多暇，闲登水榭，因悦柳之太柔，赏兹花兮似画。乃顾邹、枚，怜其逸才，命临流兮就景，陈绮席之金罍。相如后至，居于座右。欣丽藻之无敌，若《阳春》之寡和。众宾目动，怯胜气以潜消;梁孝意怡，礼奇才兮敢惰？于是授以毫笺，言容怿然，曰："寡人多幸，知子之贤。愿以文为乐也，俟当场而试焉。且昔杨柳之诗，古人有之；杨花之赋，作者多非。可以运精研之思，施绝妙之词。"相如感主人之遇，援毫而赋。尽华藻之菁英，得飞花之态度。以为漠漠霏霏，微风暖吹;裛甘露于珠树，荡朝阳于玉墀。乍若吴王江国，水殿春曦，梅花已老，零落交飞。翙又荡然无羁，纷兮交错，入残月之绮窗，满夕阳之画阁。乍如陈后失恩，长门寂寞，梨花向晚，缤纷散落。有时金屋徘徊，珠帘半开，罥绣床之彩缕，萦粉奁于玉台。乍若谢家之院，寒景相催，暮云方密，飘飘四来。至于湘浦幽深，柽林葱蒨（qiàn)，满黄陵之古庙，扑苍山之晚殿。乍如乱烟之下，落泉飞练，喷岚洒烟，沫花相溅。有时送客南游，垂杨渡头，未尽离酒，犹縻去舟。思夕宿之江馆，望朝云之水楼。飘兮荡白，萦觞惹愁。和鶗鴂（tíjué）以连飞，平波渺渺；伴舳舻而已远，晚景悠悠。翙夫春院深严，书帷阒寂，横南窗之绿绮，委群书于缃帙。冰濡相浥，粘匣砚以难飞；风聚成规，滚砌莎而可惜。加之碧箪银床，梧桐影凉，春光余几，艳景方长。当奕客以凝情，飞来宝局；值嘉宾之举白，吹过金觞。有时帘幕雨余，池塘风定，凝去忽飞，幽而可咏。

榆坠荚以相先，桃落花而互映。余态重重，妍姿弗穷。大约含愁于夕霭，惟怜委迹于流风。值轻露以多掩，傍微阳而即通。是知有以妖冶轻盈为贵者，虽五彩之毫，妍不可写；虽数子之词，才难骋奇。惟相如之善者，致梁王之悦而。乃命左史记言，而右史录之，藏之宝笥，以为柳花之词。[①]

田锡的《杨花赋》在柳赋创作中占很重要的位置。在《历代赋汇》所统计的柳赋中，只有两篇柳絮赋，即晋伍辑之《柳花赋》和田锡《杨花赋》。伍辑之《柳花赋》以“飞雪拟飘絮”，只注意到柳絮的物色之美。同伍辑之《柳花赋》相比，田锡《杨花赋》在审美表现上有了很大的进步，既有物色描摹，又有情韵表现，还有一定的人格象征。

首先，对杨花的自然物色美感进行了非常详细的描写。自谢道韫以“柳絮拟飞雪”以来，文人常常以“飞雪拟柳絮”。田锡也是如此，田锡虽在总体上没有跳出“以雪比絮”的窠臼，但他关注的不仅是柳絮色彩之白，而且还有柳絮之绵密繁多，如“其繁也六出之英未多”，柳絮绵密，漂浮空中，如烟如雾，给人一种朦胧之美。如“落絮如雪，飘烟拂尘。轻芳兮就月为魄，淡白兮依风作神”，夜色是宁静的，没有刺眼的阳光，没有绚烂的色彩，只有一轮明月，点缀几颗若隐若现的星，月下轻盈飞扬的柳絮给人一种薄暮朦胧的美感。另外，田锡还注意到柳絮空中飞舞的美丽姿态。不仅有“飞雪拟飘絮”的典故运用，还别出机杼，另有创新，如“至于湘浦幽深，柽林葱蒨，满黄陵之古庙，扑苍山之晚殿。乍如乱烟之下，落泉飞练，喷岚洒烟，沫花相溅”，柳絮在空中恣意地游荡飞舞，欢快，轻盈，艳丽，令人眼花缭乱。

① ［宋］田锡《杨花赋》，［清］陈元龙《历代赋汇》，第478页。

图 06 ［宋］佚名《垂柳飞絮图》，绢本，设色，25.8×24.6 厘米，北京故宫博物院藏。画上题字:“线捻依依绿,金垂袅袅黄。”（王文祥《中国传世名画鉴赏上》，中国民族摄影艺术出版社 2001 年版，第 127 页）。

其次，杨花勾起人们离别的情感。“有时送客南游，垂杨渡头，未尽离酒，犹麋去舟。思夕宿之江馆，望朝云之水楼。飘兮荡白，萦觞惹愁。和鹍鸩以连飞，平波渺渺；伴舳舻而已远，晚景悠悠。”南方多水，出行多以舟楫，江边渡头，也就成了离别频频发生之地。杨柳喜水，故江边多植杨柳，杨柳岸就成了离别的代名词。离别之际，柳絮纷飞，随风飘荡，柳絮同枝叶分离，就好比游子与家人分离一样，故常用柳絮比喻游子，如“浮云柳絮无根蒂”。柳絮和浮云一样，都是游子的代称，如“浮云游子意，落日故人情”。再加上杨花入水，即化为浮萍，浮萍为无根之物，只能随水漂泊，不知所处。杨花的存在状态同漂泊无依的游子处境何其相似！故杨花很容易触动人们的离情别绪，如“扬子江头杨柳春，杨花愁杀渡江人”[1]。

再次，杨花被赋予一定的人格象征意蕴。在田锡的《杨花赋》里，杨花成了思妇的象征。如“乍如陈后失恩，长门寂寞，梨花向晚，缤纷散落。有时金屋徘徊，珠帘半开，罥绣床之彩缕，萦粉奁于玉台”，该句用了两个典故，一个是汉武帝陈皇后阿娇的典故。阿娇失宠后，谪居长门宫，抑郁寡欢。传说司马相如的《长门赋》是受陈皇后重金委托所写，在赋中司马相如描写了阿娇愁闷哀怨的心情，武帝读后叹息怜悯，复迎阿娇回宫，两人和好如初。其实这只是传说而已，事实上阿娇谪居长门后再也没有得宠。另一个是杨贵妃的典故。“寂寞梨花向晚”出自白居易《长恨歌》“玉容寂寞泪阑干，梨花一枝春带雨”，指马嵬事变中杨贵妃被缢死，死后的杨妃升入仙境，对尚在人间的唐明皇刻骨铭心的相思。不管是陈皇后还是杨贵妃，都是美丽的思妇形象。

---

① 郑谷《淮上与友人别》,《全唐诗》卷六七五，第 7731 页，本论丛所引《全唐诗》均为中华书局 1960 年版。

图 07　[明] 尤求《柳阴远眺图》（徐邦达《中国绘画史图录》下册，上海人民美术出版社 1984 年版，第 396 页）。

从以上分析可以看出，从汉魏六朝到唐宋，人们对杨柳形象的审美认识发生了很大的变化。汉魏六朝多关注柳树发芽早、长势旺、生命力强的优点，唐代则更多关注杨柳“望秋先零”的不足，与凌寒不凋的松、竹相比，杨柳的品格自然不如二者。再加上杨柳枝条柔软下垂，松、竹枝叶挺拔向上，故此期的柳树形象较汉魏六朝有了很大的转变，柳树由挺拔向上的“伟丈夫”形象，变为娇柔妩媚的“弱女子”形象。与此同时，杨柳自身的美感形象受到了极大的关注，杨花变为艳丽之花，敢于与梅花争艳，如“其艳也早梅之芳若何”。柳花是柳树的花朵，为鹅黄色，生于枝叶间，柳花干时，柳絮方出。柳絮是柳树的种子，但常被误称为花。杨花之艳丽使人心动，柳絮之飞舞也让人陶醉，“是知有以妖冶轻盈为贵者，虽五彩之毫，妍不可写；虽数子之词，才难骋奇”，柳絮悠扬欢快的舞姿，倾倒了无数文人雅士，使得他们穷尽才思，渲染描摹。

三、明清：复兴繁盛期

明清时期是柳赋创作的复兴期，柳赋打破了唐宋时期的沉寂，重新兴盛起来。从数量上，据《文渊阁四库全书》检索，一共有 9 篇柳赋作品，即明杨守陈《伐老柳赋》、明徐世溥《柳赋》、清帝乾隆《御制人字柳赋》、清毛奇龄《江柳赋》2 篇，姜宸英和彭宁求各有《玉河春柳赋》1 篇，曹鉴伦和李孚青各有《玉河新柳赋》1 篇。从题材上看，这一时期柳赋的赋题更加细致，既有老柳，如《伐老柳赋》，也有新柳，如《玉河新柳赋》;既有宫墙柳，如《御制人字柳赋》,也有江边柳，如《江柳赋》。之前的柳赋虽然涉及对这些柳树的描写，但并没有形成专门的赋咏对象。

明清柳赋受咏柳诗词的影响，更加侧重于对杨柳风景的描摹和离别之情的抒发。如毛奇龄的《江柳赋》:

桓大司马自江陵北行，见向时所种柳，垂条毵毵(sānsān),攀枝援条，涕如淦(gàn)矣。至若“柳既如此，人何以堪”“自伤摇落，栖迟汉南”，况乎毛甡（shēn）渡江，行当暮春，杨柳依依，远覆江津，拂乎绿波，扬乎青苹。凄迷兮朝烟之蔽远天，缥缈兮轻云之过渚。其宛衍江岸，袅袅而难定，一如翠幛之牵风兮。蒙蒙兮恍春山之含雨，春山覆兮水阴生，水波动兮阴未成。吹万条之如拽，宛千缕之自萦。又况三月，杨花春江，柳絮飘飒，浦口低徊，江路流水，铺茵平桥，积素不落。宛转徐度，停游子之车，拂行人之袂。暖烟微分，轻风乍起，踟蹰偃仰，思不能已。则或郁郁园中，青青客舍，江北江南，别离相藉。乃流连于江津兮，覆垂垂之碧叶，沾飞絮于前襟兮，绾长条于轻楫，曾不知隋堤之有千里兮，乃痛江亭之一别。①

从物色描写上说，侧重于杨柳的审美价值，杨柳自身的美感形象得到了最大程度的体认。一排排杨柳轻盈袅娜，伫立在苍茫的江边上，远远望去，好似绿色屏障，如烟如雾。不单是杨柳，柳絮轻扬飘舞的优美姿态也被刻划得淋漓尽致。在情感抒发上，主要是借江边杨柳抒发离别之情。

又如清代姜宸英《玉河春柳赋》：

望京邑之翼翼，纵缓步于郊坰，和风宛其入怀，林鸟嘤其相鸣。尔乃春日迟迟，春路逶迤，流泉曲折，列树参差。则有上苑，移根灞桥，迁植行行，临水枝枝。踠地蔽北，陆而成关。种西门而映肆，腾氛雾而霏微，幂平皋而薆薱(àiduì)。千株万株，婀娜纷敷，或交绮陌，或傍金渠。故夫玉河之为水也，宛宛潺潺（chán chán）来自西山，潴而为湖，汇而为渊，踰乎高梁之曲，入乎芙蓉之园，森漫蓬池，经乎上兰，弥望直视，郁乎芊芊。何地无柳，何柳不妍？镜清流而黛浓如洗，倚列雉而腰细堪怜。于时条风始扇，日和景良，草抽书带，鸟弄笙簧。柔稊乍吐，弱蔓初扬，招要舞态，演漾波光。竦纤躯而不定，曳翠带之何长，若矜妆以竞冶，间桃李之纷芳，驰青烟于平乐，递余暖于昭阳。曹子建曾攀折而不忍，桓元

① ［清］毛奇龄《西河集》卷一二五，《影印文渊阁四库全书》本。

子虽对之而奚伤。[1]

姜宸英对春天杨柳的美丽姿态和清新风景进行了全面的描摹，春日郊外，杨柳触目皆是，倒映水边，翠绿如洗；细枝纤腰，摇曳风中，惹人怜惜；间植于桃李，更是艳丽无比。

总而言之，明清时期的杨柳赋主要侧重于关注杨柳自身的审美价值。在物色描摹上，对杨柳枝、叶、絮的美感表现着墨较多，江边柳和春柳格外受到青睐。在情感表现上，着重于对离别之情的渲染。从艺术表现上看，这时期的柳赋语言华丽，句式整齐流畅，善用各种典故。

四、杨柳赋对咏柳诗词的影响

杨柳作为专门的描写对象最早出现在杨柳赋中，杨柳赋对后世咏柳诗词的产生和创作有着重要的影响。

首先，柳赋促进了咏柳诗歌的出现。“在历代各类作品的创作中，往往是先有赋，然后再出现同题材的诗作或词作”[2]，如晋博玄有《桃赋》，南朝梁代简文帝则有《咏初桃诗》；傅玄有《李赋》，南朝梁代沈约有《咏李诗》；三国魏代钟会有《菊花赋》，晋袁山松有《菊诗》。咏柳文学也是如此，先有杨柳赋，然后才出现咏柳诗。杨柳赋先流行于汉魏社会的上层，到了梁代，梁代君王如梁简帝和元帝均有咏柳诗，如简文帝的《和湘东王阳云楼檐柳》和元帝的《咏阳云楼檐柳诗》和《绿柳诗》，再到初唐，唐太宗有《春池柳》《赋得临池柳》《赋得弱柳鸣秋蝉》。

其次，杨柳赋还拓展了杨柳题材。杨柳赋最突出的特点就是对柳

① ［清］姜宸英《湛园集》卷七，《影印文渊阁四库全书》本。

② 曹明纲《赋学概论》，上海古籍出版社1998年版，第374页。

树的枝、叶、干、花进行了非常详尽的描绘，这对后世杨柳题材的拓展有很大启发意义。不仅是整株柳树，杨柳的枝、花（絮）也成为后代咏柳诗词常见的题材，乐府《折杨柳》和词调《杨柳枝》大都以柳起兴，是咏柳文学的重要组成部分。晋伍辑之有《柳花赋》，唐代出现了专门的咏絮诗，如刘禹锡有《柳花词三首》，白居易有《柳絮》诗，宋代出现了专门吟咏柳絮的词，如苏轼有名的《水龙吟·次韵章质夫杨花词》。

再次，杨柳赋的审美价值取向对后世咏柳诗词有着深远的影响，主要表现在以下几方面：

一、汉魏时期对杨柳旺盛生命力和遮荫避日的实用价值关注颇多，这一审美视角在历代咏柳诗词中多有体现。

二、曹丕等人就杨柳生长迅速和荣枯有时的季节变换所引发的生命感慨，使得“睹柳兴叹”成为中国文学的一个传统，经久不衰。这其中既有时间流逝、功业无成的生命感慨，如欧阳修的《去思堂手植双柳今已成阴因而有感》：“曲栏高柳拂层檐，却忆初栽映碧潭。人昔共游今孰在，树犹如此我何堪。壮心无复身从老，世事都销酒半酣。后日更来知有几，攀条莫惜驻征骖。”也有昔盛今衰、物是人非的世情慨叹，如李商隐《柳》：“曾逐东风拂舞筵，乐游春苑断肠天。如何肯到清秋日，已带斜阳又带蝉。”同时不乏荣枯有时、顺乎自然的理性思考，如“四时盛衰各有态，摇落凄怆惊寒温。南山孤松积雪底，抱冻不死谁复贤”(苏轼《次韵子由柳湖感物》)，“物生禀受久已异，世俗何始分愚贤”(苏辙《柳湖感物》)，“人生荣谢亦如此，谢何足怨荣何喜？秋霜春雨自四时，老夫问柳柳不知”(宋杨万里《岸柳》)。

三、柳下宴饮的闲适生活为后世文人所向往，成为诗歌中反复赋咏的主题。如白居易《种柳三咏》其一："从君种杨柳，夹水意如何。准拟三年后，青丝拂绿波。仍教小楼上，对唱柳枝歌。"白居易爱柳、种柳，有两侍儿，樊素和小蛮，樊素善歌，小蛮善舞，此诗是白居易想象所种杨柳长大后，与侍儿树下宴饮的闲适生活。范仲淹《依韵和延安庞龙图柳湖》："种柳穿湖后，延安盛可游。远怀忘泽国，真赏即瀛洲。江景来秦塞，风情属庾楼。刘琨增坐啸，王粲斗销忧。秀发千丝堕，光摇匹练柔。双双朔乳燕，两两睡驯鸥。折翠贻归客，濯清招隐流。宴回银烛夜，行度玉关秋。胜处千场醉，劳生万事浮。主公多雅故，思去共仙舟。"[①]据《钦定大清一统志·延安府》载："柳湖在肤施县五里，延利渠水从北入城，复穿城，由南出溢而为湖，堤上多种柳，故名，宋范仲淹有诗。"[②]宝元三年(1040)，范仲淹为龙图阁直学士，与韩琦并为陕西经略安抚副使，兼知延州，这首诗即写于此时。秀丽的柳湖风光犹如江南水乡，范仲淹与同僚宴饮柳湖的闲适心情跃然纸上。

当然，文学间的影响是相互的，汉晋柳赋推动了晋唐以来咏柳诗的产生和繁荣，相反，唐宋以来咏柳诗词的繁荣又对明清杨柳赋的创作产生了较大的影响。

综上所述，杨柳赋是自《诗经》以来杨柳第一次作为独立的审美对象出现在文学中，也是第一次受到如此集中的关注，并对后世咏柳文学和文人生活产生了深远的影响。从汉魏到明清，人们对杨柳的审美认识经历了一个从实用到审美的过程，汉魏更侧重于杨柳的实用价值，明清更侧重其观赏价值；杨柳形象也发生了巨大的变化，从根粗

---

① 范仲淹《范文正集》卷四，《影印文渊阁四库全书》本。

② [清]和珅《大清一统志》卷一八二，《影印文渊阁四库全书》本。

干壮、充满活力的“伟丈夫”变为枝细叶纤、柔弱不堪的“弱女子”，从具有坚贞品格的正面形象转变为无节操的负面形象。在情感上，由睹柳伤逝演变为触柳感别，这跟折柳赠别习俗密切相关。如果说柳赋从总体上侧重于体物的话，那么乐府《折杨柳》则更侧重于抒情。

（原载石志鸟《中国杨柳审美文化研究》第42～67页，巴蜀书社2009年版，此处有修订）

《杨柳枝词》研究

《杨柳枝》由乐府《折杨柳》演变而来。中唐以来，《杨柳枝》由笛曲演变为乐舞之曲，并迅速由京洛向周边地区传播开来。《杨柳枝》在社会上广为流传，上自帝王官僚，下自歌妓小儿，无不染指此曲。《杨柳枝》优美的舞姿和哀婉的曲调，使得《杨柳枝》乐舞经常用于歌席酒宴以娱宾遣兴，文人也常于酒宴间创作《杨柳枝词》供歌妓演唱。与横吹曲《折杨柳》借柳抒情不同，《杨柳枝》多是赋题之作，既有对杨柳枝叶和杨柳风景的物色描写，也有借柳抒情、托柳言志之作。明清时期，出现了大型风土《杨柳枝词》创作的高潮。同《竹枝》不同，风土《杨柳枝》多是具有地方色彩的咏柳作品，这构成了咏柳文学的重要组成部分。历代关于《杨柳枝》的研究不多，研究者多是对《杨柳枝》的起源或者《杨柳枝》词调进行探讨，本文主要对《杨柳枝》创作模式和主题的演变进行研究，同样也力求从文学创作模式方面求证《杨柳枝》起源于《折杨柳》。

一、《杨柳枝》的起源

《杨柳枝》又叫《柳枝》《杨柳枝词》《柳枝词》等，历来关于《杨柳枝》曲调的渊源争论不休，大致说来一共有四种看法：

(1) 六朝《折杨柳》。《乐府诗集》引薛能言曰:“《杨柳枝》者，古题所谓《折杨柳》也。乾符五年，能为许州刺史。饮酣，令部妓少女作《杨柳枝》健舞，复赋其辞为《杨柳枝》新声云。”[①]

(2)出于亡隋之曲《柳枝》。后蜀何光远《鉴戒录》卷七曰:“《柳枝》者，亡隋之曲。炀帝将幸江都，开汴河种柳，至今号曰‘隋堤’，有是曲也，胡曾咏史诗曰:‘万里长江一旦开，岸边杨柳几年栽。锦帆未落干戈起，惆怅龙舟更不回。’又韩舍人咏柳诗曰:‘梁苑隋堤事已空，万条犹舞旧春风。那堪更想千年后，谁见杨花入汉宫。’”韩舍人指韩琮。

(3) 出于盛唐教坊。《资治通鉴》载，唐昭宗赐朱全忠《杨柳枝辞》五首。元胡三省注曰:“唐人多赋《杨柳枝》，皆是七言四绝，相传以为出于开元梨园乐章，故张祜有《折杨柳词》云:‘莫折宫前杨柳枝,玄宗曾向笛中吹。’”[②]梨园乐章当指唐玄宗梨园弟子所演奏的曲子。这说明此曲已经存在于盛唐教坊中。

(4) 白居易创制。唐段安节《乐府杂录》:“杨柳枝，白傅闲居洛邑时作，后入教坊。”宋郭茂倩《乐府诗集》曰:“《杨柳枝》，白居易洛中所制也。《本事诗》曰:白尚书有妓樊素善歌，小蛮善舞。尝为诗曰:‘樱桃樊素口，杨柳小蛮腰。’年既高迈，而小蛮方丰艳，乃作《杨柳枝辞》以托意,曰:‘永丰西角荒园里,尽日无人属阿谁!’及宣宗朝，国乐唱是辞，帝问谁辞，永丰在何处，左右具以对。时永丰坊西南角园中有垂柳一株,柔条极茂,因东使命取两枝植于禁中。居易感上知名，且好尚风雅，又作辞一章，云:‘定知玄象今春后，柳宿光中添两星。’

---

① [宋]郭茂倩《乐府诗集》，中华书局 1979 年版，第 1142 页。

② [宋]司马光《资治通鉴》卷二六四，唐纪八〇，中华书局 1956 年版，第 8605 页。

河南卢尹时亦继和。”[1]

我们知道，《教坊记》收录盛唐教坊三百四十二曲，《杨柳枝》曲调也在其中，这说明盛唐时期《杨柳枝》曲就已经存在，所以不可能是白居易首创。

至于出于亡隋之曲《柳枝》，则完全为附会之辞。何光远是后蜀人，距离隋代久远，期间文人所创《杨柳枝》之作甚多，同亡国联系者并不多，其中所列两首跟隋亡有关之作，均为晚唐人之作。据载，韩琮于宣宗时出为湖南观察使，大中十二年（858）被都将石载顺等驱逐，此后失官，无闻。胡曾是咸通中举进士。晚唐距离唐亡为时不远，可能是借隋朝灭亡的历史事实讽刺晚唐动荡的时局，这并不能说明《杨柳枝》是亡国之曲。

那么，盛唐《杨柳枝》从何而来？《御定词谱》认为来自乐府横吹曲《折杨柳》。

> 唐教坊曲名。按，白居易诗注：《杨柳枝》，洛下新声，其诗云“听取新翻杨柳枝”是也。薛能诗序：“令部妓作杨柳枝健舞”，复度新声。其诗云“试踏吹声作唱声”是也。盖乐府横吹曲有《折杨柳》名，此则借旧曲名，另创新声，后遂入教坊耳。[2]

晚唐薛能认为，《杨柳枝》出自六朝乐府《折杨柳》，这至少代表了晚唐文人的普遍看法。这可以从晚唐诗人对乐府《折杨柳》的创作实践中体现出来。薛能的《折杨柳十首》、齐己的《折杨柳词四首》，因为句式与《杨柳枝》同，故被《乐府诗集》收录在《杨柳枝》曲中。

---

① 郭茂倩《乐府诗集》，第1142页。

② ［清］王奕清辑《御定词谱》卷一，《影印文渊阁四库全书》本。

另有段成式的《折杨柳七首》(其中有三首认为是王贞白之作)，也为七言四句式，虽没有被郭茂倩收录在《杨柳枝》中，但形式同《杨柳枝》相同，完全不同于《折杨柳》传统的五言八句式。并且这三人都是晚唐人。

其实《折杨柳》向《杨柳枝》的转变，初唐已经初露端倪。乔知之《折杨柳》："可怜濯濯春杨柳，攀折将来就纤手。妾容与此同盛衰，何必君恩能独久。"据载，乔知之是武则天时人，累除右补阙，迁左司郎中，为武承嗣所害。乔知之之作，主题还是《折杨柳》折柳寄相思的常见主题，但形式上却是七言四句式，完全不同于传统《折杨柳》的五言八句式，与《杨柳枝》句式很接近。

中晚唐的张祜既有《折杨柳》一首："红粉青楼曙，垂杨仲月春。怀君重攀折，非妾妒腰身。舞带萦丝断，娇蛾向叶嚬。横吹凡几曲，独自最愁人。"为传统的闺人思远主题，形式也是五言八句。此外，张祜还有《折杨柳枝二首》，其一："莫折宫前杨柳枝，玄宗曾向笛中吹。伤心日暮烟霞起，无限春愁生翠眉。"其二："凝碧池边敛翠眉，景阳楼下绾青丝。那胜妃子朝元阁，玉手和烟弄一枝。"这两首都是咏柳诗，第一首以"折柳""吹笛"，比喻伤春之愁怨。第二首则是通过对不同环境下杨柳所受待遇不同的描写，表达渴望君王赏识的愿望。生长于凝碧池边和景阳楼下的杨柳，都不如长于朝元阁中的杨柳，因为朝元阁的杨柳可以得到杨妃的爱怜。朝元阁是华清宫的一个建筑，而华清宫是唐玄宗和杨贵妃游乐之所。这两首诗不仅内容上不同于六朝《折杨柳》之传统内容，而且句式上已是典型的七言四句式，因此被郭茂倩收录于《杨柳枝》中。值得注意的是，这两首诗歌题名却是"折杨柳枝"而不是"杨柳枝"。众所周知，《杨柳枝》曲在中唐白居易时代已经非常流行，白居易和刘禹锡关于《杨柳枝》的唱和，为文人津津乐道，影响深远，处于中晚唐的张祜不可能对此一无所知，但他的题名却是介于“折杨柳”和“杨柳枝”之间的“折杨柳枝”，内容上趋同于南朝文人拟作“杨柳动春情”的春思愁怨。这说明，在中晚唐人心目中，《杨柳枝》是从《折杨柳》发展而来，因此在题名上没有做详细的区分，正如薛能所言，“杨柳枝者，古题所谓《折杨柳》也”。

总而言之，曲调《杨柳枝》很可能是从乐府《折杨柳》发展而来，初盛唐时已为文人所了解，但作品不多，时至中唐白居易之后，《杨柳枝》才引起文人重视，创作日渐丰富，并且经久不衰，成为文人喜爱的一种题材。

图 08　傅抱石《江皋拂柳图》，纸本，设色，38×48.8 厘米（傅抱石《傅抱石画集》，福建美术出版社 2009 年版，第 145 页）。

二、《杨柳枝》的演变与传播

《杨柳枝》由横吹曲《折杨柳》发展演变而来，在从初盛唐到中晚唐的发展中，《杨柳枝》发生了很大的变化，经历了由笛曲到歌曲、由软舞到健舞的演变过程。

《折杨柳》本是笛曲，以羌笛为主要演奏乐器，初唐时易名为《杨柳枝》，但仍保留着笛子演奏的传统。至少在中唐《杨柳枝》曲调发生了很大的变化，由笛曲变为歌舞之曲，不仅可歌，而且可舞，这在诗歌中也有反映。白居易《杨柳枝》:“六么水调家家唱，白雪梅花处处吹。古歌旧曲君休听，听取新翻杨柳枝。”[①]刘禹锡《杨柳枝》:“塞北梅花羌笛吹，淮南桂树小山词。请君莫奏前朝曲，听唱新翻杨柳枝。”梅花指《梅花落》，《梅花落》和《折杨柳》是汉、晋时期有名的笛曲，然而时过境迁，对于中唐人来说它们已经是古歌旧曲了，不适合新的时代风尚，中唐人开始改造这支古老的曲子，把它由笛曲变为可以演唱的歌曲，如白居易《杨柳枝二十韵》所言“取来歌里唱，胜向笛中吹”，薛能也有“试踏吹声作唱声”。白诗前有小序曰:“《杨柳枝》,洛下新声也。洛之小妓有善歌之者，词章音韵，听可动人，故赋之。”此诗非常详细地描写了歌妓演唱、表演《杨柳枝》歌舞时的声容舞态：

> 小妓携桃叶，新声蹋柳枝。妆成剪烛后，醉起拂衫时。
>
> 绣履娇行缓，花筵笑上迟。身轻委回雪，罗薄透凝脂。

① 郭茂倩《乐府诗集》，第1143页。

笙引簧频暖，筝催柱数移。乐童翻怨调，才子与妍词。
便想人如树，先将发比丝。风条摇两带，烟叶贴双眉。
口动樱桃破，鬟低翡翠垂。枝柔腰袅娜，荑嫩手葳蕤。
唳鹤晴呼侣，哀猿夜叫儿。玉敲音历历，珠贯字累累。
袖为收声点，钗因赴节遗。重重遍头别，一一拍心知。
塞北愁攀折，江南苦别离。黄遮金谷岸，绿映杏园池。
春惜芳华好，秋怜颜色衰。取来歌里唱，胜向笛中吹。
曲罢那能别，情多不自持。缠头无别物，一首断肠诗。[①]

摹写其声，如“唳鹤晴呼侣，哀猿夜叫儿。玉敲音历历，珠贯字累累”，指歌妓声音珠圆玉润，清脆悦耳，如白鹤白日呼唤它的伴侣，如猿猴深夜呼叫自己的孩子；摹其舞态，如“枝柔腰袅娜，荑嫩手葳蕤……袖为收声点，钗因赴节遗”，歌妓腰肢如柳枝般婀娜，手如柔荑般嫩白，衣袖随着节拍舞动着，身上的首饰因舞动和节而遗落，优美的舞姿跃然纸上。从中可以看出，“《杨柳枝》之舞，是摹拟风前杨柳的姿态而来的”[②]，又如诗中所写，“便想人如树，先将发比丝。风条摇两带，烟叶贴双眉”，以歌妓比杨柳，头发比柳丝，裙带比柳枝，双眉比柳叶。

唐代舞蹈分为软舞、健舞之分。中唐到晚唐，《杨柳枝》渐渐从软舞发展到健舞。

元马段临《文献通考》载：“唐开成末，有乐人崇胡子能软舞，其腰支不异女郎也。然软舞舞容有大垂手，有小垂手，或像惊鸿，或如飞燕，婆娑舞态也，蔓延舞缀也。然则软舞，盖出体之自然，非此类欤？”[③]

---

① 白居易《杨柳枝二十韵》，《全唐诗》卷四五五，第 5156 页。
② 沈冬《唐代乐舞新论》，北京大学出版社 2004 年版，第 126 页。
③ ［元］马端临《文献通考》卷一四五，乐一八，中华书局 1986 年版，第 1277 页。

由此可见，软舞节奏舒缓，舞态柔和。张祜《春莺啭》所言："兴庆池南柳未开,太真先把一枝梅。内人已唱春莺啭,花下傞傞软舞来。"[1]《春莺啭》就是一支软舞，舞姿柔婉。从白居易的描写来看，中唐时的《杨柳枝》舞姿婆娑柔曼，轻盈婀娜，当属软舞之列。

晚唐时期，《杨柳枝》由软舞发展为健舞。薛能《柳枝词五首》前小序曰："乾符五年(878)，许州刺史薛能于郡阁与幕中谈宾酣饮醅酎，因令部妓少女作《杨柳枝》健舞,复歌其词。无可听者,自以五绝为《杨柳》新声。"[2]相对于软舞而言,健舞则比较刚毅。崔令钦《教坊记》载:"《阿辽》《柘枝》《黄麞 (zhāng)》《拂林》《大渭州》《达摩》之属谓之健舞。"《文献通考》也有类似记载："《阿辽》《柘枝》《黄章》《拂林》《大渭州》《达摩支》之属,谓之健舞,健舞曲有《大杆》《阿连》《柘枝》《剑气》《胡旋》《胡胜》。"[3]健舞舞姿如何，从以上所载之曲名可以略知一二。另外杨巨源《寄申州卢拱使君》曰:"小船隔水催桃叶,大鼓当风舞柘枝。"[4]从杨巨源对健舞《柘枝》舞容的描述中,可知健舞场面阔大,豪放雄浑,矫健刚劲，节奏明快。任半塘《唐声诗》认为，薛能把《杨柳枝》改造为健舞。[5]

乐舞《杨柳枝》因舞姿优美，声调哀婉，中唐以来常常用于酒宴歌席间以娱宾遣兴。白居易尤其爱好如此。白居易爱好音乐，又有能歌的樊素和善舞的小蛮相伴左右，因此观赏乐舞《杨柳枝》是白居易休闲娱乐的一个重要方式。白诗中多有反映。如：

---

① 张祜《春莺啭》,《全唐诗》卷五一一，第 5838 页。
② 薛能《柳枝词五首》前小序，《全唐诗》卷五六一，第 6519 页。
③ [元] 马端临《文献通考》卷一四五，乐一八，第 1277 页。
④ 杨巨源《寄申州卢拱使君》,《全唐诗》卷三三三，第 3741 页。
⑤ 任半塘《唐声诗》，上海古籍出版社 1982 年版，第 316 页。

《蓝田刘明府携酌相过与皇甫郎中卯时同饮醉后赠之》：“腊月九日暖寒客，卯时十分空腹杯。玄晏舞狂乌帽落，蓝田醉倒玉山颓。貌偷花色老暂去，歌蹋柳枝春暗来。不为刘家贤圣物，愁翁笑口大难开。”

《山游示小妓》：“双鬟垂未合，三十才过半。本是绮罗人，今为山水伴。春泉共挥弄，好树同攀玩。笑容花底迷，酒思风前乱。红凝舞袖急，黛惨歌声缓。莫唱杨柳枝，无肠与君断。”

《种柳三咏》：“从君种杨柳，夹水意如何。准拟三年后，青丝拂绿波。仍教小楼上，对唱柳枝歌。”

《追欢偶作》：“石楼月下吹芦管，金谷风前舞柳枝。”

《杨柳枝》的娱乐作用在刘禹锡诗中也有反映，如《酬乐天醉后狂吟十韵（来章有移家惟醉和之句）》：“好吹杨柳曲，为我舞金钿。”

在刘、白的唱和下，《杨柳枝》迅速传播开来，从洛阳一带向周边地区流播。白居易时，《杨柳枝》由北而南，已经传到浙东地区。有诗为证，如白居易《刘苏州寄酿酒、糯米，李浙东寄杨柳枝舞衫，偶因尝酒……寄谢之》：“柳枝谩蹋试双袖，桑落初香尝一杯。金屑醅浓吴米酿，银泥衫稳越娃裁。舞时已觉愁眉展，醉后仍教笑口开。惭愧故人怜寂寞，三千里外寄欢来。”李绅从浙东专门给白居易寄来了《杨柳枝》舞衫，可见《杨柳枝》流传之迅速，白居易对《杨柳枝》歌舞的喜欢程度，从中也可略见一斑。时至晚唐，《杨柳枝》已经流传到淮海地区。宋代钱易《南部新书》卷六载：“永宁李相蔚在淮海，暇日携酒乐访节判韦公昭度，公不在。及奔归，未中途，已闻相国举酒纵乐。公曰：‘是无我也。’乃回骑出馆，相国命从事连往留截，仍移席于戟门以候。及回，相国舞《杨柳枝》引公入，以代负荆。”[①]从中可知，《杨柳枝》的作用不再是单纯的娱宾遣兴之用，还可以舞《杨柳枝》向人谢罪。

中晚以来，《杨柳枝》在社会上广为流传，成为人们耳熟能详的乐舞之曲，受到各个阶层的喜爱，上自帝王将相，下自村童仆妇。《文献通考》载："唐宣宗善吹芦管，自制《杨柳枝》《新倾杯》二曲，有数拍不均，尝命俳优辛骨𩨠拍，不中，因视，骨𩨠忧惧，一夕而毙。"[②]唐宣宗的音乐造诣颇为深厚，不仅善吹芦管，还自创《杨柳枝》曲，就连乐工偶尔的失误他都能听出来。唐昭宗也曾创作《杨柳枝辞》。据《资治通鉴》载："戊戌，全忠辞归镇，留宴寿春殿，又饯之于延喜楼。上（唐昭宗）临轩泣别，令于楼前上马。上又赐全忠诗，全忠亦和进；又进《杨柳枝辞》五首。"[③]不仅唐昭宗，就连行伍出身的朱全忠也会创作《杨柳枝》，可见《杨柳枝》在社会上的普及程度。宋计有功《唐诗纪事》卷七一载："王衍五年，宴饮无度，衍自唱韩琮《柳枝词》曰：梁苑隋堤事已空，万条犹舞旧春风。何如思想千年事，谁见杨花入汉宫。"[④]宋代，梨园弟子也经常表演《杨柳枝》，如徐铉《柳枝词十首座中应制》："金马词臣赋小诗，黎园弟子唱新辞""天子遍教词客赋，宫中要唱洞箫词""醉折垂杨唱柳枝，金城三月走金羁"。徐铉本人也时常在酒宴间歌《杨柳枝》，如其《奉和宫傅相公怀旧见寄四十韵》曰："闲歌柳叶翻新曲，醉咏桃花促绮筵。"

《杨柳枝》不仅流行于社会上层，在下层文人间也很流行。《太平广记》载："唐丞相李蔚镇淮南日，有布素之交孙处士，不远千里，径

① ［宋］钱易《南部新书》，中华书局 2002 年版，第 88 ～ 89 页。
② ［元］马端临《文献通考》卷一三八，乐一一，第 1226 页。
③《资治通鉴》卷二六四，唐纪八〇，第 8604 ～ 8605 页。
④ ［宋］计有功《唐诗纪事》卷七一，上海古籍出版社 1987 年版，第 1050 页。

图 09　傅抱石《柳色迎春图》，立轴，纸本，设色，68.7×46.1 厘米（傅抱石《傅抱石画集》，福建美术出版社 2009 年版，第 146 页）。

来修谒。蔚浃月留连，一日告发，李敦旧分，游河祖送，过于桥下，波澜迅激，舟子回跋，举篙溅水，近坐饮妓，湿衣尤甚。李大怒，令擒舟子，荷于所司。处士拱而前曰：'因兹宠饯，是某之过，敢请笔砚，略抒荒芜。'李从之，乃以《柳枝词》曰：'半额微黄金缕衣，玉搔头袅凤双飞。从教水溅罗裙湿，还道朝来行雨归。'李览之，释然欢笑，宾从皆赞之，命伶人唱其词。乐饮至暮，舟子赦罪。"[①]看来以《杨柳枝》谢罪，在当时甚为流行，不仅李蔚以宰相之尊亲舞《杨柳枝》向人谢罪，而且孙处士以布衣之身份临场创作《杨柳枝》，以诙谐幽默的语言平息了一场小风波，酒宴气氛渐趋融洽，宾主皆乐。不仅如此，《杨柳枝》在民间也广为传诵。如路德延的《小儿诗》："合调歌杨柳，齐声踏采莲。"[②]可见《杨柳枝》和《采莲》都是孩子游戏玩耍时经常唱踏的儿歌。刘禹锡《纥那曲》："杨柳郁青青，竹枝无限情。周郎一回顾，听唱《纥那》声。"[③]刘禹锡也把《杨柳枝》同民歌《竹枝》和《纥那曲》放在一起。又如元稹的"儿歌杨柳叶，妾拂石榴花"，任半塘先生认为，此或因《杨柳枝》歌辞中有"杨柳叶"，故称之[④]。总之，《杨柳枝》在民间也是很流行的。

在《杨柳枝》风行的背景下，出现了以唱此曲闻名的歌妓。中唐，白居易歌妓樊素，因擅歌此曲，人称之为"杨柳枝"，如白居易《不能忘情吟》所言"鬻骆马兮放杨柳枝"。晚唐歌妓周德华也擅歌此曲。《唐诗纪事》卷四九载："湖州崔刍言郎中，初为越副戎，宴席中有周德华者，

---

① ［宋］李昉等《太平广记》卷二〇〇，中华书局 1961 年版，第 1500 页。

② 路德延的《小儿诗》，《全唐诗》卷七一九，第 8255 页。

③ ［唐］刘禹锡著，瞿蜕园笺证《刘禹锡集笺证》，上海古籍出版社 1989 年版，第 869 页。

④ 任半塘《唐声诗》，上海古籍出版社 1982 年版，第 535 页。

刘采春女，善歌《杨柳枝词》，所唱七八篇，皆名流之咏。”[1]歌妓不仅善歌《杨柳枝词》，而且也会创作《杨柳枝词》。《唐诗纪事》载："蟾廉问鄂州罢，宾僚祖饯，蟾曾书《文选》句云：悲莫悲兮生别离，登山临水送将归。以笺毫授宾从，请续其句。逡巡，有妓泫然起曰：某不才，不敢染翰，欲口占两句。韦大惊异，令随念云:武昌无限新栽柳，不见杨花扑面飞。座客无不嘉叹。韦令唱作《杨柳枝词》。”[2]从中可以想象《杨柳枝》在社会上的流行程度。

三、《杨柳枝》的创作与模式

（一）创作概况

自刘、白唱和以来，《杨柳枝》乐舞声名远扬。《杨柳枝》的普及及其在酒宴场合的频频使用，使得《杨柳枝词》的创作日趋繁富。其中白居易有《杨柳枝词二首》和《杨柳枝词八首》，刘禹锡有《杨柳枝词九首》和《杨柳枝词三首》，姚合有《杨柳枝词五首》。

晚唐《杨柳枝词》的创作更为繁盛，不仅有更多的诗人参与进来，而且还出现了更为大型的联章组诗创作，如薛能的《杨柳枝十首》《柳枝五首》和《柳枝四首》，温庭筠的《杨柳枝词八首》，司空图的《杨柳枝寿杯词十八首》和《杨柳枝二首》，牛峤的《杨柳枝词五首》，孙鲂的《杨柳枝词五首》，徐铉的《柳枝辞十二首》和《柳枝词十首》(座中应制)，孙光宪的《杨柳枝词四首》，等等。

宋元以来，《杨柳枝词》的创作不绝如缕。宋代组诗超过五首以上的，

---

① ［宋］计有功《唐诗纪事》，上海古籍出版社 1987 年版，第 744 页。

② ［宋］计有功《唐诗纪事》卷五八，第 879 页。

如张咏的《柳枝词七首》，韩琦《和春卿学士柳枝词五阕》和《再赋柳枝词二阕》，司马光《柳词十三首》，宋方岳的《杨柳枝五首》。元代涌现出了《杨柳枝词》的唱和热潮。元王士熙创有《上都柳枝词》。王士熙，字继学，东平人，官浙东廉使，入中书省，在元代久负盛名，与虞集、袁桷时相唱和。自《上都柳枝词》问世以来，文人唱和颇多，马祖常有《和王左司柳枝词十首》，许有壬有《柳枝十首和继学韵》，吴当亦有和作，诗前小序云："王继学赋《柳枝词十首》，书于省壁。至正十有三年，扈跸滦阳，左司诸公同追次其韵。"①王士熙死后，其《上都柳枝词》同僚多有属和，可见王氏此词影响之大。尤其需要注意的是，王士熙的《上都柳枝词》，不同于之前的《柳枝词》，它是具有上都地域色彩的《柳枝词》。上都位于锡林郭勒盟正蓝旗，是元世祖忽必烈继承蒙古汗位时的首都，元统一中国后，定都北京，上都便成为陪都，是皇帝和大臣们夏季避暑的地方。上都地处塞外，《上都柳枝词》对上都柳枝的描写，洋溢着浓郁的边塞气息，如："雪色骅骝窈窕骑，宫罗窄袖袂能垂。驻向山前折杨柳，戏捻柔条作笛吹。"在南都与上都杨柳的比较中，说明了上都边塞的萧瑟荒凉，如"侬在南都见柳花，花红柳绿有人家。如今四月犹飞絮，沙碛萧萧映草芽"②。《上都柳枝词》对后世风土柳枝词创作产生了比较大的影响，开风土《柳枝词》创作风气之先。

明清时期，《杨柳枝词》的创作更为繁盛，声势更为强大，不仅联章组诗的创作势头有增无减，如刘基的《杨柳枝词九首》，明谢晋的《柳枝词五首》，明沈炼的《杨柳枝词四首》，明郭谏臣的《柳枝词四首》等，而且还出现了风土《柳枝词》的创作高潮。在这些地区中，苏州、扬州、

① ［元］吴当《学言稿》卷六，《影印文渊阁四库全书》本。

② ［元］王士熙《上都柳枝词》，《元诗选二集》卷一一，《影印文渊阁四库全书》本。

杭州等地备受青睐。特别是杭州西湖，如明孙继皋《西湖杨柳枝词》，清厉鹗的《西湖柳枝词六首》。甚至出现了一些变体，如明末清初彭孙贻的《西湖桃柳枝词十一首》,不仅吟咏西湖的杨柳,还吟咏西湖的桃树。除“西湖柳枝词”外，还有明代钱穀的《杨柳枝词五首过吴王故宫作》，明代王衡的《阊门杨柳枝词》和《白门杨柳枝词》，清湖州府知府吴绮的《扬州柳枝词十首》，清钱大昕的《苏台柳枝词》等。

其中最有名的要算是清汪琬《姑苏杨柳枝词》一卷。据《四库全书总目提要》载:“《姑苏杨柳枝词》一卷,国朝汪琬编。琬有《尧峰文钞》,已著录。初,琬自翰林告归,居尧峰别业,偶仿白乐天作《姑苏杨柳枝词》十八章，一时东南文士，多相属和。琬乃手自选定，得一百十二家，一百九十七首，令周枝楙排次成帙，而周靖为之笺注。刊本题为枝楙所辑,非其实也,今仍题琬名焉。”[①]据王士祯《古夫于亭杂录》卷四曰:“顺治丁酉，余在济南明湖倡秋柳社，南北和者至数百人……同年，汪钝翁在苏州为《柳枝词》十二章，仿月泉例征诗，浙西、江南和者亦数百人。”[②]汪钝翁指汪琬，王琬效仿白居易首创《姑苏杨柳枝词十二首》,后又创作《姑苏杨柳枝词六首》,浙西、江南文士和者,多达数百人,可谓声势浩大，影响深远。据王琬言，“倡和诸词，多至一千六百余篇”，算得上是巨型的唱和之作，参与人数之多，所创作品之富，可谓空前绝后!

（二）创作模式

《杨柳枝词》的创作模式，王琬有详细的介绍，其《题杨柳枝词后》曰：

① ［清］永瑢等《四库全书总目提要》，中华书局 1965 年版，第 4329 页。
② ［清］王士祯《古夫于亭杂录》卷四，《影印文渊阁四库全书》本。

杨柳枝词，七言绝句体，虽权舆于白尚书乐天，而实原本风雅。后之人既相与师承其意，又从而变易其体而推广言之，是故有言离别者，即《诗》‘昔我往矣，杨柳依依’之意也；有言闺房男女者，即《诗》‘东门之杨，其叶牂牂’之意也；有感身世之仳俪，上借之以示讽刺，次借之以自鸣其不偶者，即《诗》‘折柳樊圃，狂夫瞿瞿’‘菀彼柳斯，鸣蜩嘒嘒’‘有菀者柳，不尚息焉’之类之意也。其间或兴或比，所以师承风雅而寄意于杨柳者，其旨趣固显然明白者，可以吟讽绸绎；而恍然遇之于不言之表者也，特其体与风雅异尔，若其意则未尝异也。近世后生浅学不能诗者，往往敢为大言，鄙此词近于儿女子之语，而傲睨以为不屑为。果如此也，则三百篇之内诸诗咏杨柳者具在，孔子何故不删？而自汉以来，诸儒之传笺训诂者，亦何故尊之为经，使得厕于风雅之列，而又相与师承之乎？至于稍能诗者，方其为此词也，则一切取前贤之残膏剩馥、饤饾（dìng dòu）襞（bì）积，以自附于骚人墨士，以厌塞求者之请；若有程课督责不得已而后作者，而徐按其中，举无有也；盖其能成章者，亦廑廑（jǐn jǐn）矣。于是倡和诸词多至一千六百余篇，而所录止于如此。就其所录之中，又皆瑕瑜优劣，层见迭出，求其旨趣之所在，则未知。视三百篇之兴比，果孰离而孰合，孰近而孰远也？岂不难哉！予故不敢以绳他人，姑题其后，而愿私与诸门人共劚之云。①

这里，王琬认为，虽然《杨柳枝词》七绝的体例来自白居易，但

① ［清］汪琬《尧峰文钞》卷三八，《影印文渊阁四库全书》本。

其渊源可上溯到《诗经》。王琬把《杨柳枝词》的源头直指《诗经》，不免牵强附会，不过其目的是为了提高《杨柳枝词》的地位，因为《杨柳枝词》在时人心目中的地位并不高，只不过是创作于酒宴歌席间，由歌妓演唱以娱己娱人的淫辞艳曲而已，很多文人不屑于创作，正如文中所言，“鄙此词近于儿女子之语，而傲睨以为不屑为”。

文中还介绍了《杨柳枝词》的创作模式：从形式上说，《杨柳枝词》的创作体例是七绝；从内容上说，《杨柳枝词》有言离别、相思、刺时、感物伤怀、怀才不遇等等；从表现手法上，或比喻或起兴。总之，要以七绝的形式吟咏杨柳，或是对杨柳的物色描摹，或是托物抒怀，都不偏离杨柳。

其实，《杨柳枝词》创作模式并不是一开始就是这样的，从初唐创作以来，《杨柳枝词》经历了一个长期发展的过程，晚唐五代至宋初才逐渐定型。

《杨柳枝》作为教坊曲，初唐已经存在，但文人创作不多，仅存有乔知之“可怜濯濯春杨柳”一首，中唐白居易后，文人才广为创作。先看白居易、刘禹锡之作。

六幺水调家家唱，白雪梅花处处吹。古歌旧曲君休听，听取新翻杨柳枝。

陶令门前四五树，亚夫营里百千条。何似东都正二月，黄金枝映洛阳桥。

依依袅袅复青青，勾引春风无限情。白雪花繁空扑地，绿丝条弱不胜莺。

红板江桥青酒旗，馆娃宫暖日斜时。可怜雨歇东风定，万树千条各自垂。

苏州杨柳任君夸，更有钱唐胜馆娃。若解多情寻小小，绿杨深处是苏家。

苏家小女旧知名，杨柳风前别有情。剥条盘作银环样，卷叶吹为玉笛声。

叶含浓露如啼眼，枝袅轻风似舞腰。小树不禁攀折苦，乞君留取两三条。

人言柳叶似愁眉，更有愁肠似柳丝。柳丝挽断肠牵断，彼此应无续得期。[①]

这组诗是白居易在大和二年 (828) 至开成三年 (838) 在洛阳所作。第一首是点题之作，说明自己所作的《杨柳枝》是不同于以往《杨柳枝》的新曲。第二、三、四、五首从不同角度描写杨柳姿态之美，尤其第五首构思比较新颖，把杨柳和西施相比较，认为杨柳之美胜过西子。第六首写苏小小在杨柳树前的可爱姿态，可谓杨柳、美人相辉相映。第七、八两句以杨柳赋离别之情。

塞北梅花羌笛吹，淮南桂树小山词。请君莫奏前朝曲，听唱新翻杨柳枝。

南陌东城春早时，相逢何处不依依。桃红李白皆夸好，须得垂杨相发挥。

凤阙轻遮翡翠帏，龙池遥望麹尘丝。御沟春水相辉映，狂杀长安年少儿。

金谷园中莺乱飞，铜驼陌上好风吹。城中桃李须臾尽，争似垂杨无限时。

花萼楼前初种时，美人楼上斗腰肢。如今抛掷长街里，

① 白居易《杨柳枝词八首》，郭茂倩《乐府诗集》，第 1143 页。

露叶如啼欲向谁。

炀帝行宫汴水滨，数枝杨柳不胜春。晚来风起花如雪，飞入宫墙不见人。

御陌青门拂地垂，千条金缕万条丝。如今绾作同心结，将赠行人知不知。

城外春风吹酒旗，行人挥袂日西时。长安陌上无穷树，唯有垂杨管别离。

轻盈袅娜占年华，舞榭妆楼处处遮。春尽絮花留不得，随风好去落谁家。[1]

刘禹锡的《杨柳枝词》九首是同白诗一样，第一首为点题之作。第二、三、四首是对杨柳美景的描写，绿色杨柳同桃李之花相衬相映。第五首也是以美人衬托杨柳，杨柳其婀娜之腰肢同美人比高低。第六首写柳絮如漫天飞雪的美丽姿态。第七、八首写离别之情。第九首是描写杨柳姿态风景之美。

总的来说，刘、白之作主题不外乎对杨柳姿态和杨柳风景的物色描写和借柳抒情的情感表达，后世《杨柳枝词》中常见的咏史怀古、感物伤己、怀才不遇等主题还没有出现，但不管是物色描摹，还是离别抒发，都是以杨柳为基础，形式是七言绝句。

但在中唐，《杨柳枝词》除七绝形式外，还有其他形式。如白居易的《杨柳枝二十韵》是一首五古，如前面所列。中唐柳氏的《杨柳枝》则是长短句式："杨柳枝，芳菲节，可恨年年赠离别。一叶随风忽报秋，纵使君来岂堪折。"《杨柳枝词》七绝的形式尚未定型。

晚唐五代，《杨柳枝词》创作日渐繁荣，且多是对杨柳枝、叶的描摹。

① 刘禹锡《杨柳枝词九首》，郭茂倩《乐府诗集》，第1144页。

薛能《折杨柳十首》小序说："此曲盛传，为词者甚众。文人才子，各炫其能，莫不条似舞腰，叶如眉翠。出口皆然，颇为陈熟。能专于诗律，不爱随人，搜难抉新，誓脱常态，虽欲弗伐，知音其舍诸。"[①]此曲指《杨柳枝》，薛能认为《杨柳枝》是从《折杨柳》发展而来，故题名仍为《折杨柳》。薛能不屑于追随流俗，以舞腰、翠眉比拟杨柳之枝叶，力求创新。薛能之创新意识确实难能可贵，但薛能之言也从侧面说明了晚唐《杨柳枝》的创作盛况及主题表现。也就是说，时人对《杨柳枝词》的吟咏多是对其姿态、风景等自然物色的描写，主题不离杨柳，仍为赋题之作。

较之于中唐，在情感抒发上，晚唐五代除离情外，还借柳咏史怀古，感物伤怀。晚唐政局动荡，社会混乱，国家处于风雨飘摇中，唐朝灭亡后又处于五代十国的割据分裂中，因此文人多借前朝之历史刺当今之现实。如孙光宪《杨柳枝》："万株枯槁怨亡隋，似吊吴台各自垂。好是淮阴明月里，酒楼横笛不胜吹。"[②]借亡隋之历史，吊亡怀古。皇甫松的《杨柳枝二首》[③]，其一曰"春入行宫映翠微，玄宗侍女舞烟丝。如今柳向空城绿，玉笛何人更把吹。"其二曰："烂熳春归水国时，吴王宫殿柳垂丝。黄莺长叫空闺畔，西子无因更得知。"玄宗曾经用玉笛吹折杨柳之曲，西施也曾受宠于吴王，可是现在玄宗、西施都已不在了，杨柳还是依然如故，一种物是人非的伤感油然而生。

晚唐五代，随着词体的兴起，《杨柳枝》又被用作词牌。郑方坤《五代诗话》曰："宋元词曲有出于唐者，如《清平调》《水调歌》《柘枝》《菩

① 薛能《折杨柳十首》序，《全唐诗》卷五六一，第6518页。
② 郭茂倩《乐府诗集》，第1149页。
③ 郭茂倩《乐府诗集》，第1146页。

萨蛮》《八声甘州》《杨柳枝词》是也。朱温归镇，昭宗以诗饯之，温进《杨柳枝词》五首。今虽不传其词，彼时度曲，多是七言绝也。”[①]五代后蜀赵崇祚所编的《花间集》是我国第一部文人词集，其中就收录了温庭筠的《杨柳枝八首》、皇甫松的《杨柳枝二首》、牛峤的《柳枝五首》、张泌的《柳枝》一首，和凝的《柳枝三首》，顾敻的《杨柳枝》一首，孙光宪的《杨柳枝四首》。可见在晚唐五代人心目中，《杨柳枝》已经转换为词牌了。王灼《碧鸡漫志》曰：“今黄钟商有《杨柳枝》曲，仍是七字四句诗，与刘白及五代诸子所制并同。但每句下各增三字一句，此乃唐时和声，如《竹枝》、《渔父》，今皆有和声也。”[②]如收入《花间集》的顾敻、张泌之作：

> 顾敻《杨柳枝》：“秋夜香闺思寂寥，漏迢迢。鸳帏罗幌麝烟销，烛光摇。正忆玉郎游荡去，无寻处。更闻帘外雨潇潇，滴芭蕉。”[③]
>
> 张泌《柳枝》：“腻粉琼妆透碧纱。雪休夸。金凤搔头坠鬓斜。发交加。倚著云屏新睡觉。思梦笑。红腮隐出枕函花。有些些。”[④]

由此可知，本为七言四句的《杨柳枝》，在每句之下各增三字和声，就变成曲子词。洪迈《梦溪笔谈》卷五云：“诗之外又有和声，则所谓‘曲’也。古乐府皆有声有词连属书之，如曰贺贺贺、何何何之类，皆和声也。今管弦之‘中缠声’，亦其遗法也。唐人乃以词填入曲中，不复用

① ［清］王士禛原编，郑方坤删补，李珍华点校《五代诗话》，书目文献出版社 1989 年版，第 1 页。

② 唐圭璋《词话丛编》，中华书局 1986 年版，第 117 页。

③ ［后蜀］赵崇祚《花间集》，上海古籍出版社 2002 年版，第 303 页。

④ ［后蜀］赵崇祚《花间集》，第 185 页。

和声。”[1]《朱子语类》也有类似记载：“古乐府只是诗，中间却添许多泛声。后来人怕失了那泛声，逐一声添个实字，遂成长短句，今曲子便是。”[2]《杨柳枝》变为词调，是把原有的和声变为实字。《敦煌曲子词》收录的多是唐五代的民间曲子词，其中有《杨柳枝》曰：“春去春来春复春，寒暑来频。月生月尽月还新，又被老催人。只见庭前千岁月，长在长存。不见堂上百年人，尽总化为陈。”[3]在每句七言之外，各加一个衬句，变为长短不齐的四十六字句式。可知《杨柳枝》最初有和声，并不是整齐的三字句，而是杂言，后来才变为整齐的三字句。

《杨柳枝》被用作词牌后，不仅形式发生了变化，由齐言变为长短句，而且主题也发生了变化，不再是纯粹的赋题之作，如顾敻、张泌之作，同杨柳没有任何关系，只是纯粹的男欢女爱之词。这可能跟《杨柳枝》的作用有关系，《杨柳枝》主要用于歌筵酒席间，供歌妓演唱作娱宾遣兴之用，风格自是绮艳。又如：

> 裴诚《新添声杨柳枝词》：“思量大是恶姻缘，只得相看不得怜。愿作琵琶槽那畔，得他长抱在胸前。”
>
> 裴诚《新添声杨柳枝词》：“独房莲子没有看，偷折莲时命也拌。若有所由来借问，但道偷莲是下官。”
>
> 温庭筠《南歌子词二首（一作添声杨柳枝辞）》其一：“一尺深红胜曲尘，天生旧物不如新。合欢桃核终堪恨，里许元来别有人。”
>
> 温庭筠《南歌子词二首（一作添声杨柳枝辞）》其二：“井

---

① [宋]洪迈《梦溪笔谈》，岳麓书社 2004 年版，第 34 页。

② 程毅中《宋人诗话外编》，国际文化出版公司 1996 年版，第 1004 页。

③ 高国藩《敦煌曲子词欣赏》，南京大学出版社 2001 年版，第 143 页。

底点灯深烛伊，共郎长行莫围棋。玲珑骰子安红豆，入骨相思知不知。”

裴諴和温庭筠所创作的《新添声杨柳枝词》，可谓绮艳之极，当时在酒宴歌席间广为传唱，但周德华却不屑于演唱。唐代范摅《云溪友议》载："裴郎中諴，晋国公次弟子也，足情调，善谈谐。举子温歧为友，好作歌曲，迄今饮席，多是其词焉。裴君既入台，而为三院所谑曰：'能为淫艳之歌，有异清洁之士也。'……二人又为《新添声杨柳枝》词，饮筵竞唱其词而打令也……湖州崔郎中刍言，初为越副戎，宴席中有周德华。德华者，乃刘采春女也，虽《啰唝》之歌，不及其母，而《杨柳枝词》，采春难及。崔副车宠爱之异，将至京洛。后豪门女弟子从其学者众矣。温、裴所称歌曲，请德华一陈音韵，以为浮艳之美，德华终不取焉。二君深有愧色。所唱者七八篇，乃近日名流之咏也。"[①]从中可以看出，《杨柳枝》用作词牌后，内容发生了很大的变化，由赋题之作发展为非赋题之作，形式也变为杂言。

虽然诗题《杨柳枝》在晚唐五代被用作词牌，成为典型的词调，形式由此也出现了新的变化，由七言四句变为有和声的杂言，但这些作品数量很少，不足以撼动《杨柳枝》七言绝句的形式，正如《通鉴》所言"唐人多赋《杨柳枝》，皆是七言四绝"。《四库全书总目提要》对《花间集》的评述曰："诗余体变，自唐而盛，行于五代，自宋以后，体制益繁，选录益众，而溯源星宿，当以此集为最古。唐末名家词曲，俱赖以仅存。其中《渔父词》、《杨柳枝》、《浪淘沙》诸调，唐人仍载入

---

① ［唐］范摅《云溪友议》卷下，《唐五代笔记小说大观》，上海古籍出版社2000年版，第1309～1310页。

诗集，盖诗与词之转变，在此数调故也。”[①]《杨柳枝》可以说是诗向词演进时的一种媒介，因为《杨柳枝》曲常用于酒宴歌席间供人欣赏，《杨柳枝词》也多于此间创作，供歌妓演唱，这同小词的娱乐功能是一样的。

宋元期间出现了大量形式为七言绝句的《杨柳枝》，且多是赋题之作。这说明，《杨柳枝》以七言绝句吟咏杨柳的创作模式已经定型。元代以来，出现风土《杨柳枝》的创作，明清时期，风土《杨柳枝》的创作达到鼎盛，出现了吟咏不同地方的《杨柳枝》。与《杨柳枝》相比，《竹枝》是典型的风土诗，且比《杨柳枝》影响更大，《杨柳枝》发展为风土诗明显受到《竹枝》的影响。虽同为风土诗，两者却既有相同点，也有不同点。明代郎廷槐所编《师友诗传录》载：

> 问："《竹枝》、《柳枝》自与绝句不同。而《竹枝》、《柳枝》，亦有分别。请问其详？"
>
> 阮亭答："《竹枝》泛咏风土，《柳枝》专咏柳枝，此其异也。南宋叶水心又创为《橘枝词》，而和者尚少。"
>
> 张历友答："《竹枝》本出巴、渝。唐贞元中刘梦得在沅、湘，以其地俚歌鄙陋，乃作新词九章，教里中儿歌之。其词稍以文语缘诸俚俗，若太加文藻，则非本色矣。世所传'白帝城头'以下九章是也。嗣后擅其长者，有杨廉夫焉，后人一切谱风土者，皆沿其体。若《柳枝词》始于白香山《杨柳枝》一曲，盖本六朝之《折杨柳》歌辞也。其声情之儇利轻隽，与《竹枝》大同小异，与七绝微分，亦歌谣之一体也。"
>
> 张萧亭答："《竹枝》、《柳枝》，其语度与绝句无异。但于句末随加'竹枝''柳枝'等语，因即其语以名其词，音节无

① ［清］永瑢等《四库全书总目提要》，中华书局 1965 年版，第 4457 页。

分别也。”[1]

由此可知，《竹枝》和《柳枝》的相同点在于：两者都是七言绝句，都有于每句末加和声的体式，这也是两者与绝句的不同之处；二者不同点在于：《竹枝》虽名为竹枝，却不赋调名本意，多歌咏当地风土人情和男女爱情，《柳枝词》则是赋题之作，以杨柳为吟咏对象。

自元代开风土《柳枝词》创作风气以来，明清风土《柳枝词》的创作日趋繁盛，其中也有吟咏风土人情和男女爱情之作，具有特定的地域色彩和人文风情，语言也趋向口语化，音韵也更加婉转流畅，但还是以吟咏杨柳为基础。如元代吴当对王士熙《上都柳枝词》的和作，看其中的两首，其一：“神京高寒春力微，晴絮飞时花尚稀。忽忆钱塘斜日岸，箫鼓画船扶醉归。”又一：“陇头春深未识花，酒帘动处是谁家。郎来莫折门前柳，昨夜东风初长芽。”第一首上都天寒，暮春时节，上都花朵尚稀，而江南钱塘江畔却是画船萧鼓的繁荣景象，北方萧瑟、南方富丽的地域差别跃然纸上。第二首虽是对男女爱情的歌咏，但“陇头春深未识花”却使此诗打上了边塞的烙印，所用语言也比较口语化，音韵轻隽流畅。清代汪琬选编的大型《姑苏杨柳枝词》一卷，从数百家诗人的一千六百余首中，仅选诗一百十二家，一百九十七首。汪琬的选择标准是：“凡用事未有根据者；误作《竹枝词》体者；不咏杨柳者；泛借柳腰、柳眉等字成篇，犯薛能所诃者；竞咏隋堤、灞岸，与姑苏无舆者；仍袭前人此题旧语，及改窜一两字，点金成铁者；前后不相贯穿，无章法可寻绎者；凑句趁韵，不知比兴所在者，概不及录。”[2]从中可以看出，王琬的选诗标准比较严格，他认为《姑苏杨柳

① ［清］王夫之等《清诗话》，上海古籍出版社 1982 年版，第 134 页。

② ［清］周枝楙辑《姑苏杨柳枝词》一卷，南京图书馆藏清康熙刻《钝翁全集》本。

枝词》不仅要吟咏杨柳，而且还必须跟姑苏有关，不能写成《竹枝》体，泛咏风土与杨柳无关，也不能只咏杨柳而与姑苏无关。可见风土《柳枝》诗是具有特定地方特色且与杨柳有关的七言绝句，与《竹枝》不同。

《竹枝》和《柳枝》之所以有这样的差别，主要在于《竹枝》是刘禹锡直接模仿巴、渝一带民歌创作而成，民歌反映的生活面本来就是比较广泛，并且刘禹锡在创作之初就是仿效民歌泛咏当地风土人情和爱情生活，并非赋题之作，后来文人创作《竹枝》就仿效刘禹锡体，《竹枝》就成了风土诗效仿的榜样。《柳枝》不同，《柳枝》的渊源虽可追溯到六朝民歌《折杨柳》，但受唐代“折柳赠别”习俗和刘、白唱和的影响，《柳枝》从一开始就是赋题之作。

总之，在《折杨柳》向《杨柳枝》演变的过程中，二者从音乐到文学上都发生了很大的变化。从音乐上看，由哀怨的笛曲转变为优美的舞曲。音乐的变化，导致文学主题产生相应的变化。文学上也由单纯的杨柳吐青所触发的相思离别、征人怀乡，转为对杨柳的审美欣赏，其中或是对杨柳较低层次的物色风景描写，或较高层次的借景抒情、咏物寄托，主题变得更为丰富深入。明清以来，出现了大型风土《杨柳枝》的创作。与《竹枝》不同的是，《杨柳枝》多是赋题之作，成为咏柳文学的重要组成部分。

（原载石志鸟《中国杨柳审美文化研究》第103～130页，巴蜀书社2009年版，此处有修订）

柳枝、柳叶与四季杨柳

——杨柳物色美之一

杨柳枝条细长,姿态优美,年生长期长,分布广泛,是重要的景观树。杨柳的自然物色之美不仅是杨柳题材作品中最重要的一个主题,而且在非杨柳主题的作品如山水、田园、行旅中也多有体现。中国古代文学作品中对杨柳形象物色之美的认识和表现不仅历史悠久,而且内容丰富,但这方面的专题论文不是很多,且尚未进行系统的研究。本文拟从历史发展的角度尽可能全面地探讨古人对杨柳形象物色之美的认识。

一、杨柳整体审美认识:从茂盛到柔弱

从先秦到唐宋以来长期的文学发展中,人们对杨柳形象美的认识经历了一个从整体到局部、由“求形”到“求神”逐步深入的过程,杨柳在人们心目中也由一个挺拔茂盛的形象转变为柔弱易衰的形象。

先秦时期,由于生产力水平低下,人们主要关注杨柳的实用价值,侧重于从整体上关注杨柳发芽早、长势旺、生命力强的特征,如《诗经》中“有菀者柳”“菀彼柳斯”“东门之杨,其叶牂牂”“昔我往矣,杨柳依依”等,都是对杨柳整体长势的关注,还没有注意到杨柳的枝、干、叶、

花等局部特征，杨柳此时是一个生机勃勃、枝繁叶茂的树木形象。

汉魏时期，杨柳在时人心目中仍是一个生机勃勃的早春芳树形象，不仅整株杨柳受到关注，而且枝、干、叶也得到关注，这在汉代古诗和杨柳赋中均有体现。首先是汉代古诗，如“浩浩阳春发，杨柳何依依。百鸟自南归，翺翔萃我枝”[1]，阳春二三月，暖律潜催，阳和新布，杨柳繁茂，众鸟从南方返回，翔集于枝叶之间，到处莺歌燕舞，生意盎然。《古诗十九首》:“青青河畔草，郁郁园中柳。盈盈楼上女，皎皎当窗牖。娥娥红粉妆，纤纤出素手。昔为倡家女，今为荡子妇。荡子行不归，空床难独守。”[2]明方以智《通雅》曰：“郁郁园中柳，古本作菀菀……盖《诗》‘有菀者柳’。”[3]《文选注》:“郁郁,茂盛也。”[4]可知,“郁”通“菀”，意为茂盛。《六臣注文选》曰：“言草柳者，当春盛时也。”[5]草、柳是充满生机活力的春天的标志，正所谓“草长莺飞二月天，拂堤杨柳醉春烟”。《文选注》卷二九曰：“草生河畔，柳茂园中，以喻美人当窗牖也。”[6]草青柳茂的春光春景，触动了闺人相思之情，这里杨柳是时序变迁的标志，是充满活力的早春芳树形象。其次是汉代柳赋。杨柳开始作为独立的审美对象最早体现在柳赋中。同《诗经》时代一样，汉代柳赋主要侧重于柳树遮阳蔽日的实用价值和蓬勃向上的生命力。但是与《诗经》和汉代古诗不同的是,前者只是从整体上关注杨柳的长势，杨柳在诗中多是作为比兴的媒介或者比喻说理的手段，而在杨柳赋中

① 张衡《浩浩歌》，逯钦立辑校《先秦汉魏晋南北朝诗》汉诗卷六，中华书局1983年版，第179页。
② 《古诗十九首·青青河畔草》，《先秦汉魏晋南北朝诗》汉诗卷一二，第329页。
③ [明]方以智《通雅》卷一〇，《影印文渊阁四库全书》本。
④ [梁]萧统编，[唐]李善注《文选注》卷二九，《影印文渊阁四库全书》本。
⑤ [梁]萧统编《六臣注文选》卷二九，《影印文渊阁四库全书》本。
⑥ [梁]萧统编，[唐]李善注《文选注》卷二九，《影印文渊阁四库全书》本。

杨柳是独立的描写对象，其枝、干、叶得到了详细的描摹。

六朝文人对杨柳有了新的审视。六朝文人侧重于杨柳枝叶疏朗的外形和清秀俊爽的风姿，杨柳的审美价值受到了前所未有的重视，社会上层普遍爱柳，并且以杨柳比喻名士的风姿，如时人称王恭“濯濯如春月柳”，也有以名士比拟杨柳的，如齐武帝称“杨柳风流可爱，似张绪当年时”。

唐代以来，文人侧重于杨柳望秋先零的特征，杨柳由汉魏时期的根粗叶壮变为枝细条弱，柔弱的特征逐步定型。此时杨柳的审美价值成为关注的重点，人们对杨柳的观察更为细致，不仅杨柳树的整体美感受到关注，并且枝、叶、絮的美感也得到最大限度的表现;不仅春柳，并且早春柳、仲春柳、秋柳、冬柳都有不同程度的表现；还有不同气候如风中、雨中，不同环境如水边、月下;还有杨柳与其他花木的搭配，如梅柳、桃柳、榆柳组合;杨柳与虫鸟的组合，如柳与黄莺、柳与鸣蝉、柳与乌鸦等在文学中都有深入的体现。

也就是说，从先秦到唐宋，人们对杨柳物色之美的认识发生了很大的变化，由对杨柳树形的整体把握发展到对细枝末节的精雕细琢，认识进一步深入细致。同时，杨柳形象也发生了巨大的变化，由凌寒早芳、根粗干壮的伟岸形象变为望秋先零、枝条纤细的柔弱形象。秦汉时期，人们主要关注杨柳的实用价值，看重杨柳旺盛的长势和蓬勃的生机。入唐以来，杨柳的审美价值得到了前所未有的重视，杨柳的物色之美得到了最大程度的表现。下面先探讨柳枝、柳叶的美感表现。

二、杨柳形象的核心元素：柳枝和柳叶

柳枝、柳叶是杨柳的重要组成部分，是杨柳美感的主要载体。柳枝细长，柔软下垂，枝条繁密，柳叶细小狭长。不管春夏秋冬，还是风中雨中、水边月下，杨柳都给人一种别样的美感体验。其中风中杨柳最能体现杨柳的动态美，而无风状态下的杨柳又给人一种静态的美感。

图 10　金丝柳（http://www.to8to.com/yezhu/z31555.html）

（一）柳枝

柳枝是杨柳最重要的组成部分，很早就引起人们的注意。枝条细长、

下垂是其最重要的特点。

人们对柳枝的审美认识经历了一个从“求形”到“求神”的过程。柳腰之喻从庾信开始，杜甫后广为诗人所用，这体现了杨柳逐步女性化的进程。柳腰之喻主要体现了杨柳风中摇曳的动态美感，无风状态下的杨柳同样给人一种静态的美感。无风状态下的杨柳远远望去，如烟如雾，“烟柳”就是杨柳静态美感的典型表现。

柳枝细长柔软，与一般树木不同。一般树木枝条都是上扬的，如松柏、梧桐、榆树、竹子等，杨柳却是下垂的，枝条越长越往下低垂。杨柳摇曳多姿、随风轻扬，主要基于此，故杨柳又名“垂柳”或“垂杨”。清李渔《闲情偶寄》曰：“柳贵乎垂，不垂则可无柳。柳条贵长，不长则无袅娜之致，徒垂无益也。”[1]“垂”“长”是杨柳最重要的形貌特征，如果杨柳不垂，那世界就可以不要杨柳了；杨柳之垂主要得益于杨柳之长，柳枝细长，才能随风起舞，才有婀娜之姿。垂柳历来受到人们的喜爱。《广群芳谱》卷七六引《墨客挥犀》云：“凤州妓女手皆纤白，州境内生柳，翠色可爱，与他处不同，又公库多美酝，故世言‘凤州有三出’。”[2]《广群芳谱》又引《方舆胜览》载：“建康有凤州柳，蜀主与江南结婚求得其种。”[3]陕西凤州所产之柳就是金丝柳，金丝柳是垂柳的一种，同一般垂柳不同，其枝条颜色随着季节的变化而有显著的变化，其中生长季节枝条为黄绿色，落叶后至早春则为黄色，经霜冻后颜色尤为鲜艳。正因为此，金丝柳备受人们青睐，它与妓、酒一起被称为“凤州三出”，连皇帝也对其情有独钟。《吴郡志》卷三〇载：

① ［清］李渔《李渔全集》第三卷，浙江古籍出版社 1991 年版，第 304 页。

② ［清］汪灏《广群芳谱》，上海书店 1985 年版，第 1812 页。

③《广群芳谱》卷七六，第 1811 页。

“柳以垂者为贵，吴下士大夫家有得凤州种者，其半拂地，复堆如尺。石湖绮川两旁亦有之。”[①]可见陕西凤州出产的金丝柳，由于枝条的细长和色彩的多变受到人们的普遍喜爱，江浙一带也广泛栽种。

在汉代柳赋中，柳枝首次成为关注的重点，如孔臧《杨柳赋》:“巨本洪枝，条修远扬。夭绕连枝，猗那其旁。或拳句以逮下，或擢迹而接穹苍。”魏应玚《杨柳赋》:“振鸿条而远寿，回云盖于中唐。”不过在汉人眼里柳枝是粗壮向上的，绝不同于唐宋以来的细枝垂条。

南朝梁、陈时期，人们对柳枝的审美认识发生了变化，柳枝不再是汉魏时期粗壮上扬的形象，而是变为柔弱的细枝长条形象，出现了以丝比喻柳枝的现象，这可能跟杨柳的品种有关。如：

“杨柳乱成丝，攀折上春时。”（梁简文帝《折杨柳》）

“长条黄复绿，垂丝密且繁。”（陈后主《折杨柳》）

“独忆飞絮鹅毛下，非复青丝马尾垂。”（庾信《杨柳歌》）

“悬丝拂城转，飞絮上宫吹。”（岑之敬《折杨柳》）

隋唐以来，以丝喻柳枝已经成为描写柳枝的一种常见模式，更多的是，直接称其为“丝”或“垂丝”“青丝”“柳丝”，“丝柳”等，不加任何诸如“若”“如”等的喻词。如：

“垂柳万条丝，春来织别离。”（戴叔伦《堤上柳》）

“凤阙轻遮翡翠帷，龙墀遥望曲尘丝。”（刘禹锡《杨柳枝》）

“烂熳春归水国时，吴王宫殿柳垂丝。”（皇甫松《杨柳枝》）

“南内墙东御路傍，预知春色柳丝黄。”（温庭筠《杨柳枝》）

不仅诗歌里如此，词里也是如此。如

“此时愿作，杨柳千丝，绊惹春风。”（张先《诉衷情》）

---

① ［宋］范成大《吴郡志》卷三〇，《影印文渊阁四库全书》本。

“燕蝶轻狂，柳丝撩乱，春心多少。”（欧阳修《洞天春》）

“柳丝长，桃叶小。深院断无人到。”（晏几道《更漏子》）

“柳阴直，烟里丝丝弄碧。”（周邦彦《兰陵王》）

随着春天脚步的加快，柳丝渐渐长大，由细丝变为细条，如“曲江丝柳变烟条，寒骨冰随暖气销。才见春光生绮陌，已闻清乐动云韶”(王涯《琴曲歌辞·蔡氏五弄·游春辞》)，故柳枝也叫柳条。柳条吐芽，是春天到来的标志，如陈后主《折杨柳》：“长条黄复绿，垂丝密且繁。”早春时节，柳条为鹅黄嫩绿；仲春之时，柳条由鹅黄嫩绿变为碧绿，枝叶也慢慢生长，由疏到密。柳枝颜色的变化，传递着春天的消息，如杜甫《腊日》所言：“腊日常年暖尚遥，今年腊日冻全消。侵陵雪色还萱草,漏泄春光有柳条。”因此也把春天称为“柳条春”,如“怜君不得意，况复柳条春”(王维《送丘为落第归江东》)，“登车君莫望，故绛柳条春”(李端《送郭参军赴绛州》)。

柳枝细长，仿佛丝缕般柔软无比，随风飘荡，宛如妙龄女子翩跹起舞，故古人称其为“柳腰”，并常以形容女子纤柔的腰身。最早以腰肢拟柳枝的是南北朝的庾信，其《和人日晚景宴昆明池诗》：“春余足光景，赵李旧经过。上林柳腰细，新丰酒径多。小船行钓鲤，新盘待摘荷。兰皋徒税驾,何处有凌波。”[1]这首诗是庾信在昆明池宴饮时所作。昆明池是汉武帝时开凿，故址在今陕西长安县斗门镇一带。“赵李”指汉成帝所宠爱的赵飞燕和汉武帝所宠爱的李夫人。“上林”指西汉皇家园林上林苑，故址在今陕西长安县西及周至、户县一带。此诗在对上林苑景物的描写中暗含了风物依旧、物是人非的感慨。这里虽然没有

---

① 庾信《和人日晚景宴昆明池诗》，《先秦汉魏晋南北朝诗》北周诗卷四，第2385页。

明确地以柳枝比喻赵、李之细腰，但很容易让人把参差披拂的柳枝同女子轻盈曼妙的舞姿联系在一起。众所周知，赵、李二人都是以擅舞得宠，特别是赵飞燕身轻如燕，可做掌上舞。

庾信之后，初盛唐鲜有以女子之腰比拟柳枝，直到杜甫的出现。杜甫继庾信之后，明确地把杨柳的柔软枝条比作女子的纤细腰肢，其《绝句漫兴》："隔户杨柳弱袅袅，恰似十五女儿腰。谁谓朝来不作意，狂风挽断最长条。"与庾信不同的是，庾信突出的是柳枝之细，而杜甫彰显的不仅是柳枝之细柔，而且还有飘扬之姿，这两句把杨柳随风起舞、娇柔婀娜的神韵表现得淋漓尽致。

杜甫之后的中晚唐，柳腰之喻渐多。如：

"柳软腰支嫩，梅香密气融。"(元稹《生春二十首》)

"金谷园中柳，春来似舞腰。"(李益《上洛桥》)

"枝柔腰袅娜，荑嫩手葳蕤。"(白居易《杨柳枝二十韵》)

"鬓如云，腰似柳。"(孙光宪《应天长》)

以腰肢拟柳，侧重于状物。以细柳比腰肢，侧重于写人。晚唐以来，出现了柳腰莲脸、柳腰花脸的组合。如：

"药诀棋经思致论，柳腰莲脸本忘情。"(韩偓《频访卢秀才(卢时在选末)》)

"腰如细柳脸如莲。怜么怜，怜么怜。"(顾敻《荷叶杯》)

"柳腰舞罢香风度，花脸妆匀酒晕生。"(詹敦仁《余迁泉山城，留侯招游郡圃作此》)

拟象由垂丝到柳腰的变化，不仅是艺术技巧的演进，更是审美认识的深化，显现出杨柳逐渐女性化的审美认识过程。

柳腰之喻侧重于杨柳在风中摇曳的姿态，这是一种动态的美。无风中的杨柳还给人一种静态的美感，如文学中常见的“烟柳”意象主要体现的是杨柳的静态美。烟柳有两种情况：

一种指茂盛的杨柳。杨柳枝条繁茂之时，远远望去，柔软下垂的杨柳细丝给人一种如烟如雾的感觉，如古人所言“柳色烟相似”[①]，故称杨柳为烟柳。韩愈《早春呈水部张十八员外二首》：“最是一年春好处，绝胜烟柳满皇都。”韦庄《丙辰年鄜州遇寒食城外醉吟五首》：“满街杨柳绿丝烟，画出清明二月天。”韦庄《杂曲歌辞·古离别》：“晴烟漠漠柳毵毵，不那离情酒半酣。更把马鞭云外指，断肠春色在江南。”

另一种指蒙上一层水气或雾气的杨柳。水边杨柳或雨中杨柳往往也会给人一种如烟如雾的感觉。水边空气湿度比较大，水边杨柳就容易给人一种雾蒙蒙的感觉，如韦庄《江外思乡》：“更被夕阳江岸上，断肠烟柳一丝丝。”雨中杨柳，特别是江南烟雨中的杨柳也会给人这样的感受。

（二）柳叶

除柳枝外，柳叶也是杨柳的重要组成部分。柳叶纤细而柔软，向下低垂，枝叶疏朗。柳叶很有特色，它不像松柏披针形的叶子短而硬，向上生长；也不像梧桐树叶那样宽大厚实，横向发展；也不像槐叶那么短小密集；竹叶虽然从整体上为细长之状，但它比柳叶大得多，且是向上生长。人们对柳叶的认识也经历了一个“求形”到“求神”的过程。

汉、晋柳赋着重描写柳树枝干的粗壮，藉此彰显柳树旺盛的生命力，纤小的柳叶显然不足以引起他们的重视。柳叶在梁、陈以来开始受到文人的关注，走进人们的审美视野。梁简文帝和元帝对柳叶着墨较多，

① 出自令狐楚《杂曲歌辞·宫中乐》：“柳色烟相似，梨花雪不如。”

对柳叶的审美认识做出了比较大的贡献。简文帝萧纲有三首诗涉及柳叶，其《戏作谢惠连体十三韵诗》:“桃花红若点，柳叶乱如丝。”其《春闺情诗》:“杨柳叶纤纤，佳人懒织缣。”其《晚日后堂诗》:“岸柳垂长叶，窗桃落细跗。”前两首诗主要抓住了柳叶纤细的特点，后一首主要抓住了柳叶狭长的特点，纤细和狭长是柳叶最重要的物色特征。

随着审美认识的深入，人们不仅把握柳叶的自然物色特征，而且还挖掘了柳叶的情感韵味。隋僧法宣《爱妾换马》:“朱鬣（liè）饰金镳（biāo），红妆束素腰。似云来躞蹀（xiè dié），如雪去飘飘。桃花含浅汗，柳叶带余娇。骋先将独立，双绝不俱摽。”其中“桃花含浅汗，柳叶带余娇”这两句，把爱妾骑马的飒爽英姿、面若桃花的娇羞神态展露无遗。柳叶细长，状若眉毛，故称其为柳眉。柳眉是柳叶最传神的比拟，并且成为描写柳叶的符号。以眉拟柳叶始于梁元帝萧绎《树名诗》:“柳叶生眉上，珠珰摇鬓垂。”元帝之后，陈代王瑳有《长相思》:“长相思，久离别，两心同忆不相彻。悲风凄，愁云结。柳叶眉上销，菱花镜中灭。雁封归飞断，鲤素还流绝。”由于相隔两地而产生刻骨铭心的相思，相见无望，因而愁眉不展，漂亮的柳叶眉也黯然无神。此诗对后世影响比较大，骆宾王《王昭君》中“古镜菱花暗，愁眉柳叶颦”，显然从“柳叶眉上销，菱花镜中灭”演化而来。

隋唐以来，咏柳之作多以女子之蛾眉比拟柳叶之纤细，渐渐成为一种固定的模式。如

“疏黄一鸟弄，半翠几眉开。”(李世民《春池柳》)

“人言柳叶似愁眉，更有愁肠似柳丝。”(白居易《杨柳枝》)

“伤心日暮烟霞起，无限春愁生翠眉。”(张祜《杨柳枝》)

“千条垂柳拂金丝，日暖牵风叶学眉。”(李绅《柳》)

这些比拟之作，把柳比为多愁善感的女子。

晚唐以来，不仅以人拟柳，也有以柳喻人，柳眉桃脸的组合也渐渐增多。如：

“绮荐银屏空积尘，柳眉桃脸暗销春。”(张安石《玉女词》)

“柳眉桃脸不胜春。薄媚足精神，可惜沦落在风尘。”(王衍《甘州曲》)

“语多时，依旧桃花面，频低柳叶眉。”(韦庄《女冠子》)

并且还出现了专门吟咏柳叶的诗歌。宋徐照《柳叶词》:“嫩叶吹风不自持,浅黄微绿映清池。玉人未识分离恨,折向堂前学画眉。”(《芳兰轩集》) 浅黄微绿的柳叶在水中的倒影，弱不禁风的娇弱情态，都被描写得细致入微。元谢宗可《柳眼》:“媚暖窥春浅碧浮,欲开还闭半颦羞。露垂烟缕秋波溜,雨歇风条晓泪收。上苑困酣兴废梦,灞桥看尽古今愁。五株彭泽回青否，应是生花雪满头。”(谢宗可《咏物诗》) 柳叶初生，似睡眼刚开，故称“柳眼”。柳叶刚刚吐芽，欲开还闭，叶上露珠晶莹剔透,似秋波连连,又似残泪未干,娇媚神态呼之欲出。通过柳叶的描写,抒发了历史兴亡之慨和相思离别之苦。

总之，对柳枝、柳叶的描写由较为浅层的巧言切状、摹写形似，发展到较高层次的追求神似、表达情韵。柳腰、柳眼之喻的频频出现，也是杨柳逐渐女性化的一种表现。

三、四季杨柳：春柳、夏柳、秋柳、冬柳

杨柳年生长期很长，历经春、夏、秋三季，杨柳枝叶色彩的变化

标志着季节的交替。初春时节，杨柳为鹅黄嫩绿，暮春初夏则为翠绿，夏天变为深绿，秋天渐趋枯黄，冬天枝叶凋零。杨柳色彩由浅入深的变化，标志着从春天到秋天的季节变更。魏晋时期，对于杨柳在春天的审美形象多有关注。隋唐以来，不仅对春柳关注有加，而且还进一步开拓了杨柳在夏、秋、冬三季的独特美感，特别是秋柳的萧瑟和清疏之美，为杨柳形象的自然美增添了新的审美视角。

（一）春柳

杨柳是春天的标志，也是春天最普遍的风景。杨柳以早春芳树的蓬勃姿态，成为诗歌中常见的意象和题材始于魏晋。如：

> ［晋］伍辑《春芳诗》："桃柳发蘗荣，丹绿粲郊邑。"
>
> ［梁］闻人倩《春日诗》："绿葵向光转，翠柳逐风斜。"
>
> 鲍照《代春日行》："春山茂，春日明。园中鸟，多嘉声。梅始发，柳始荣。"
>
> 谢惠连《秋胡行》："红桃含夭，绿柳舒荑。"
>
> ［北周］王褒《奉和赵王途中五韵诗》："村桃拂红粉，岸柳被青丝。"
>
> 王褒《玄圃浚池临泛奉和诗》曰："垂杨夹浦绿，新桃缘径红。"
>
> 谢尚《大道曲》："青阳二三月，柳青桃复红。"

众所周知，杨柳作为早春风景最引入注目的就是它的色彩。杨柳枝叶为绿色，绿色给人清新愉快的感觉，是充满活力的大自然的象征。这些诗句中不管是与梅、桃还是绿葵的组合，都抓住了杨柳"绿"的特征。

梁元帝萧绎有专门吟咏绿柳的诗歌，其《绿柳诗》曰："长条垂拂地，轻花上逐风。露沾疑染绿，叶小未障空。"突出杨柳色彩之绿。晋人还注意到柳树色彩的变化，如陈王瑳《折杨柳》："塞外无春色，上林柳已黄。"陈后主《折杨柳》："长条黄复绿，垂丝密且繁。"我们知道，杨柳刚发出的嫩芽为鹅黄浅绿之色。根据色彩学的理论，"色彩能影响人的情绪，由于物理、生理和习惯的种种关系，人们常常觉得有些色彩是活泼、轻快的；但另一方面，人们会觉得有些色彩是消极、保守的"[1]。人们常用冷、暖来对色彩进行分类。但实际上，"'冷'和'暖'这两个词与纯色是毫无关联的，如果硬要把它们与纯色联系起来的话，红色看上去似乎是暖色，蓝色看上去似乎是冷色，纯黄看上去似乎是冷的，但不能绝对肯定。但是，当这两个字眼指的是某一特定色彩向着另一种色彩的方向偏离的事实时，它们所包含的那种典型意义就比较明确了"[2]，也就是说，红、黄、蓝三原色没有冷暖色调之分，但色彩之间的搭配却有冷暖之分，色彩的浅淡，程度的深浅会很大程度上改变总体色调的冷暖。大体说来，绿色和黄色都是一种比较活泼轻快的颜色，特别是黄色。绿色常常给人一种清新、愉快的感觉，使人充满青春活力，而黄色常常给人一种温暖、明快的感觉，使人看到光明和希望。冬春交替之际，鹅黄嫩绿的组合，使人在料峭的寒意中感受到春天的温暖，在大地枯寂中感受到春天的生机。

隋唐以来，人们进一步把杨柳色彩的变化同时序的变迁相联系，隋代王胄《枣下何纂纂二首》："柳黄知节变，草绿识春归。"卢照邻《折杨柳》："鸟鸣知岁隔，条变识春归。"杨柳吐绿，小草发芽，黄莺鸣啼，传递着春的信息，标志着春的到来。初唐，出现了专门的咏春柳

---

① 胡珂《色彩感觉》，中国美术学院出版社 2002 年版，第 34 页。

② [美] 鲁道夫 · 阿恩海姆《艺术与视知觉》，四川人民出版社 1998 年版，第 460 页。

诗。现存最早的是唐太宗李世民的《春池柳》:“年柳变池台，隋堤曲直回。逐浪丝阴去，迎风带影来。疏黄一鸟弄，半翠几眉开。萦雪临春岸，参差间早梅。”通过杨柳色彩的变化，枝上黄莺的鸣叫，以及同梅花的交相辉映，勾画了充满生机的早春杨柳形象。

杨柳是春天最普遍的风景，而早春和仲春时节的杨柳最受人们关注，具有不同的美感表现。

1. **早春柳**

杨柳发芽吐绿比较早，是春天到来的标志，更是早春时节最美丽的风景，也是杨柳最明显的自然属性和最易感知的物色特征，故早春杨柳最受诗人关注。魏晋至唐宋，杨柳之早芳被视为不畏严寒、传递春天消息的使者，是积极向上的行为；晚唐以来，杨柳之早芳，却被视为嫉妒梅花、欺负众芳的卑劣行径。诗人对早春杨柳态度的变化，体现了杨柳由正面人格象征逐步向负面人格象征转变的过程。

魏晋以来，在诗人心目中，杨柳凌寒发芽，率先吐绿，预示着春天的到来，是一个充满生机和活力的正面形象。如：

刘禹锡《杨柳枝》:“迎得春光先到来，浅黄轻绿映楼台。”

杜牧《新柳》:“绿阴未覆长堤水，金穗先迎上苑春。”

温庭筠《杨柳枝》:“南内墙东御路傍，预知春色柳丝黄。”

薛能《新柳》:“轻轻须重不须轻，众木难成独早成。柔性定胜刚性立，一枝还引万枝生。”

李中《早春》:“一种和风至，千花未放妍。草心并柳眼，长是被恩先。”

陆游《柳桥》:“村路初晴雪作泥，经旬不到小桥西。出门顿觉春来早，柳染轻黄已蘸溪。”

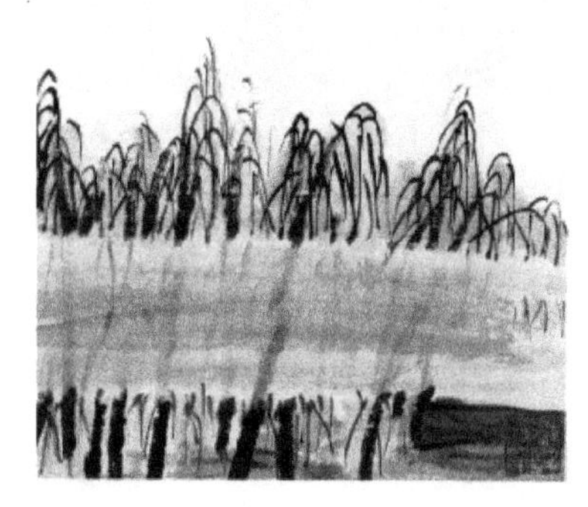

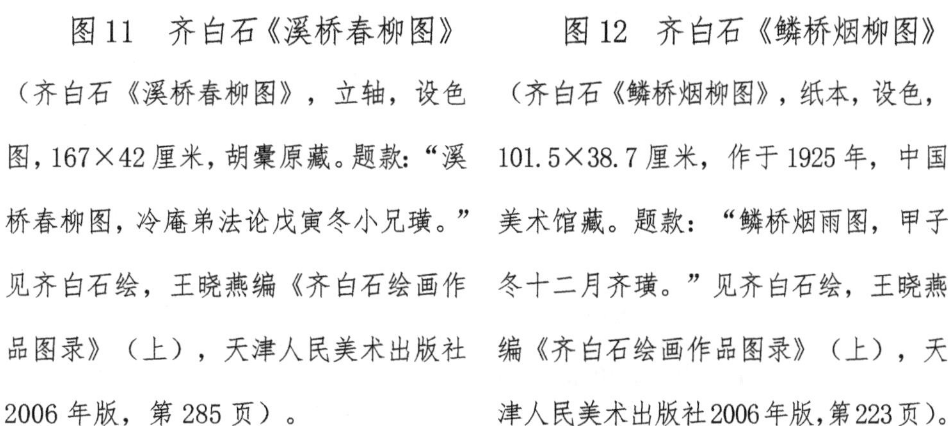

图11　齐白石《溪桥春柳图》

（齐白石《溪桥春柳图》，立轴，设色图，167×42 厘米，胡橐原藏。题款：“溪桥春柳图，冷庵弟法论戊寅冬小兄璜。”见齐白石绘，王晓燕编《齐白石绘画作品图录》（上），天津人民美术出版社 2006 年版，第 285 页）。

图12　齐白石《鳞桥烟柳图》

（齐白石《鳞桥烟柳图》，纸本，设色，101.5×38.7 厘米，作于 1925 年，中国美术馆藏。题款：“鳞桥烟雨图，甲子冬十二月齐璜。”见齐白石绘，王晓燕编《齐白石绘画作品图录》（上），天津人民美术出版社 2006 年版，第 223 页）。

在这些诗歌中，杨柳被描写为主动迎接春天的到来，它浅黄轻绿的枝条，传递着春天的消息，带给人们阵阵惊喜。薛能诗在与众木的比较中，突出了柳树旺盛的生命力。李中把先得春色的杨柳、小草看作是被造化眷顾、令人羡慕的植物。

晚唐至宋代以来，同样是杨柳的早芳，诗人却有了新的审视。如司空曙《新柳》“全欺芳蕙晚，似妒寒梅疾。撩乱发青条，春风来几日”，杨柳发芽吐绿之早，被贬为欺凌众芳之晚开，嫉妒梅花之早发的卑劣行径，具有浓厚的道德意味。又如晏殊《柳》:“河柳擅佳名，青条发红穗。因愁百卉娇，强作芳菲意。”据《毛诗草木鸟兽虫鱼疏》曰:“柽，河柳，生水旁，皮正赤，如绛。一名雨师，枝叶如松。”[①]《诗传名物集览》曰:“(柽) 人谓之三春柳，以其一年三秀也，花肉红色，成细穗……柽叶细如丝，婀娜可爱，天将雨，柽先起气以应之，故一名雨师。亦能负霜雪，大寒不凋，有异余柳……植之水边，其叶经秋尽红，人多植于门巷，杜诗‘赪柽晓花希’即此。《木谱》‘汉苑中柳状如人形，一日三眠三起’，柽柳也。”[②]由此可知，这里的河柳很可能是柽柳，柽柳生水旁，树皮是红褐色，一年开三次，花为粉色小花，故又叫三春柳。柽柳具有很高的观赏价值，人们多植之于门口、道路，就连汉代上林苑中也栽有柽柳，柽柳可谓美名远扬。晏殊则认为，柽柳开出红色的小穗花，纯粹是由于嫉妒百花的娇媚，勉强所为，具有很强烈的主观色彩。

2. **仲春柳**

仲春时节，脱去早春的严寒，天气渐渐转暖，杨柳绿叶已长，万条垂丝飘拂成荫，百花于时竞相开放，到处一派春光烂漫的景象。绿

① [吴] 陆玑《毛诗草木鸟兽虫鱼疏》卷上，《影印文渊阁四库全书》本。
② [清] 陈大章《诗传名物集览》卷一二，《影印文渊阁四库全书》本。

柳在红花中还能起到重要的衬托作用。红花绿柳体现了仲春时节烂漫的春光和蓬勃的生机，“花柳”也成为诗歌中常见的意象，常常出现在吟咏春景的诗歌中。

花朝节是我国民间传统节日，为百花的生日，因为仲春是百花开放的时节，故花朝节常定于每年夏历的二月十五。明田汝成《西湖游览志余》载：“二月十五日为花朝节。盖花朝月夕，世俗恒言二、八两月为春、秋之中，故以二月半为花朝，八月半为月夕也。”[①]花朝节的具体时间因朝代、地域的不同而略有差别。如《广群芳谱》卷二引《提要录》曰:“二月十五为花朝。”[②]又引南宋诗人杨万里的《诚斋诗话》曰:“东京 (今开封) 二月十二日曰花朝,为扑蝶会。”[③]又引《翰墨记》云:“洛阳风俗，以二月二日为花朝节。士庶游玩，又为挑菜节。”[④]不管是哪一天，都在仲春。仲春正值春天灿烂、群芳争艳之时，天气冷暖皆宜，是赏春游春的最好时机。南宋吴自牧《梦粱录 · 二月望》中亦言：“仲春十五日为花朝节，浙间风俗，以为春序正中，百花争放之时，最堪游赏。”[⑤]告别冬日的萧瑟和初春的寒意，杨柳与百花体现了春天旺盛的生命力，构成了春天最为绚丽的风景，“花柳”也成为诗歌中常见的意象，如李适《中和节赐百官燕集因示所怀》:“仲月风景暖，禁城花柳新。”中和节是在夏历二月初二，此时为仲春。据《旧唐书 · 德宗本纪》载:“朕以春方发生，候及仲月，勾萌毕达，天地和同，俾其昭苏，

① ［明］田汝成《西湖游览志余》，上海古籍出版社 1998 年版，第 317 页。
② ［清］汪灏《广群芳谱》，上海书店 1985 年版，第 42 页。
③ ［清］汪灏《广群芳谱》，上海书店 1985 年版，第 42 页。
④ ［清］汪灏《广群芳谱》，上海书店 1985 年版，第 42 页。
⑤ ［南宋］吴自牧撰《梦粱录》，浙江人民出版社 1980 年版，第 8 页。

宜助畅茂，自今宜以二月一日为中和节，以代正月晦日。”①李适即德宗皇帝。初春万物复苏，仲春物华繁茂，设立中和节的目的是为了帮助万物尽快达到茂盛。仲春时节，花柳争艳，春光满城。

总之，杨柳作为春光春景的代表很早就出现在诗歌中，杨柳色彩、枝条的变化体现了初春到暮春的变化，其中早春柳、仲春柳最受关注。

（二）夏柳

夏天，杨柳变为浓绿之色。早春柳和夏日柳虽然都是绿色，但是前者是嫩绿，后者是浓绿，所以给人感觉不同，“嫩绿似乎给人带来了青天的气息，使人心悦而充满希望，而墨绿有炎夏的旷野气氛，淡青色给人一种清雅之感，深青给人以沉郁之感”②。单从色彩上看，杨柳在炎炎夏日就能给人一种凉爽的感觉。

遮阳蔽日是杨柳很重要的一个特征，夏日杨柳已是枝叶密布，浓荫蔽人，更是纳凉的好去处，“柳阴”由此成为一个重要的意象常常出现在吟咏夏日风光的诗歌中。如：

姚合《夏日登楼晚望》：“鸟穷山色去，人歇树阴中。”

李频《避暑》：“当暑忆归林，陶家借柳阴。”

李远《慈恩寺避暑》：“不觉清凉晚，归人满柳阴。”

这些诗歌都凸显了柳阴为人们遮阴避暑的作用。

不仅是在吟咏夏日风光，而且在吟咏春秋二季风景的诗歌中，“柳阴”也是一个常见的意象。如秦韬玉《春游》：“小梅香里黄莺啭，垂柳阴中白马嘶。”武元衡《春兴》：“杨柳阴阴细雨晴，残花落尽见流莺。”李咸用《秋望》：“云阴惨澹柳阴稀，游子天涯一望时。”夏日柳阴浓密，

① ［后晋］刘昫《旧唐书》卷一三，本纪第一三，中华书局 1975 年版，第 367 页。

② 吴东平《色彩与中国人的生活》，团结出版社 2000 年版，第 19 页。

秋日柳阴稀疏。

在羁旅行役诗歌中,也常出现“柳阴”意象。如白居易《西行》:“官道柳阴阴，行宫花漠漠。”温庭筠《过五丈原》:“铁马云雕久绝尘，柳阴高压汉营春。”赵嘏《经无锡县醉后吟》:“客过无名姓,扁舟系柳阴。”

另外，杨柳不仅有蔽日的实用价值，而且还是夏日最常见的风景，特别是在荷花的陪衬下。杨柳喜近水生长，作为夏日风景代表的荷花就生长于水中，二者习性相近，故常常在赋咏夏日、夏景的作品中频频出现。如李远《慈恩寺避暑》:“香荷疑散麝，风铎似调琴。不觉清凉晚，归人满柳阴。”李纲《望江南》:“清昼永，幽致夏来多。远岸参差风扬柳，平湖清浅露翻荷。”岸边杨柳摇曳，清荫满地，湖心荷花飘香，碧波荡漾，绿柳白荷，互辉互映，可谓赏心悦目。荷花、杨柳这一花木组合，也是园林景观配置中颇为经典的造景法，著名的苏堤就是以岸边莳柳、湖中植荷的搭配闻名天下的。荷柳美景在诗词中多有体现。晏殊《浣溪沙》:“杨柳阴中驻彩旌，芰荷香里劝金觥。”陈亮《阮郎归》:“有亭湖岸西，芰荷香拂柳丝垂。”王诜《蝶恋花》:“小雨初晴回晚照。金翠楼台，倒影芙蓉沼。杨柳垂垂风袅袅。嫩荷无数青钿小。似此园林无限好。”园林由于荷花、杨柳的交相辉映更显得美不胜收。

图13 夏日荷柳(网友提供)。

（三）秋柳

秋天万物凋零，柳树枝条变为枯黄色，叶子也开始凋落，由夏日的绿荫密布变得枯黄稀疏，给人一种萧瑟之感，故“萧瑟”和“清疏”是秋柳两个重要的特征。

先看萧瑟。秋天杨柳的衰枝败叶给人一种萧瑟之感。如：

> 卢象《八月十五日象自江东止田园移庄……诗三首（俱见王维集）》：“衰柳日萧条，秋光清邑里。”
>
> 孟郊《酬李侍御书记秋夕雨中病假见寄》：“秋风绕衰柳，远客闻雨声。”
>
> 宋玉《九辩》：“悲哉，秋之为气也！萧瑟兮，草木摇落而变衰。”

自宋玉以来，中国文人有悲秋的传统，衰老萧瑟的柳树触动了文人的悲秋情结。如李嘉祐《九日》：“惆怅重阳日，空山野菊新。蒹葭百战地，江海十年人。叹老堪衰柳，伤秋对白蘋。”重阳登高之日，举目四望，衰枯的柳树引起诗人生命衰老、年华不再的慨叹。戴叔伦《送柳道时余北还（一作送观察李判官巡郴州）》：“离心比杨柳，萧飒不胜秋。”在羁旅行役中，萧瑟的疏柳枯枝愈加使羁旅之人倍感寂寞、惆怅。

再看清疏。“清疏”也是秋柳一个很重要的特征，诗中多有反映。早在魏晋时期，秋柳疏朗之美就被人们意识到，如北齐萧悫《秋思诗》：“清波收潦日，华林鸣籁初。芙蓉露下落，杨柳月中疏。燕帏缃绮被，赵带流黄裾。相思阻音息，结梦感离居。”写的是秋夜相思之情。此诗颜之推极为推崇，《颜氏家训》曰：“兰陵萧悫工于篇什，尝有《秋思诗》云：‘芙蓉露下落，杨柳月中疏。’时人未之赏也。吾爱其萧散，宛然在目。

颍川荀仲举、琅琊诸葛汉亦以为尔。而卢思道之徒，雅所不惬。”[1]虽然颜之推推崇的是秋夜月下杨柳疏朗静雅之美，但却给后人很大启迪。以“疏”字形容秋柳，有唐以来成为一种极其普遍的现象。如：

王维《与卢象集朱家》：“柳条疏客舍，槐叶下秋城。”

李嘉佑《送王正字山寺读书》：“向日荷新卷，迎秋柳半疏。”

李绅《入扬州郭》：“菊芳沙渚残花少，柳过秋风坠叶疏。”

司空曙《立秋日》：“律变新秋至，萧条自此初。花酣莲报谢，叶在柳呈疏。”

使用的普遍，源于体物的切实有效，也反映了人们对秋柳形象的一般认识。

随着人们对秋柳审美认识的加深，明代以来出现了专门吟咏秋柳的诗歌。如明范景文《秋柳》：“叶落何如弱絮颠，总来易惹是风前。衰容故弄新黄色，误作春条一样怜。”（《文忠集》卷一一）秋天，杨柳叶子凋落，盘旋于空中，如飘零的飞絮一般，衰残的枝条呈现出春柳般的鹅黄色，楚楚可怜的样子，此诗抓住了秋柳叶落和色变这两个最明显的物色特征。又如清吴绮《秋柳》：“杨柳如名士，逢秋早自伤。初霜情袅娜，斜日影郎当。眉眼分明甚，心丝断续长。谁能怜岁暮，翻似早春黄。”（《林蕙堂全集》卷一五）自古文人逢秋皆寂寞，杨柳就好比这些文人高士，一到秋天就感伤不已，叶子凋落，枝条枯黄，为了抚慰秋日杨柳的寂寥之情，造化特意把秋柳的枝条变成跟新柳一样的颜色。此诗运用拟人手法和精巧的构思，表达了对秋柳的怜惜之情。又如明秦王朱诚泳《秋柳》：“纤腰何太瘦，疏影乱婆娑。昨夜西风急，空庭落叶多。”（《小鸣稿》卷六）通观这些诗作，观赏秋柳的审美视角

① 《先秦汉魏晋南北朝诗》北齐诗卷二，第2279页。

不外乎叶落枝疏、枝叶变黄这两个视点。

清人对秋柳更是情有独钟，甚至认为秋柳比春柳更可爱，更让人动情，如大学士张英的《种柳成阴当秋益密三首》："嫩色鹅黄染曲尘，可怜濯濯几枝新。关情最是吟秋柳，一种轻盈更可人。"(《文端集》卷三五）感觉秋柳比春柳更轻盈可爱。在此基础上，清代涌现出了赋咏秋柳的高潮，产生了大型联章组诗创作。清王士祯《古夫于亭杂录》载："侍御傅彤臣，余同邑同年也，博雅能诗，为词曲亦有致。顺治辛丑，请急归。康熙戊午应博学宏词之征，明年报罢。往来沧洲道中，感秋柳，赋诗二十首，多可诵。"(《古夫于亭杂录》卷三）甚至还出现了大规模唱和之作。《古夫于亭杂录》载："顺治丁酉，余在济南明湖倡秋柳社，南北和者至数百人。"(《古夫于亭杂录》卷四）又王士祯《渔洋诗话》卷上载："余少在济南明湖水面亭，赋《秋柳》四章，一时和者甚众。后三年官扬州，则江南北和者，前此已数十家，闺秀亦多和作。"[1]可见此次秋柳诗的唱和，影响甚大，甚至女子也参与进来，不仅有创作，还有人品评诗的好坏，清人对秋柳的钟爱程度由此可略见一斑。总的来说，不管是拟人写物，还是借物抒情，大都不离秋柳叶落、色枯的物色特征。

（四）冬柳

冬天，杨柳衰残凋零，诗人关注不多，咏及冬柳的诗歌也不多。陆龟蒙《冬柳》是其中难得的佳作："柳汀斜对野人窗，零落衰条傍晓江。正是霜风飘断处，寒鸥惊起一双双。"此诗描写的是冬天汀柳零落衰败的情景，江边、柳汀、人家、短枝、寒鸥构成一幅萧瑟的画面。

可见，衰柳残枝是画家不可缺少的题材，明代唐志契早就意识到

① [清]王夫之等《清诗话》，上海古籍出版社1982年版，第166页。

这一点，其《绘事微言》卷一载："写枯树最难苍古，然画中最不可少，即茂林盛夏，亦须用之，山水诀云'画无枯树，则不疏通'，此之谓也。"[①]《御定佩文斋书画谱》也有类似记载："枯树最不可少，时于茂林中间出，乃见苍秀。"冬柳在诗歌中不受关注，却是绘画中的重要题材。

总之，四季杨柳有着不同的美感表现，都得到古人的关注，尤其是早春柳和秋柳更受诗人钟爱，冬柳虽不易入诗，却是画家不可缺少的题材。如果说四季之柳侧重于对杨柳色彩的关注，柳枝、柳叶侧重于对杨柳形状的把握，那么对不同氛围中的杨柳的摹写，则是诗人感觉情趣的体现。

（原载石志鸟《中国杨柳审美文化研究》第151～176页，巴蜀书社2009年版，此处有修订）

图14　［清］龚贤《江村枯柳图》（刘海粟美术馆《走进刘海粟美术馆》，上海画报出版社2004年版，第85页）。

① ［明］唐志契《绘事微言》，人民美术出版社1985年版，第19页。

风中、雨中、水边、月下杨柳

——杨柳物色美之二

白居易《有木诗》:“有木名弱柳，结根近清池。风烟借颜色，雨露助华滋。峨峨白雪花，袅袅青丝枝。渐密阴自庇，转高梢四垂。截枝扶为杖，软弱不自持。折条用樊圃，柔脆非其宜。为树信可玩，论材何所施。可惜金堤地，栽之徒尔为。”杨柳作为木材，难成栋梁之用，但作为把玩的树木，倒是颇具观赏价值。

随着生产力的发展，审美认识水平的提高，人们不再满足于对杨柳色彩、形状的物色描摹，而是更倾向于对其在不同环境下、不同氛围中整体美感的把握,视野更为全面,描写也更为细致。其中风中、雨中、水边、月下杨柳最为美丽，文人多有吟咏，相关的作品也很多，下面就着重探讨文人在这几方面对杨柳美感的认识。

一、风中杨柳

钱钟书《管锥编》引江湜《服敔 (yǔ) 堂诗录》卷七《彦冲画柳燕》曰:

> “柳枝西出叶向东，此非画柳实画风；风无本质不上笔，巧借柳枝相形容”；即同刘方平《代春怨》之“庭前时有东风入，

杨柳千条尽向西”，又以树形风。[1]

图 15　春风扬柳（http://wxq1951.blog.sohu.com/113979764.html）。

也就是说，杨柳与春风之间是一种互相依托的关系，一方面杨柳在春风的吹拂下发芽吐绿，长成细条，杨柳枝条细长柔软，微风吹来摇曳多姿，风中杨柳的姿态是最美的；另一方面杨柳也最能让人感知春风的存在和春风的魅力。

风中柳树的美丽姿态是最容易被人感觉到的，人们很早就注意到了这一点。对杨柳姿态的描写,最先是从风中姿态入手的,南朝就有“柳树得春风，一低复一昂”[2]这样的歌曲，描写的就是柳树在风中摆动的

① 钱钟书《管锥编》，中华书局 1979 年版，第 614 页。

② 《读曲歌八十九首》，逯钦立辑校《先秦汉魏晋南北朝诗》宋诗卷一一，中华书局 1998 年版，第 1649 页。

姿态。我们知道，春风无影无踪，无色无味，人们看不到它，它却真实地存在着。梁简文帝萧纲认为，杨柳最能让人感到春风的存在，其《春日想上林诗》:“春风本自奇，杨柳最相宜。柳条恒著地，杨花好上衣。”[1]春风具有很神奇的力量，它一到来，万物复苏，百花盛开。初春时节，杨柳在春风的吹拂中率先发芽吐绿；仲春之际，细长的枝条在风中摇摆；暮春之时，柳絮空中飞舞，沾惹人衣。杨柳风中千变万化的撩人姿态，最能让人感到春风的魅力。故吟咏春风的诗歌中常常出现杨柳的身影，如贺文标《咏春风诗》:“排帘动轻幔，泛水拂垂杨。本持飘落蕊，翻送舞衣香。”[2]以杨柳来表现春风，最恰当不过了。

杨柳风中的美感形象，最受诗人关注，人们对杨柳风中姿态的认识也最为全面而深入，既有单纯的物色描摹，也有相应的情感抒发，并赋予一定的人格象征意蕴。

首先，描写杨柳风中摇曳多姿的形态。张正见《折杨柳》:“杨柳半垂空，袅袅上春中。”姚系《庭柳》:“袅袅柳杨枝，当轩杂佩垂。交阴总共密，分条各自宜。因依似永久，揽结更伤离。爱此阳春色，秋风莫遽吹。”[3]前一首写得比较浅显，没有经过精心的构思，后一首构思较为巧妙。后诗中修长的柳枝在庭前摇荡，枝条在风中的分分合合，好似人间的悲欢离合，通过枝条在风中纠结分离的姿态，表达了对柳的怜惜之情。又如杜牧《柳绝句》:“数树新开翠影齐，倚风情态被春迷。”唐彦谦《垂柳》:“绊惹春风别有情，世间谁敢斗轻盈？楚王江畔无端种，饿损纤腰学不成。”杨柳枝细叶绿，在风中摇荡的柔媚情态和轻盈的曼

---

① 梁简文帝萧纲《春日想上林诗》，《先秦汉魏晋南北朝诗》梁诗卷二一，第1944页。

② 贺文标《咏春风诗》，《先秦汉魏晋南北朝诗》梁诗卷二八，第2124页。

③ 姚系《庭柳》，《全唐诗》卷二五三，第2856页。

妙腰身，就是美人饿坏纤腰也学不来的，对杨柳妩媚多姿的赞美之情溢于言表。

其次，表达对风中杨柳的怜惜之情。刘禹锡《杨柳枝》：“迎得春光先到来，浅黄轻绿映楼台。只缘袅娜多情思，便被春风长挫摧。”刘禹锡更是认为，杨柳由于轻盈的舞姿，纤细的腰身所以常被风摧残，可谓“枪打出头鸟”。宋徐积《绿杨二首》：“且寻绿院朱扉好，莫看山前水畔容。肌肤瘦尽春风甚，更被春风舞不供。”(《节孝集》卷二一) 金国施宜生《柳》：“魏王堤暗雨垂垂，还似春残欲别时。传语西风且停待，黛残黄浅不禁吹。”(元好问《中州集》卷二) 杨柳纤细的腰身禁不起春风的吹拂和摧残。

再次，对杨柳倚仗东风、恣意猖狂的批判。同样是风中杨柳，魏晋以来诗人多给以赞美和怜惜之情，宋代以来有了新的认识。曾巩《咏柳》：“乱条犹未变初黄，倚得东风势便狂。解把飞花蒙日月，不知天地有清霜。”(《元丰类稿》卷七) 本来杨柳是被动地因风摇摆，这里却变成倚仗东风、狂舞不止的卑劣小人。柳絮也是如此，柳絮因风才漂浮空中，这里却变成遮日蔽月的邪恶之徒。此诗托物寓意，形象逼真，寓意深刻，构思精巧，别开生面，具有很强的人格象征意味。其实，杨柳的人格象征意义从杜甫那里就开始了。杜甫好像对艳丽的桃花和飞舞的柳絮没什么好感，其《送路六侍御入朝》：“不分桃花红胜锦，生憎柳絮白于绵。”红艳的桃花给大自然增添了靓丽的色彩，洁白的柳絮给人们大雪纷飞的感觉。杜甫却从实用的立场出发，认为桃花虽比丝锦红、柳絮虽比棉花还要白，可它们徒有华丽的外表，却没有实际的用处，所以杜甫不喜欢它们，把它们比作张狂轻薄之人。其《绝句漫兴》：“颠狂柳絮随风去，轻薄桃花逐水流。”柳絮飞舞的轻盈姿态

图 16 陈树人《杨柳舞春风》，1942 年作，广州美术学院藏（刘曦林《中国现代美术全集·中国画(三)·花鸟(上)》，锦年国际有限公司 1998 年版，第 83 页）。

被看作是张狂的表现，桃花娇艳美丽的容颜被看作是轻薄之态。杜甫还有“隔户杨柳弱袅袅，恰似十五女儿腰。谁谓朝来不作意，狂风挽断最长条”(《绝句漫兴》)。微风中杨柳袅娜的姿态，像是妙龄少女的小蛮腰，俏丽可爱，但是没想到晨间一阵狂风就把最长的枝条给吹断了，此诗带有很强烈的感情色彩和象征意味。

总的来说，风中杨柳的婀娜之姿最先得到人们的关注，魏晋以来文人对其多持欣赏之态和怜惜之情。宋代以来，由于伦理道德意识的高涨，风中杨柳被赋予了更多的道德意味，用来象征倚仗权势、颠狂卑劣的小人。

二、雨中杨柳

与风中杨柳不同，雨中杨柳另有一番风味，如宋雍《春日》所言：“轻花细叶满林端，昨夜春风晓色寒。黄鸟不堪愁里听，绿杨宜向雨中看。”[①]无名氏《望江南》：“湖上柳，烟柳不胜垂。宿露洗开明媚眼，东风摇弄好腰肢。烟雨更相宜。”[②]淡烟疏雨之中，杨柳扭动着纤细的腰肢，睁开妩媚的双眼，好似弱不禁风的柔媚女子。元代蒲道源有专门吟咏雨后杨柳的诗篇，诗前有序，曰：“县下凿池，种柳成聚，晨起视水深五寸，而草树承夜雨后，苍翠郁然可爱，戏题厅柱。”诗曰：“槟榔池上芭蕉雨，更种垂杨十六株。中有玉堂萧散吏，检书正对辋川图。”[③]的确如此，春日的蒙蒙烟雨中，丝丝杨柳给人一种迷离朦胧的别样感觉。

---

① 宋雍《春日》，《全唐诗》卷七七一，第 8751 页。

② 曾昭岷等编《全唐五代词》，中华书局 1999 年版，第 783 页。

③ ［清］张玉书《御定佩文斋咏物诗选》卷二八九，《影印文渊阁四库全书》本 。

相对于风中杨柳而言，雨中杨柳受到的关注比较晚。较早关注雨中杨柳姿态的是南朝陈代张正见《赋得垂柳映斜溪诗》：“千仞清溪险，三阳弱柳垂。叶细临湍合，根空带石危。风翻夹浦絮，雨濯倚流枝。不分梅花落，还同横笛吹。”[①]这里只是附带提到雨濯柳枝，并没有对雨中柳枝的姿态进行细致的描写。

入唐以来，雨中杨柳渐渐为人们所关注，成为一个新的审美视角。细雨中的杨柳给人一种烟笼迷离的感觉，如韦检亡姬《和检诗》：“春雨濛濛不见天，家家门外柳和烟。”[②]不同于夏季大雨滂沱，春雨连绵细密，轻柔无声，远远望去，丝丝杨柳在蒙蒙细雨中若隐若现，给人一种缥缈的感觉。韦庄《江南送李明府入关》：“雨花烟柳傍江村，流落天涯酒一樽。”杨柳笼罩在江南烟雨中，如烟如雾。

雨中杨柳除给人一种烟雾朦胧之感外，雨中杨柳也显得更加清翠妩媚。春雨过后，得到雨露滋润的杨柳更加青翠欲滴，娇柔可爱。王建《华清宫前柳》：“杨柳宫前忽地春，在先惊动探春人。晓来唯欠骊山雨，洗却枝头绿上尘。”戴叔伦《赋得长亭柳》：“濯濯长亭柳，阴连灞水流。雨搓金缕细，烟袅翠丝柔。”烟雨迷茫之中，杨柳显得更加娇柔可爱，妩媚动人，黄鹂和白欧的鸣叫又增添了几分生机。唐彦谦《寄怀》：“梅向好风惟是笑，柳因微雨不胜垂。”雍陶《状春》：“含春笑日花心艳，带雨牵风柳态妖。珍重两般堪比处，醉时红脸舞时腰。”[③]雨中杨柳柔弱娇媚，姿态妖娆。柳叶上水珠更像是美人噙满泪水的眼，如蔡瑰《夏日闺怨》：“雨沾柳叶如啼眼，露滴莲花似汗妆。”[④]

---

① 张正见《赋得垂柳映斜溪诗》，《先秦汉魏晋南北朝诗》陈诗卷三，第2495页。

② 韦检亡姬《和检诗》，《全唐诗》卷八六六，第9805 页。

③ 雍陶《状春》，《全唐诗》卷五一八，第5921页。

④ 蔡瑰《夏日闺怨》，《全唐诗》卷七七三，第4686页。

三、水边杨柳

水边杨柳的风姿尤为人们所称赞，这也是园林造景中植物配置的一个悠久传统。杨柳喜温暖潮湿的气候，犹喜近水生长，所以水边多植杨柳。

明文震亨：（垂柳）“更须临池种之，柔条拂水，弄绿搓黄，大有逸致。”（《长物志》卷二）

明刘嵩《古意六首》：“临街莫种枣，近水须种柳。柳长当为薪，枣熟无人守。”（《槎翁诗集》卷七）

卢纶《送张成季往江上赋得垂杨》：“垂杨真可怜，地胜觉春偏。一穗雨声里，千条池色前。”

水边植柳，不仅具有很高的实用价值，还具有很高的观赏价值。从实用方面，有利于杨柳的生长；从审美方面，风中杨柳与水中倒影相映成趣，美不胜收。江边多是离别送行之地，在长期文学发展中，江边柳也成为离别的一种题材。

六朝咏柳诗对杨柳近水生长这一习性早有反映。南朝张正见《折杨柳》：“色映长河

图 17　傅抱石《湖畔柳阴图》（陈传席《中国艺术大师·傅抱石》，河北美术出版社 2010 年版，第 163 页）。

水，花飞高树风。”张正见还有《赋得垂柳映斜溪诗》：“千仞清溪险，三阳弱柳垂。叶细临湍合，根空带石危。”垂柳生长在水流湍急的溪水边，枝叶临溪而垂。但此诗只是客观地描写了枝叶根絮在溪边的存在状态，属于典型的写实，对于杨柳拂水的姿态显然关注不够，也缺少精巧的构思。

唐代以来，这种情况有了较大的变化，诗人把柳水相映的情趣描写得栩栩如生，想象丰富，构思新颖。如：李白《折杨柳》：“垂杨拂绿水，摇艳东风年。”柳枝轻拂着水面，在风中摇曳。又如：

李世民《春池柳》：“逐浪丝阴去，迎风带影来。”

李峤《柳》：“列宿分龙影，芳池写凤文。”

王维《辋川集 · 柳浪》：“分行接绮树，倒影入清漪。”

裴迪《辋川集二十首·柳浪》：“映池同一色，逐吹散如丝。”

杨系《小苑春望宫池柳色》：“光含烟色远，影透水文清。”

这几句都注意到了柳影之美。柳影倒映水中，水面波光粼粼，柳影似乎在追逐着波纹流向远处，观察详细，想象丰富。倒影是水边杨柳美感形象的重要组成部分，水中倒影没什么实用价值，却颇具观赏价值。

中唐以来，更注重对水边杨柳神韵的描写。如崔护《五月水边柳》：“结根挺涯涘，垂影覆清浅。睡脸寒未开，懒腰晴更软。摇空条已重，拂水带方展。似醉烟景凝，如愁月露泫。丝长鱼误恐，枝弱禽惊践。长别几多情，含春任攀搴。”对水边杨柳进行了全方位的描写。垂条倒映水中，柳叶尚未完全舒展，柳枝轻轻地拂动着水面，好像陶醉在晴日的烟霭中，又好像伤感于幽静的月夜下，细长的枝条吓得鱼儿惊慌失措，弱枝的颤动惊飞了枝上的禽鸟。这里把杨柳比作一位多愁善感、妩媚慵懒的美人，遗貌取神，构思新颖。

由于江边多种柳以护堤，而江边又多是离别之地。随着离别的频繁发生和咏柳文学的发展，中晚唐出现专门吟咏江边柳的题材。白居易的《忆江柳》、薛能的《江柳》、雍裕之的《江边柳》、顾非熊《赋得江边柳送陈许郭员外》、鱼玄机《赋得江边柳》、李郢《江边柳》、戴叔伦《堤上柳》等，这些诗作主要借江边柳树抒发了离别的情感。有的运用精巧的构思，对江边柳树的姿态进行了较为细致的描摹，如：

雍裕之的《江边柳》："袅袅古堤边，青青一树烟。若为丝不断，留取系郎船。"

顾非熊《赋得江边柳送陈许郭员外》："絮急频萦水，根灵复系船。微阴覆离岸，只此醉昏眠。"

鱼玄机《江边柳》："影铺秋水面，花落钓人头。根老藏鱼窟，枝低系客舟。"

这几首诗歌的共同之处在于相似的构思，都以柳枝系舟表达离别时的依依不舍之情。明胡奎《江边柳》："朝送木兰船，暮迎征马鞭。非关离别苦，生长在江边。"（《斗南老人集》卷二）认为杨柳迎来送往之频繁，不是因为离别的痛苦，而是因为生长在江边的缘故。

四、月下杨柳

除水边杨柳外，月下杨柳也多被吟咏。相对于水和杨柳之间的自然生态联系来说，月和杨柳之间则不存在生态习性上的联系，更多是审美感觉上的相通，月下杨柳给人一种神清疏朗的美感。清代李渔《闲情偶寄》曰："种树之乐多端，而其不便于雅人者亦有一节；枝叶繁冗，不漏月光。隔婵娟而不使见者，此其无心之过，不足责也。然匪树木无心，人无心耳。使于种植之初，预防及此，留一线之余天，以待月轮出没，则昼夜均受其利矣。”[①]斜月当空，月色如水，微风中的杨柳投下婆娑的柳影，斑斑驳驳，给人一种静谧朦胧的感觉，故李渔告诫人们，种柳不要太密，留下一线天以待月光之漏泻，既是赏月，又是赏柳。

图 18　[明]柳如是《月堤烟柳图》(局部)，纸本，设色，25.1×125 厘米，作于癸未崇祯十六年（1643)，故宫博物院藏。幅上有钱谦益跋:“寒食日偕河东君至山庄，于时细柳笼烟，小桃初放，月堤景物殊有意趣，河东君顾而乐之，遂索纸笔坐花信楼中图此寄兴。”(http://www.dpm.org.cn/www_oldweb/China/e/e9/09-01.htm)

月下杨柳之美，古人早有体会。宋马之纯《灵和殿前蜀柳》:“此柳栽从蜀郡移，宫中诸柳不能垂。祇缘草木根灵异，非是乾坤雨露私。

① [清]李渔《李渔全集》第三卷，浙江古籍出版社 1991 年版，第 305 页。

轻似行云清似水，软于吹絮细于丝。风流可爱如何比，最是风生月上时。”认为月下杨柳的风姿最为可爱。此诗用了六朝时的两个典故，一个是张绪，一个是王恭。《南史》载：“刘悛之为益州，献蜀柳数株，枝条甚长，状若丝缕，时旧宫芳林苑始成，武帝以植于太昌灵和殿前，常赏玩咨嗟曰：‘此杨柳风流可爱，似张绪当年时。’其见赏爱如此。”[①]灵和殿蜀柳，指的就是刘悛之所献的蜀地所产之柳，此柳深得齐武帝之喜爱，其潇洒的绰约风姿犹如神清俊爽的张绪。“最是风生明月时”，既是明指月下杨柳之风姿，又暗用王恭的典故。《晋书·王恭传》载：“恭美姿仪，人多爱悦，或目之云：‘濯濯如春月柳。’尝被鹤氅裘，涉雪而行，孟昶窥见之，叹曰：‘此真神仙中人也！’”[②]王恭美丽的姿容仪态，为人所称道，人赞之如“濯濯春月柳”，即如刚刚清洗过的春天月下之柳，清新明净，充满生机活力。由此可见，月下杨柳尤其是春月之下的杨柳尤为时人所叹赏。

我们知道，月是中国古代文学中的一个重要意象，蕴含着丰富的审美内涵。但春月和秋月带给人们的感受是不同的。

> 赵德麟《侯鲭录》云：“元祐七年正月，东坡在汝阴，州堂前梅花大开，月色鲜霁。先生王夫人曰：‘春月色胜如秋月色，秋月色令人凄惨，春月令人和悦。何如召赵德麟辈来，饮此花下？’先生大喜曰：‘吾不知子能诗耶，此真诗家语耳！’遂相召，与二客饮，用是语作《减字木兰词》。”[③]

东坡夫人王润之就认为春月胜于秋月，春天百花灿烂，月色皎洁，

---

① ［唐］李延寿《南史》卷三一，列传第二十一，中华书局1975年版，第810页。

② ［唐］房玄龄等《晋书》卷八四，列传第五十四，中华书局1974年版，第2186～2187页。

③ 程毅中《宋人诗话外编》，国际文化出版公司1996年版，第237页。

给人温暖的感觉，秋天万物凋零，月色澄静清寂，给人一种凄惨的感觉。苏轼有《减字木兰花》写此次月下赏梅，并比较了春月和秋月的不同："春庭月午，摇荡香醪光欲舞。步转回廊，半落梅花婉娩香。轻云薄雾，总是少年行乐处。不似秋光，只与离人照断肠。"①

清寂的秋月也给人营造一种思念的氛围，如李白的"床前明月光，疑是地上霜。举头望明月，低头思故乡"。秋月之下的杨柳更得诗人的喜爱。诗歌中最早关注月下杨柳的是北齐萧悫《秋思诗》："芙蓉露下落，杨柳月中疏。燕帏缃绮被，赵带流黄裾。相思阻音息，结梦感离居。"写的就是秋夜月下之柳。颜之推对这两句极为赞赏，称其有萧散之趣。可能受颜之推的影响，后人写及月下杨柳之时多与秋天相联。如钱起《送李九贬南阳》："鸿声断续暮天远，柳影萧疏秋日寒。"杜牧《齐安郡晚秋》："柳岸风来影渐疏，使君家似野人居。"皎然《南楼望月》："夜月家家望，亭亭爱此楼。纤云溪上断，疏柳影中秋。"秋天柳影最为清疏散朗，给人萧散闲远之致。

随着人们对月下杨柳审美认识的深化，明代出现了专门吟咏月下杨柳的诗歌，如：

> 明僧广润《赋得新月柳》："初月生明夜，婵娟映柳时。幽晖凝露叶，淡影弄风枝。写黛将开镜，停梭未理丝。弦调银指甲，佩曳翠腰肢。顾兔眠还起，惊乌舞乍攲。一痕青眼媚，万缕素心知。濯濯俱盈手，纤纤互斗眉。攀条悲往事，流彩误佳期。偏照深闺梦，长牵故国思。关山正愁绝，莫向笛中吹。"②

① 唐圭璋《全宋词》，第 313 页。

② ［清］张豫章编《御选宋金元明四朝诗·明诗》卷九四，《影印文渊阁四库全书》本。

此诗对月下杨柳的姿态进行了较为详尽的描摹，幽冷的月光洒在柳叶之上，好似凝结的露珠，稀疏的杨柳投下淡淡的枝影，柳枝一眠一起，惊动栖息枝上的乌鸦，此诗不仅对月光和柳影进行了精巧的描写，还运用拟人手法，把杨柳比作月下美人，并抒发了游子思妇的相思之情。

总的来说，杨柳细枝长条，微风吹来，摇曳多姿。不管风和日丽还是阴雨绵绵，不管碧水旁边还是斜月之下，杨柳都能给人一种美的享受。

（原载石志鸟《中国杨柳审美文化研究》第 176～189 页，巴蜀书社 2009 年版，此处有修订）

杨柳与其他意象的组合表现

——杨柳物色美之三

杨柳的观赏价值不仅体现在杨柳自身的树形姿态，而且还体现在杨柳与其他树木的搭配中。柳树是禽鸟栖息的乐园，柳上虫鸟的鸣叫也是一曲动听的乐章。

一、杨柳与其他花木

在园林造景中杨柳经常与梅花、桃树、李树等交错杂植，交相辉映，构成一幅花红柳绿的春景图。体现在文学上，梅花、桃花与杨柳的搭配最为文人所关注，其中梅柳组合最能体现早春季节的勃勃生机，桃红柳绿则最能体现仲春时节的烂漫春光。榆柳常见于田园村舍中，自陶渊明后榆柳组合常出现在田园诗中，体现了宁静、闲适的田园生活。

（一）梅柳争春

作为早春芳景，杨柳常常和梅花联袂出现，成为咏春诗特别是早春诗的一种模式。宋李元膺《洞仙歌序》曰："一年春物，惟梅柳间意味最深。至莺花烂熳时，则春已衰迟，使人无复新意。予作洞仙歌，使探春者歌之，无后时之悔。"词文如下：

雪云散尽，放晓晴池院。杨柳于人便青眼。更风流多处，

一点梅心、相映远。约略嚬轻笑浅。一年春好处，不在浓芳，

小艳疏香最娇软。到清明时候，百紫千红花正乱。已失春风

一半。蚤占取韶光，共追游，但莫管春寒，醉红自暖。[1]

的确如此，如果说一年之计在于春，那么一春之计则在于早春。早春乍暖还寒之际，万物尚未复苏，还残留着冬日的萧瑟，杨柳继梅花开后，冲寒而出，率先吐芽，二者交相辉映，在初春寒意未退之时最早为人们带来春天的消息，让人感受到阵阵暖意和勃勃生机。故梅花、杨柳就不仅是早春风光的代表，而且还是冬去春来、时序变迁的标志。到了清明时节，杏花、李花、桃花、海棠花等已相继开放，到处一派繁花似锦、春光灿烂的明媚景象。但是，绚烂之后进入平淡。清明之时，已步入暮春，春天就要远去，夏天即将来临，百花再烂漫也持续不了多久，正所谓“到清明时候，百紫千红花正乱，已失春风一半”。所以，杨柳在早春之时吐绿发芽更能体现融融春意和盎然生机。杨巨源《城东早春》:“诗家清景在新春，绿柳才黄半未匀。若待上林花似锦，出门俱是看花人。”文人更是喜欢在早春时节外出觅诗，因为清新的早春景色，最能激发诗家的诗情，等到繁花似锦的浓春时节，游人如云，喧嚷若市，景色可谓艳丽之极，却没有什么新鲜感，反倒不如早春之景清丽可喜。

梅柳组合早在梁代就已经出现，如沈约《初春诗》:“无事逐梅花，空教信杨柳。”但这在魏晋只是特例，更多的是仅仅把它们作为整个春景的代表，并没有确定为早春风景。如刘氏（王淑英妻，刘绘女）《赠夫诗》:“看梅复看柳，泪满春衫中。”萧绎《望春诗》:“叶浓知柳密，花尽觉梅疏。”

---

① 唐圭璋等《全宋词》，中华书局 1965 年版，第 447 页。

与魏晋相比，隋唐以来梅柳组合突出了早春时节梅开柳绿的变化。隋刘端《和初春宴东堂应令诗》:“庭梅飘早素，檐柳变初黄。”白居易《早春即事》:“物变随天气，春生逐地形。北檐梅晚白，东岸柳先青。”白行简《春从何处来》:“欲识春生处，先从木德来。入门潜报柳，度岭暗惊梅。”在艺术技巧上，唐人较魏晋也高出一筹，多采用拟人手法。如韩偓《早起探春》:“烟柳半眠藏利脸，雪梅含笑绽香唇。”元稹《遣春三首》:“柳眼开浑尽，梅心动已阑。”唐彦谦《寄怀》:“梅向好风惟是笑，柳因微雨不胜垂。”

唐代，“梅柳争春”这一独特的审美视角进一步明确，如李白《携妓登梁王栖霞山孟氏桃园中》:“碧草已满地，柳与梅争春。”梅柳作为早春最靓丽的风景，梅花花白如雪，暗香袭人，杨柳枝软如腰，摇曳多姿，虽然梅花开花比杨柳吐绿早，但梅花凋落得也早，杨柳到秋天才凋落，二者可谓平分春色，故常以梅柳争春比长较短。其实这一视角应该是受梁江总“三春桃照李，二月柳争梅”的启发（江总《雉子斑》），不过“争春”的含义更为明确。自李白之后，梅柳争春这一独特视角为后人所继承。如：

[元] 仇远《立春》:“若非一鞭醒寒梦，梅柳争春无了时。”(《金渊集》卷二)

[明] 李梦阳《人日》:“烟霞弄色不忍见，梅柳争春能几时。”(《空同集》卷三二)

[明] 胡应麟《期曹能始登岱二首》:“梅柳争春发，松萝结夏攀。”(《少室山房集》卷三九)

明田汝成《西湖游览志余》载：“凌彦翀云翰，仁和人。博通经史，领至正十九年乡荐，除平江路学正，不赴。作梅词《霜天晓角》一百首，柳词《柳梢青》一百首，号‘梅柳争春’，韵调俱美。”[1]难怪梅词和柳词的大型组诗创作，被称为“梅柳争春”。

（二）桃柳辉映

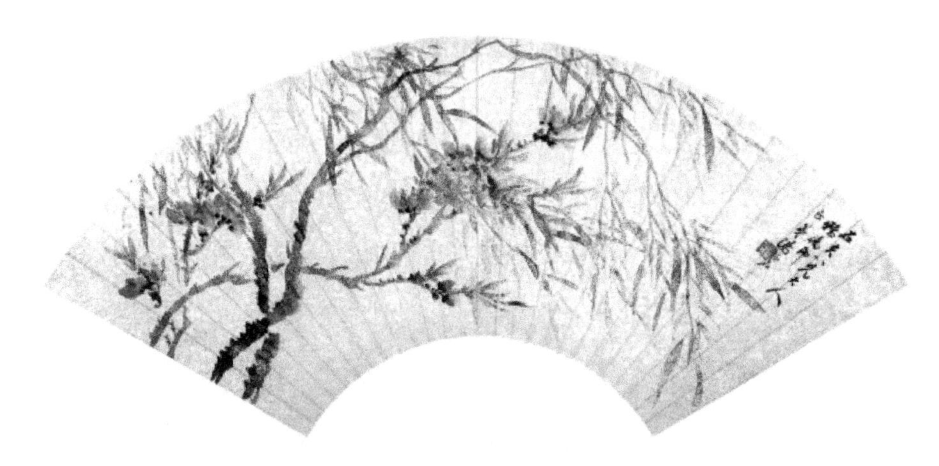

图 19 ［清］汤禄名《桃柳图》，扇面，设色洒金笺。题识：“石夫八兄大人雅属即正弟汤禄名。”钤印：“乐民”（朱白文）（蔡云峰《清风雅韵·扬州博物馆藏明清扇面集粹》，文物出版社 2012 年版，第 99 页）。

杨柳枝叶绿色，在姹紫嫣红的群芳之中，飞舞的柳絮和绿色的柳枝都能起到陪衬的作用。这在诗歌中也多有反映，如刘禹锡《杨柳枝词九首》其二曰：“南陌东城春早时，相逢何处不依依。桃红李白皆夸好，须得垂杨相发挥。”庾肩吾《春日诗》：“桃红柳絮白，照日复随风。”红花还需绿叶衬，这些娇艳的花朵之所以如此引人注目，正是因为杨柳的帮衬。

在园林设计上，柳树常常与桃树相间，营造出桃柳阴浓、红翠间

① ［明］田汝成《西湖游览志余》，上海古籍出版社 1998 年版，第 197 ～ 198 页。

错的美丽景色。“西湖十景”之一的“苏堤春晓”，就是利用桃柳相间的色彩搭配，营造出充满生机活力的春天风景。清人梁诗正编纂的《西湖志纂》卷一载：“(苏堤春晓) 春时，晨光初启，宿雾未散，杂花生树，飞英蘸波，纷披掩映，如列锦铺绣，揽胜者咸谓四时皆宜，而春晓为最。”仲春时节，湖上晓雾初霁，堤岸桃红柳绿，落英缤纷，散落湖中，如铺锦绣。一年四季西湖都可游览，但春天最为适宜，这主要是堤岸桃红柳绿同湖面烟波相映相衬的结果。

桃柳相间的搭配早为人们烂熟于心，成为一种再平常不过的搭配，以致于高雅之士在造景时刻意避开这样俗烂的搭配，如明文震亨《长物志》卷二所言：“(桃) 池边宜多植，若桃柳相间便俗。”文震亨是文征明之曾孙，不仅是著名的画家，也是著名的造园理论家，他继承了文征明的遗风，把山水画的原理运用到造园艺术之中。在园林造景中，他追求不同流俗的高雅风格，自然回避桃红柳绿这种常见的景观配置。

（三）榆柳生发

除常见的梅柳、桃柳组合外，还有榆柳间的组合，最有名的莫过于陶渊明的“榆柳荫后檐，桃李罗堂前”。榆、柳是农村人家房前屋后常见的树木，榆柳枝叶疏朗，给人萧散闲远之趣。陶渊明把榆柳桃李同方宅草屋、村落炊烟、犬吠鸡鸣等几组富有生活气息的田园风光放在一起，表达了对田园生活的热爱。自陶渊明后，榆柳组合常常出现在田园诗赋中。如：

庾信《小园赋》：“犹得欹侧八九丈，纵横数十步。榆柳两三行，梨桃百余树。”

储光羲《田家杂兴八首》：“种桑百余树，种黍三十亩。衣食既有余，时时会亲友。夏来菰米饭，秋至菊花酒。孺人喜逢迎，稚子解趋走。日暮闲园里，团团荫榆柳。酩酊乘夜归，凉风吹户牖。清浅望河汉，低昂看北斗。数瓮犹未开，明朝能饮否。”

白居易《郊陶潜体诗十六首》：“原生衣百结，颜子食一箪。欢然乐其志，有以忘饥寒。今我何人哉，德不及先贤。衣食幸相属，胡为不自安。况兹清渭曲，居处安且闲。榆柳百余树，茅茨十数间。寒负檐下日，热濯涧底泉。日出犹未起，日入已复眠。西风满村巷，清凉八月天。但有鸡犬声，不闻车马喧。时倾一尊酒，坐望东南山。稚侄初学步，牵衣戏我前。即此自可乐，庶几颜与原。”

柳宗元《田家三首》其三：“古道饶蒺藜，萦回古城曲。蓼花被堤岸，陂水寒更绿。是时收获竟，落日多樵牧。风高榆柳疏，霜重梨枣熟。行人迷去住，野鸟竞栖宿。田翁笑相念，昏黑慎原陆。今年幸少丰，无厌饘与粥。”

由此可见，榆柳组合常用来作为田园风光的代表出现在田园诗赋中，体现了宁静、闲适的田园生活。

在文学作品中，杨柳与梅花、桃花的组合最为常见，常常出现在吟咏春景的诗歌中，杨柳与榆树的组合虽没有梅柳、桃柳那么常见，但多出现在田园诗歌中，表现闲适的生活情趣。

二、杨柳与虫鸟

杨柳与其他植物的搭配，给人的多是视觉上的美感。杨柳除带给人们视觉上的美感之外，还给了人们听觉上的享受。

清李渔《闲情偶寄》:“种树非止娱目，兼为悦耳。目有时而不娱，以在卧榻之上也;耳则无时不悦。鸟声之最可爱者，不在人之坐时，而偏在睡时。鸟音宜晓听，人皆知之；而其独宜于晓之故，人则未之察也。”①

杨柳为众鸟翔集之地，春有黄鹂，夏有鸦雀，秋有寒蝉。杨柳枝上鸟雀寒暑往来的变化不仅是物候变迁的征兆，此起彼伏的虫吟鸟鸣也让人聆听到大自然的天籁之音，给人听觉上的审美享受，尤其在夜阑人静、晓色未开之时，给人的体会尤为深刻。

古人早就注意到大自然的声响美。清代养生家石天基在《长生秘诀》中提到有八乐:静坐之乐、读书之乐、赏花之乐、玩月之乐、观画之乐、听鸟之乐、狂歌之乐、高卧之乐。把听鸟之乐当作人生一大乐事。李渔更是视花鸟为知己，不厌其烦地讲述了花鸟带给人们视觉、听觉上的美感享受。

《闲情偶寄》:“花鸟二物，造物生之以媚人者也。既产娇花嫩蕊以代美人，又病其不能解语，复生群鸟以佐之。此段心机，竟与购觅红妆，习成歌舞，饮之食之、教之诲之以媚人者，同一周旋之至也。而世人不知，目为蠢然一物，常有奇花过目而莫之睹，鸣禽悦耳而莫之闻者。至其捐资所买之侍妾，色不及花之万一，声仅窃鸟之绪余，然而睹貌即惊，闻歌辄喜，为其貌似花而声似鸟也。噫！贵似贱真，与叶公之好龙何异？予则不然。每值花柳争妍之日，飞鸣斗巧之时，必致谢洪钧，归功造物，无饮不奠，有食必陈，若善士信妪

① ［清］李渔《李渔全集》第三卷，浙江古籍出版社 1991 年版，第 304 页。

图20 ［清］朱耷《杨柳浴禽图》，纸本，墨笔，119×58.4厘米，北京故宫博物院藏。（叶芃，刘永晖《故宫画谱·花鸟卷·八哥》，故宫出版社2013年版，第71页）。

图21 ［清］张敔《禽柳图》，纸本，水墨画，49.9×41.5厘米，辽阳博物馆藏（邢爱文《辽阳博物馆馆藏精品图集》，辽宁大学出版社2009年版，第147页）。

之佞佛者。夜则后花而眠，朝则先鸟而起，惟恐一声一色之偶遗也。及至莺老花残，辄怏怏如有所失。是我之一生，可谓不负花鸟；而花鸟得予，亦所称‘一人知己，死可无恨’者乎？”[①]

李渔认为，大自然的花鸟是造化赐给人的礼物，花容花姿非美人之姿色所能比，鸟鸣鹊叫比美人歌喉还要悦耳动听，慨叹世人不解花鸟之娱人，枉费千金之资购美人。李渔则不然，每值花柳争艳、百鸟和鸣之时，早起晚睡，只为赏花姿听鸟语，真可谓花鸟之知音。

“朝作离蝉宇，暮成宿鸟园”，杨柳是虫鸟栖息的场所，特别是春夏之际鸟儿交配、繁殖的季节，柳树就成了其爱情和生产的家园。杨柳木质软，分泌的汁液多，这就吸引了众多以植物汁液为生的昆虫，而昆虫又是鸟类常见的食物，所以杨柳不仅能够解决很多鸟类的栖息问题，还同时解决了它们的饮食问题，因而众多鸟类以柳树为栖息地。虫鸟对杨柳的依附关系是杨柳、虫鸟意象组合的前提。在这些组合中，最常出现的虫鸟是黄莺、乌鸦和蝉。

（一）柳与黄莺

黄莺属雀形目黄鹂科，又名黄鹂、黄鸟。黄莺以羽色见长，它羽色鲜黄，雄鸟羽色金黄有光泽，雌鸟羽色黄中带绿。黄莺也以鸣叫制胜，它善鸣叫，声音响亮，终日不辍，但黄莺鸣叫不是为了取悦人类，而是为了求偶，吸引异性。黄莺是一种夏候鸟，春夏两季在我国东南地区筑巢安家、繁殖后代，秋冬迁至南方温暖地区越冬。黄莺是树栖类鸟类，以食昆虫为主，而柳树汁液多，昆虫多聚集其上，故黄莺经常栖息于柳树之上，便于就地取食。

---

① ［清］李渔《李渔全集》第三卷，第 329 ～ 330 页。

杜甫的“两个黄鹂鸣翠柳，一行白鹭上青天”(杜甫《绝句四首》)是传诵千古的名句，体现了春天美丽的风景和蓬勃的生机，这两句的好处在于化无声的视觉文字为有声的语言，给人带来视觉、听觉上的双重享受，成为杨柳和黄莺组合中最为经典的诗句。杨柳和黄莺的组合主要基于以下两点：一是两者都是早春的表征。早春之时，黄莺即开始鸣叫，此时杨柳也刚吐芽，两者都是时序更替、春天到来的标志，如“莺啼知岁隔，条变识春归”(卢照邻《折杨柳》)。二是两者组合体现了视听美感的和谐统一。从色彩学上看，杨柳为嫩绿色，黄莺的羽毛是金黄色，黄、绿搭配给人一种温暖鲜明的感觉；黄莺善鸣，歌喉婉转，声音悦耳，是飞禽中公认的歌唱家，如温庭筠所言“柳占三春色，莺偷百鸟声”(温庭筠《太子西池二首》)。可以说杨柳和黄莺的组合最能体现春天的美丽风景和勃勃生机。

图22 徐悲鸿《柳雀图》，纸本，设色，131×38厘米，故宫博物院藏。自题：“艺圃贤兄哂存。悲鸿廿四年夏。”（廿四年：指民国廿四年（1935年），徐悲鸿时年40岁。故宫博物院《故宫博物院藏近现代书画名家作品集·徐悲鸿》，紫禁城出版社2006年版，第47页）。

谢灵运的《登池上楼诗》：“池塘生春草，园柳变鸣禽。”水草从池塘里长出来，柳树上的飞鸟也变了样，昭示着春天的到来。这两句也备受后世推崇。叶梦得《石林诗话》载：“世多不解此语为工，盖欲以奇求之耳。此语之工，正在无所用意，猝然与景相遇，借以成章，不假绳削，故非常情所能到。诗家妙处，当须以此为根本，而思苦难言者，往往不悟。”[①]这两句的好处是在不经意间以最典型的镜头传递出春天的消息。

黄莺啼叫和柳条吐芽，常常作为春天的标志在诗歌中同时出现，这样的诗句很多。如：

豆卢复《落第归乡留别长安主人》：“客里愁多不记春，闻莺始叹柳条新。”

皎然《酬邢端公济春日，苏台有呈，袁州李使君兼书并寄辛阳王三侍御》：“柳色变又偏，莺声闻亦频。”

白居易《春末夏初闲游江郭二首》：“柳影繁初合，莺声涩渐稀。”

图23 ［元］盛昌年《柳燕图》，纸本墨笔，75.3×25.5厘米，元至正十二年（1352）作，北京故宫博物院藏（陈履生，张蔚星《中国花鸟画·元·明卷》（上），广西美术出版社2000年版，第274页）。

黄莺初啼、柳色新变是初春的表征，柳荫浓密、莺声渐稀则是暮春的标志。这几首诗歌创作时间不同，但审美视角却是一样的，都是从柳条色彩的变化和黄莺鸣叫频率的高低关照春天的。

其实春天黄莺栖息于杨柳，早在六朝时期就已经在诗歌中出现，

① ［清］何文焕《历代诗话》，中华书局1981年版，第426页。

如萧子显《春别诗四首》[1]，其一："翻莺度燕双比翼，杨柳千条共一色。但看陌上携手归，谁能对此空相忆。"其二曰："幽宫积草自芳菲，黄鸟芳树情相依。争风竞日常闻响，重花叠叶不通飞。当知此时动妾思，惭使罗袂拂君衣。"不过这里主要是以黄莺的成双成对，或黄莺与杨柳的相依相偎，反衬思妇的形单影只和对离人的思念，关注的重点不是黄莺鸣叫所带来的听觉上的享受，也不是杨柳吐绿所带来的春天的消息。

盛唐出现了专门吟咏柳上黄莺的诗歌，二者都是春天到来的标志。如李白《侍从宜春苑奉诏赋龙池柳色初青听新莺百啭歌》："池南柳色半青青，萦烟袅娜拂绮城。垂丝百尺挂雕楹，上有好鸟相和鸣……新莺飞绕上林苑，愿入箫韶杂凤笙。"丝丝绿柳中新莺之间的唱和鸣叫，犹如婉转萧笙奏出的动人音乐，轻松活泼，充满生机活力，昭示着春天的到来。

杨柳和黄莺的密切联系，使得在专门吟咏黄莺的诗歌中也常常出现柳。如：

李中《莺》："羽毛特异诸禽，出谷堪听好音。薄暮欲栖何处，雨昏杨柳深深。"

陆扆《禁林闻晓莺》："曙色分层汉，莺声绕上林。报花开瑞锦，催柳绽黄金。"

柳树是黄莺的栖息之地，用歌唱督促杨柳吐芽发绿。同样，在咏柳诗中也常常出现莺的身影。如：

温庭筠《原隰荑绿柳》："新莺将出谷，应借一枝栖。"

宋薛美《咏柳》："一撮娇黄染不成，藏鸦未稳早藏莺。"

---

[1] 萧子显《春别诗四首》，《先秦汉魏晋南北朝诗》梁诗卷一五，第 1820 页。

宋正父《柳》："丝丝烟雨弄轻柔，偏称黄鹂与白鸥。才著一蝉嘶晚日，西风容易便成秋。"

在这些咏柳诗中，或者写莺栖于树，或者写莺鸣于树，莺柳相互映衬，美丽而不失活力。

（二）柳与乌鸦

乌鸦，属于雀形目鸦科，为雀形目鸟类中个体最大的，体长 400 ～ 490 毫米，全身或大部分羽毛为乌黑色，故名。乌鸦多在高树上营巢。暮春初夏之际，杨柳枝叶渐趋繁茂，体形较大的乌鸦就可隐藏于柳树枝叶间。

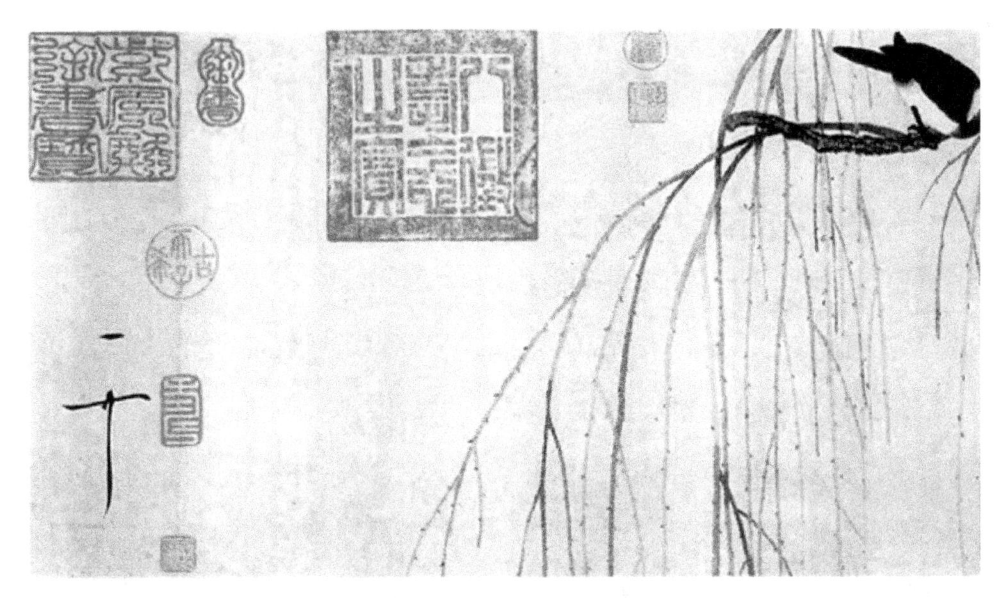

图 24 ［宋］赵佶《柳鸦图》（局部），纸本，淡设色，34×223 厘米，上海博物馆藏（天津人民美术出版社《世界美术全集·10·中国美术·五代—清》，天津人民美术出版社 1996 年版，第 50 页）。

柳上乌鸦，诗中也多有吟咏，早在南北朝时期就已经出现。

南朝宋《读曲歌八十九首》："暂出白门前，杨柳可藏乌。"

简文帝《金乐歌》："槐香欲覆井，杨柳正藏鸦。"

王筠《春游诗》："蘂兰已飞蝶，杨柳半藏鸦。"

早春季节，杨柳叶小枝疏，不足以藏鸦。到暮春初夏之时，杨柳枝叶渐密，乌鸦才能藏身。"藏鸦"就成为描写杨柳的一个常见意象，多用来指代暮春初夏之际的杨柳风光，如王安石《暮春》："白下门东春已老，莫嗔杨柳可藏鸦。""藏鸦"意象在咏柳诗歌中也经常被提及。宋薛美《咏柳》:"一撮娇黄染不成,藏鸦未稳早藏莺。"李商隐《谑柳》:"长时须拂马，密处少藏鸦。"明杨基《新柳》："惆怅吴宫千万树，乱鸦疏雨正沉沉。"

（三）柳与蝉

蝉属昆虫纲蝉科，又名知了、蜘蟟等。蝉的幼虫在羽化前栖息泥土之中，以吸食植物的根液过活，几年之后，幼虫蜕变为成虫，出土之后就爬到附近的树上，脱去外壳，羽化为蝉，靠刺吸植物的汁液补充营养，继而鸣叫，目的是吸引雌蝉与之交配，蝉交配产卵后不久就死去。杨柳的汁液多，能更好地满足蝉的需要，所以蝉喜欢栖息在柳树之上。一般来说，蝉的寿命很短，只有 45~60 天。雄蝉一般在气温 20 度以上开始鸣叫，当气温达到 26 度以上时，许多雄蝉就一起鸣叫起来，称为群鸣。当气温达 30 度以上时，这些雄蝉不仅鸣叫的时间长，而且频率也更高，声音更为响亮。气温跟季节密切相关，夏天气温高，是蝉的交配产卵期，蝉声最为高亢嘹亮，时间最为持久；但夏蝉经过热烈的鸣叫之后，到了秋天就进入生命的终结期，蝉声凄厉哀婉，短暂低沉；故从蝉声的变化人们可以感知季节的变迁。

柳树汁液多，是蝉最常栖息的树木之一。关于柳和蝉的关系，文学上多有反映，最早可以追溯到《诗经》。《小雅·小弁》："菀彼柳斯，鸣蜩嘒嘒。”《毛诗注疏》卷一九曰:“蜩,蝉也。嘒嘒,声也。”《笺》云:“柳木茂盛则多蝉。”汉枚乘《柳赋》:“蜩螗厉响,蜘蛛吐丝。”这些蝉大多是夏天之蝉。其实夏蝉并不讨人喜欢,夏日酷暑难耐,蝉的声声聒噪更使人觉得烦躁不堪。相比较而言,人们更喜欢秋天的蝉鸣。

从六朝开始,人们开始广泛关注秋蝉鸣柳,把秋蝉鸣叫同时序变迁联系在一起,侧重于描摹秋蝉穿行于枝叶间的姿态。

陆机《拟明月何皎皎诗》:“凉风绕曲房,寒蝉鸣高柳。踟蹰感节物,我行永已久。”

[隋]王由礼《赋得高柳鸣蝉诗》:“园柳吟凉久,嘶蝉应序惊。露下緌恒湿,风高翅转轻。叶疏飞更迥,秋深响自清。何言枝里翳,遂入蔡琴声。”

此诗把秋蝉飞行的姿态和声响描摹得细致入微。秋风萧瑟,秋露浓重,蝉在枝叶间振翅高飞,蝉的声声清鸣如滑过的悠扬琴声,比喻很贴切。入唐以来,李世民《赋得弱柳鸣秋蝉》:“散影玉阶柳,含翠隐鸣蝉。微形藏叶里,乱响出风前。”小小的蝉儿隐藏在浓密的柳叶之中,看不到它微小的身影,蝉声却透过柳叶发散在风中。诗句短小,构思却比较新颖,姿态美和声响美二者皆重。

秋蝉常同枯柳相联,蕴含着种种撩人的愁思。唐代罗邺《蝉》:“才入新秋百感生,就中蝉噪最堪惊。能催时节凋双鬓,愁到江山听一声。不傍管弦拘醉态,偏依杨柳挠离情。故园闻处犹惆怅,况是经年万里行。”[1]秋蝉鸣柳不仅给人一种生命短暂的慨叹,而且还给人增添了离别的愁思。

首先,秋蝉鸣柳给人一种时光飞逝、人生短暂的生命慨叹。中国

① 罗邺《蝉》,《全唐诗》卷六五四,第7529页。

249 粉彩柳蝉图 1932—1940年 佚 名

250 粉彩柳蝉图 1932—1940年 李明亮

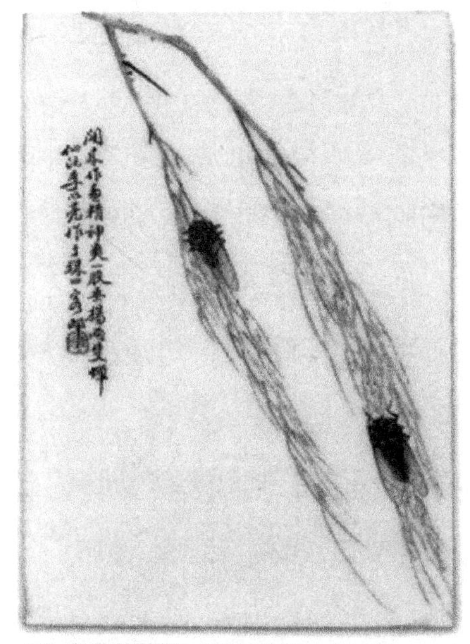

251 粉彩柳蝉图 1932—1940年 李明亮

252 粉彩柳蝉图 1932—1940年 李明亮

图 25 景德堂藏民国艺人瓷板画《粉彩柳蝉图》（胡尚德《景艺堂藏瓷 · 瓷板画》，江西美术出版社 2001 年版，第 209 页）

古人历来有伤春悲秋的传统,秋天,西风萧瑟,万物凋零,柳树也不例外。柳树秋天开始衰落，此时蝉大多进入生命的晚期，叫声更为凄厉悲切，听起来更加使人感伤不已。如许浑《蝉》:“噪柳鸣槐晚未休，不知何事爱悲秋。”张率《短歌行》:“寒蝉鸣柳，悲自别深。欢田会厚，岂云不乐。”[①]秋蝉鸣于枯柳，触动了文人的悲秋情结，更让人感慨万千，愁思顿起，悲从中来。

其次,秋蝉鸣柳使人增添离别的愁思。如李咸用《送黄宾于赴举》:“秋风昨夜满潇湘，衰柳残蝉思客肠。”李中《听蝉寄朐山孙明府》:“忽听新蝉发,客情其奈何。西风起槐柳,故国阻烟波。”杜荀鹤《离家》:“丈夫三十身如此，疲马离乡懒著鞭。槐柳路长愁杀我，一枝蝉到一枝蝉。”柳永《雨霖铃》:“寒蝉凄切。对长亭晚,骤雨初歇。”古人有“折柳赠别”的习俗，与友人离别之际，或旅途中看到杨柳，很容易勾起人们的思乡之情，此时枝叶间秋蝉凄厉的鸣叫，更让人惆怅伤感，黯然销魂。

蝉还被人看作品行高洁的象征。晋陆云《寒蝉赋序》:“至于寒蝉，才齐其美，独未之思，而莫斯述。夫头上有緌，则其文也。含气饮露，则其清也。黍稷不享，则其廉也。处不巢居，则其俭也。应候守常，则其信也。加邑冠冕，取其容也。君子则其操，可以事君，可以立身，岂非至德之虫哉？”[②]陆云高度赞美了蝉的文、清、廉、俭、信等五德，其中头上有蕤，指文采；含气饮露，为清高；不食五谷，为廉洁；不住窠巢，为俭朴；应候守节，为讲信用。

蝉具有如此多的美德，故常常成为诗人托物寓意的载体。骆宾王《在狱咏蝉》:“西陆蝉声唱，南冠客思侵。那堪玄鬓影，来对白头吟。

① 张率《短歌行》,《先秦汉魏晋南北朝诗》梁诗卷一三，第1780页。
② 严可均辑校《全上古三代秦汉三国六朝文》,中华书局1999年版，第2034页。

露重飞难进，风多响易沉。无人信高洁，谁为表予心。”骆宾王因上书议论政事，触怒武则天，被诬以赃罪，身陷囹圄，这首诗即狱中所写。诗中骆宾王以蝉自喻，用蝉表明自己高洁的情操，以露重难飞，风高声低，比喻外界环境的恶劣和政治上的失意，是一首典型的托物寓意诗。这样的例子很多，又如虞世南《蝉》:“居高声自远，非是藉秋风。”李商隐《蝉》:“本以高难饱，徒劳恨费声。五更疏欲断，一树碧无情。薄宦梗犹泛，故园芜已平。烦君最相警，我亦举家清。”戴叔伦《画蝉》:“饮露身何洁，吟风韵更长。”王沂孙《齐天乐》:“甚独抱清高，顿成凄楚。”[①]

我们知道，秋蝉憩于高枝，餐风饮露，似不食人间烟火之物，自有一种超脱流俗的清高品格。如颜之推《和阳纳言听鸣蝉篇》:“垂阴自有乐，饮露独为清。”[②]幽独孤高的品性，使得秋蝉在众鸟中有着独特的地位，备受文人的青睐。司空曙《江园书事寄卢纶》:“艳花那胜竹，凡鸟不如蝉。”竹子没有花朵的艳丽，秋蝉也没有百鸟婉转的歌喉，但竹子、秋蝉都是高洁之物，岂是众芳百鸟所能比。临风听蝉，也是一种闲逸自处的高雅行为。王维《辋川闲居赠裴秀才迪》:“寒山转苍翠，秋水日潺湲。倚杖柴门外，临风听暮蝉。渡头余落日，墟里上孤烟。复值接舆醉，狂歌五柳前。”在秋日傍晚的辋川别业，诗人倚杖柴门，临风听蝉，可谓神定气闲，超然物外。

蝉品行之高洁，使得它的栖息之所衰柳似乎也变成了高洁之人，如“寒蝉近衰柳，古木似高人”(姚合《假日书事呈院中司徒》)。柳与蝉的组合显然比其他诸如莺、鸦、鹊等飞禽更能彰显人物的超凡脱俗。如司空图《杨柳枝二首》:“陶家五柳簇衡门，还有高情爱此君。何处

① 王沂孙《齐天乐》，唐圭璋《全宋词》，第3357页。

② 颜之推《和阳纳言听鸣蝉篇》,《先秦汉魏晋南北朝诗》北齐诗卷二，第2284页。

更添诗境好，新蝉欹枕每先闻。”陶渊明门前栽种五株柳树，故号“五柳先生”，陶渊明又是著名的隐者，故常用柳意象表达隐逸独处的理想。蝉居高处危，清音悠远，餐风饮露，是志趣幽洁的象征，因此，二者的组合常用来象征人物淡泊孤高的情操。

柳上栖息的虫鸟，除受到关注较多的莺、鸦、蝉之外，喜鹊等也引起诗人的审美关注。如北齐魏收《看柳上鹊诗》：“背岁心能识，登春巢自成。立枯随雨霁，依枝须月明。疑是凋笼出，当由抵玉惊。间关拂条软，回复振毛轻。何独离娄意，傍人但未听。”[1]把喜鹊在柳树枝叶间穿梭的姿态描绘得惟妙惟肖。

总之，在长期的文学发展中，人们对杨柳形象物色之美的认识是深刻而全面的，不仅有整体的把握，更有局部的描摹，还有不同侧面的认识。从整体上来说，自先秦以来，人们对杨柳形象美的认识经历了一个从整体到局部、由“求形”到“求神”逐步深入的过程，杨柳在人们心目中也由一个挺拔茂盛的形象转变为柔弱易衰的形象。从局部上说，不仅对杨柳的枝叶有了细致的体认，而且对于不同季节、不同氛围的杨柳也有深入的把握。杨柳给人的美感享受是全面的，既有视觉上的赏心悦目，还有听觉上的悦耳动听。物色之美是杨柳美感形象中比较普遍的、客观的，同时也是其他审美感受和认识的基础，杨柳的物色特征为杨柳的情感意蕴和人格象征奠定了基础。

（原载石志鸟《中国杨柳审美文化研究》第189～206页，巴蜀书社2009年版，此处有修订）

---

① 魏收《看柳上鹊诗》，《先秦汉魏晋南北朝诗》北齐诗卷一，第2269页。

杨柳意象的人格象征

对于杨柳形象美感的认识，诗人们不只停留于杨柳外在的树形枝叶，更着眼于杨柳内在的神韵和人格象征。从人格象征方面来说，魏晋时期，杨柳多用以比拟名士的秀爽风姿；自陶渊明后，杨柳又成了隐士的象征；时至唐代，杨柳越来越倾向于以青春女子拟之；渐至中晚唐，柳又多用来比娼妓和小人。总之，魏晋至中晚唐以来，杨柳的人格化历程经历了一个下降的过程，由不同流俗的清俊之士和超然世外的归隐之人，演变为地位卑下的青楼歌妓和趋炎附势的卑劣小人。杨柳形象的多变使得杨柳意象的人格象征意义非常广泛，不仅包括正面的人格象征，也包括负面的人格象征。

一、从名士到隐士

《诗经》对杨柳的实用价值关注较多，对其审美价值却少有提及。汉代的柳赋主要是状物，侧重于对柳树外在的枝叶描摹。杨柳的人格化历程是从魏晋开始的,魏晋文人喜欢以柳比喻士人萧散俊朗的风姿神韵。

自曹丕实行九品中正制以来，魏晋开始崇尚人物品评，注重人的风貌姿容。《世说新语》是一部专门记载汉、晋文人名士言行轶事的书，其中有“容止”篇，专门谈论名士俊爽秀异的姿容。魏晋士人继承了先秦君子比德传统，常用自然物的形态特征类比人的风姿神貌。如：

《世说新语·容止》："裴令公有俊容仪，脱冠冕，粗服乱头皆好，时人以为'玉人'。见者曰：'见裴叔则，如玉山上行，光映照人。'"[①]

《世说新语·容止》："时人目王右军，飘如游云，矫若惊龙。"[②]

《世说新语·容止》："时人目夏侯太初'朗朗如日月之入怀'，李安国'颓唐如玉山之将崩'。"[③]

名士飘逸俊爽的风姿跃然纸上，呼之欲出，可谓惟妙惟肖。自然比德观念的兴起，使得自然物都打上了人的烙印，浸染着人的姿态容仪和风度神韵。在用来比德的自然物中，魏晋士人很喜欢以树木比之，如王戎评王衍所言："太尉神姿高彻，如瑶林琼树，自然是风尘外物。"[④]意指王衍之风姿清朗，超然尘世之外，如玉树临风，不食人间烟火。在众多树木中，他们最青睐的是松柏、竹子和杨柳。

子曰："岁寒，然后知松柏之后凋也。"自孔子后，松柏凌寒不凋的本性就成为士人不同流俗、孤傲高洁品格的象征。汉、晋名士常用松柏比喻人的高洁品德。《世说新语·容止》载："嵇康身长七尺八寸，风姿特秀。见者叹曰：'萧萧肃肃，爽朗清举。'或云：'肃肃如松下风，高而徐引。'山公曰：'嵇叔夜之为人也，岩岩若孤松之独立；其醉也，

---

① ［南朝宋］刘义庆著，徐震堮校笺《世说新语校笺》，中华书局 1984 年版，第 336 页。

② ［南朝宋］刘义庆著，徐震堮校笺《世说新语校笺》，中华书局 1984 年版，第 341 页。

③ ［南朝宋］刘义庆著，徐震堮校笺《世说新语校笺》，中华书局 1984 年版，第 334 页。

④ ［南朝宋］刘义庆著，徐震堮校笺《世说新语校笺》，中华书局 1984 年版，第 233 页。

傀俄若玉山之将崩。’”[①]这样的例子很多，如：

刘尹云:“人想王荆产佳，此想长松下当有清风耳！”（《世说新语·言语》）

世目李元礼“谡谡如劲松下风”。（《世说新语·赏誉》）

张威伯，岁寒之茂松，幽夜之逸光。（《世说新语·赏誉》）

庾子嵩目和峤:“森森如千丈松，虽磊砢有节目，施之大厦，有栋梁之用。”（《世说新语·赏誉》）

有人哭和长舆曰：“峨峨若千丈松崩。”（《世说新语·伤逝》）

松柏的风神、器识、品格受到魏晋名士的普遍推崇。《世说新语·方正》还记载：“南阳宗世林，魏武同时，而甚薄其为人，不与之交。及魏武作司空，总朝政，从容问宗曰：‘可以交未？’答曰：‘松柏之志犹存。’世林既以忤旨见疏,位不配德。文帝兄弟每造其门,皆独拜床下。其见礼如此。”[②]宗世林不因曹操地位的高低而改变自己的意愿，始终坚持自己的操守，品格气节如松柏般坚定不移。宗世林坚贞刚直的高尚品格得到士人的尊重，连曹丕兄弟登门拜访他时，还在他的坐床前行拜见礼。

相对于松柏的坚贞操守，竹子多以潇洒挺拔之姿受到魏晋士人的喜爱。魏晋时期有“竹林七贤”，即嵇康、阮籍、山涛、向秀、刘伶、王戎和阮咸，他们集于竹林之下，肆意酣畅，故名之。他们的潇洒风度，不仅得到时人的称颂，连后人也仰慕不已，纷纷效仿。东晋王徽之就很喜欢竹子，认为“不可一日无此君”。《世说新语·任诞》载：“王子猷尝暂寄人空宅住，便令种竹。或问：‘暂住何烦尔？’王啸咏良久，

---

① ［南朝宋］刘义庆著，徐震堮校笺《世说新语校笺》，第 335 页。

② ［南朝宋］刘义庆著，徐震堮校笺《世说新语校笺》，第 153 页。

直指竹曰：‘何可一日无此君！’”[①]王徽之，字子猷，是大书法家王羲之之子。据刘孝标注引《中兴书》载，“徽之卓荦不羁，欲为傲达，放肆声色,颇过度,时人钦其才秽其行也”[②]。王徽之的品行虽然为人所不齿，但对于他过人的才气和清俊的风神，时人还是很钦佩的。《世说新语·简傲》还记载了王徽之的另一件事：“王子猷尝行过吴中，见一士大夫家极有好竹，主已知子猷当往，乃洒扫施设，在厅事坐相待。王肩舆径造竹下，讽啸良久，主已失望，犹冀还当通。遂直欲出门。主人大不堪，便令左右闭门，不听出。王更以此赏主人，乃留坐，尽欢而去。”[③]王徽之赏竹不问主人，对竹子的痴迷程度和率真任性的名士风度，于此可略见一斑。

除竹子、松柏外，魏晋文人对杨柳也是宠爱有加。相对于竹子、松柏的苍劲挺拔，经冬不凋，杨柳则柔软低垂，荣枯有时。但魏晋士人重视人的姿态仪表，尤其推崇清瘦俊爽的风骨神韵，也就是说，清瘦的外貌之下体现出人物内在脱俗的高格。杨柳枝条下垂，微风吹拂，秀美多姿，枝叶稀疏，给人一种潇洒疏朗之美，契合了士人追求秀美俊爽的姿容和潇洒飘逸的风度这一审美理想,自然得到士人的喜欢。《晋书·孙绰传》载：“绰字兴公。博学善属文，少与高阳许询俱有高尚之志……所居斋前种一株松,恒自守护,邻人谓之曰:‘树子非不楚楚可怜，但恐永无栋梁日耳。’绰答曰：‘枫柳虽复合抱，亦何所施邪！’”[④]这则材料虽然主要是说孙绰对松的喜爱，但孙绰以枫柳之无用反驳邻人

---

① ［南朝宋］刘义庆著，徐震堮校笺《世说新语校笺》，第 408 页。

② ［南朝宋］刘义庆著，徐震堮校笺《世说新语校笺》，第 408 页。

③ ［南朝宋］刘义庆著，徐震堮校笺《世说新语校笺》，第 416 页。

④ ［唐］房玄龄等《晋书》卷五六，列传第二十六，中华书局 1974 年版，第 1544 页。

松无用的言辞，也从侧面说明了时人对柳树的喜爱，因为柳树也不能做栋梁之用，但并不妨碍人们喜欢它。人们也多以杨柳形容名士之风貌。《晋书·王恭传》载："恭美姿仪，人多爱悦，或目之云：'濯濯如春月柳。'尝被鹤氅裘，涉雪而行，孟昶窥见之，叹曰：'此真神仙中人也！'"[①] 王恭容貌美好，就像春天的杨柳一样清秀明艳，充满活力。《南史》载："刘悛之为益州，献蜀柳数株，枝条甚长，状若丝缕，时旧宫芳林苑始成，武帝以植于太昌灵和殿前，常赏玩咨嗟曰：'此杨柳风流可爱，似张绪当年时。'其见赏爱如此。"[②]杨柳的秀丽姿态，如同名士俊爽之风姿。杨柳之姿与名士之风度可以类比，杨柳可比名士，名士可拟杨柳。

可以说，魏晋时期，杨柳在士人心目中的地位几乎可以跟松柏、竹子相并肩，都代表了士人所向往的不同流俗的风姿神韵。如果说松柏倾向于象征坚贞刚毅的品格节操，竹子代表独立特行、清俊脱俗的个性风范，那么杨柳则体现了姿容秀异、萧散疏朗的飘逸风度。

其实，以柳类比名士之风姿不是偶然的，除跟柳本身的姿态有关外，还跟文学传统和社会背景有关。早在先秦时期，柳就跟名士结下不解之缘。鲁国柳下惠因品行高洁被尊为圣人，《孟子 · 公孙丑上》载："柳下惠，不羞污君，不卑小官，进不隐贤，必以其道。遗佚而不怨，厄穷而不悯。故曰：'尔为尔，我为我，虽袒裼裸裎于我侧，尔焉能浼我哉？'"孟子赞扬柳下惠进退有道，进而不骄、退而不怨，即使无辜罢官也毫无怨言，处穷而不自怜。并假拟柳下惠之口说道："即使你袒身露臂于我的身旁，也侮辱不了我！"经由孟子的褒奖，柳下惠声名远扬。柳下惠本姓展，名获，字禽，只因食邑在柳下，谥号为"惠"，故称其

① 《晋书》卷八四，列传第五十四，第 2186 ～ 2187 页。

② ［唐］李延寿《南史》卷三一，列传第二十一，中华书局 1975 年版，第 810 页。

为柳下惠。后人便以爱柳表达对柳下惠的尊崇。嵇康就非常敬重柳下惠，曾作诗云："昔惭柳惠，今愧孙登。"[①]他常在柳树下打铁，《晋书·嵇康传》载：(嵇康)"性绝巧而好锻。宅中有一柳树甚茂，乃激水环之，每夏月，居其下以锻。"[②]《南史》载："刘瓛，字子珪，沛国相人，晋丹阳尹惔六世孙也……聚徒教授，常有数十人。丹阳尹袁粲于后堂夜集，闻而请之，指厅事前古柳树，谓瓛曰：'人谓此是刘尹时树，每想高风；今复见卿清德，可谓不衰矣。'"[③]刘惔，字真长，沛国相县（今安徽省宿州西北）人，曾任丹阳尹，东晋名士，善清谈，尤好老庄之学。柳树是刘惔在时所栽种，柳树还在，人已不在，看到昔日的柳树，就令人想起已故的刘惔。可见柳树常跟高格之人相联系。

魏晋时期跟柳关系最密切的人，应该是陶渊明了。陶渊明在《五柳先生传》中说："宅边有五柳树，因以为号焉。"可知"五柳先生"是陶渊明的自称，并非他人所加。从陶渊明的诗歌中，我们可以得知，陶渊明宅边不仅栽种柳树，还有榆树、桑树、梅花、桃李、兰花、菊花等。如《归园田居》："榆柳荫后檐，桃李罗堂前。"《蜡日》："梅柳夹门植，一条有佳花。"《拟古诗九首》："荣荣窗下兰，密密堂前柳。"《归去来兮辞》："三径就荒，松菊犹存。"陶渊明为何独取柳自况？矢嶋美都子在《关于中国古诗中"柳树"形象的演变和陶渊明号为"五柳先生"的来由》一文中认为，陶渊明取柳自况，是为了借助曾祖父陶侃的声望来提高自己隐逸的知名度，因为陶侃是东晋著名的大将，他战绩卓著，曾平息了苏峻之乱，对稳定东晋初年的动荡时局做出了很大贡献。《晋

① 嵇康《忧愤诗》，《先秦汉魏晋南北朝诗》魏诗卷九，第481页。
② ［唐］房玄龄等撰《晋书》，卷四九，列传第十九，第1372页。
③ ［唐］李延寿《南史》卷五〇，列传第四十，第1235～1236页。

书·陶侃传》载："侃性纤密好问，颇类赵广汉。尝课诸营种柳，都尉夏施盗官柳植之于己门。侃后见，驻车问曰：'此是武昌西门前柳，何因盗来此种？'施惶怖谢罪。"[①]这则材料主要赞扬了陶侃缜密的性格，但从侧面也说明了陶侃和杨柳的密切联系。不仅陶侃植柳广为人知，在陶渊明之前，还有很多名人跟柳关系密切。汉代名将周亚夫在驻地军营遍植柳树，不久柳树成林，故名细柳营，随后柳营就成了军营的代称。枚乘《柳赋》所记载的文士同梁王于忘忧馆饮酒赋诗的欢乐场景，令后代文人艳羡不已，还有魏文帝曹丕种柳赋柳，晋桓温抚柳感慨等。这说明魏晋时期，文人热爱柳，柳与人们的精神生活发生了紧密的联系。"柳实为人生价值的参照物，人本质力量的对象化载体。"[②]

陶渊明选择了"五柳先生"作为自己的称号，不仅迎合了社会上爱柳赋柳的风气，又可借曾祖陶侃之声名。不管"五柳先生"这个号有没有提升陶渊明作为隐士的名气，但陶渊明之后，柳就跟隐逸紧密相联，成为超然物外的高洁品格象征，这在晋朝的诗歌中可以看出来。萧纲《听早蝉诗》："草歇鶗鸣初，蝉思花落后。乍饮三危露，时荫五官柳。"[③]蝉吸风饮露，居高自危，一向被视为高洁品格的象征，这里把蝉同五柳联系在一起，二者都用来象征高洁的品格。南朝梁代费昶《赠徐郎诗》："殷勤胶漆，留连琴酒。居徒壁立，妪亦粗丑。纺绩江南，躬耕谷口。庭中三径，门前五柳。子若弹冠，余当结绶。"[④]"三径"同"五柳"一样也是隐逸的象征。相传西汉末，王莽专权，兖州刺史蒋诩告病辞官，隐居乡里，于院中辟三条小路，只与隐士求仲、羊仲来往，

① ［唐］房玄龄等《晋书》卷六六，列传第三十六，第1778页。

② 王立《心灵的图景：文学意象的主题史研究》，学林出版社1999年版，第63页。

③ 萧纲《听早蝉诗》，《先秦汉魏晋南北朝诗》梁诗卷二二，第1961页。

④ 费昶《赠徐郎诗》，《先秦汉魏晋南北朝诗》梁诗卷二七，第2084页。

后用“三径”指代隐士居处。陶渊明《归去来兮辞》中有：“三径就荒，松菊犹存。”以此表示归隐田园的决心。庾信《和王少保遥伤周处士诗》：“三山犹有鹤，五柳更应春。”[1]三山指神仙居住之地，指仙界，五柳指隐逸之地，不管是仙界还是隐逸世界，都是超然世俗的境界。陶渊明因“不肯为五斗米折腰向乡里小儿”，即“解绶去职”，隐居故里，自号五柳先生，自得其乐。后代失意文人便效仿陶渊明，于宅前种柳，一方面宽慰自己，一方面表明自己品行的高洁。《艺文类聚》引沈约《宋书》曰：“萧惠开为少府，不得志，寺内斋前香草、蕙兰悉铲除，列种白柳。”[2]杨柳成了文人仕途不得意时的心灵寄托。

图 26 ［明］丁云鹏《渊明漉酒图》，纸本，设色，137.4×56.8 厘米，上海博物馆藏（周积寅《中国画艺术专史·人物卷》，江西美术出版社 2008 年版，第 568 页）。

唐代，文人对陶渊明更为推崇。汪遵《彭泽》：“鹤爱孤松云爱山，宦情微禄免相关。栽成五柳吟归去，漉酒巾边伴菊闲。”[3]仿效仿渊明，隐居

① 庾信《和王少保遥伤周处士诗》，《先秦汉魏晋南北朝诗》北周诗卷三，第 2383 页。

② ［唐］欧阳询《艺文类聚》卷八九，第 1531 页。

③ 汪遵《彭泽》，《全唐诗》卷六〇二，第 6954 页。

桃源，超然世外，成为文人心中抹不去的梦想。文人更是喜欢在自己所居的宅院、园林中种柳，借柳表达归隐之意和闲适之趣。唐詹敦仁道出了文人种柳的意趣所在。其《柳堤诗》前有一段序言：

> 夫柳之性，断根插地，遂有生意，越一二年，而笼晴蔽阴矣。予不知天地生物之心，且得以为负耒息耕之便焉。况是木删之则枝叶倍长，剪之则芽蘖滋多，又得以供火爨之用焉。时方春也，绿染方匀，柔丝袅风，搅诗肠之百结，宜吾一咏而一觞也。春云暮矣，雪絮飞球，悠扬远近，叹人生之聚散，宜闲居而自适也。于是秉耒就耕，书横牛角，锄且带经，或偃息乎繁阴之下，开卷自得，悠然而乐。虽盛夏溽暑，白扇可置，风袂自快，则是柳之繁茂，不谓无庇物之效也。俄而凉飔飒至，一叶惊秋。露滴疏枝，月筛淡影。放出千岩霁色，静笼数顷黄云。觉岁月以惊心，叹年华之暗度。雨雪飘飘，未春而絮。青山改色，觉老其容，既当收敛暇余，迺且呼童削其繁冗，伐其朽蠹。夫插柳之效，予既两资其利，泚笔缀字，以示后人，使知予插柳之意不为徒耳，仍记之以诗。[1]

并作有《柳堤诗》：“种稻三十顷，插柳百余株。稻可供飦粥，柳可爨（cuàn）庖厨。息耒柳阴下，读书稻田隅。以乐尧舜道，同是耕莘夫！”从诗中可以看出，文人种柳有两个目的：实用和审美。从实用的角度来看，柳生命力很强，容易栽培，生长很快，枝叶茂盛，既可以用来作柴供烧饭之用，还可以提供浓荫供人休息乘凉；从审美的角度来看，柳树春天发芽吐绿，盛夏浓荫如盖，秋天枝叶凋残，柳树荣枯有时的季节变化极易触发文人伤春悲秋之感，暮春柳絮纷飞使人

---

① 詹敦仁《柳堤诗》，《全唐诗》卷七六一，第8642页。

想到人生的悲欢离合，也就是说柳树极易入诗。况且，劳作之余，息于柳荫之下，开卷自得，本身就是一种闲适的生活。

白居易很喜欢柳，他亲自种柳，还创作了很多咏柳诗。他在忠州做刺史时，政务之余，在州城附近的山坡和涧溪栽植柳树，还写诗记载了这一活动。

图 27 ［明］仇英《柳下眠琴图》，纸本，墨笔，上海博物馆藏（牛苏放《图说中国 300 幅绘画名作》，时代文艺出版社 2012 年版，第 223 页）。

《东溪种柳》："野性爱栽植，植柳水中坻。乘春持斧斫，裁截而树之。长短既不一，高下随所宜。倚岸埋大干，临流插小枝。松柏不可待，楩柟固难移。不如种此树，此树易荣滋。无根亦可活，成阴况非迟。三年未离郡，可以见依依。种罢水边憩，仰头闲自思。富贵本非望，功名须待时。不种东溪柳，端坐欲何为。"①

在这首诗中，白居易交代了植柳的原因和过程。白居易另外还有《种柳三咏》和《有木诗》，表达了对柳树的喜爱。白居易是个咏柳大家，他的咏柳诗不仅数量多，而且质量高，对后世的影响也大。特别

① 白居易《东溪种柳》，《全唐诗》卷四三四，第 4804 页。

图28 [宋]佚名《柳阴高士图》，绢本，设色，65.4×40.2厘米，台北故宫博物馆藏。

他和刘禹锡之间关于《杨柳枝词》的唱和，扩大了《杨柳枝词》的影响。二人还首开柳絮诗的创作，使柳絮成为独立的创作题材。此外，白居易还首开对衰柳、老柳的吟咏，如《勤政楼西老柳》《题州北路傍老柳树》《雨中题衰柳》。除了白居易，韦应物也喜欢种柳，在公务之余，种柳溪涧间，并有《西涧种柳》一诗，白居易的《东溪种柳》不管从题目还是题意明显有模仿韦应物的痕迹。

柳宗元被贬为柳州刺史时，他不但亲自种柳，还鼓励百姓在柳江边和城周围广植柳树，数年后，柳州到处绿树成阴，美不胜收，柳宗元作《种柳戏题》一诗记载此事。

入宋以来，随着封建伦理道德的增强，士大夫追求高尚人格的塑造，儒家“穷则独善其身，达则兼济天下”的修身治世原则在宋人这里得到完美的体现，陶渊明也受到了前所未有的推崇，诸如五柳厅、五柳堂、柳堂、柳轩之类的建筑层出不穷。

宋龚明之《中吴纪闻》卷二载：“五柳堂者，胡公通直所作也，其宅乃陆鲁望旧址，所谓临顿里者是也。公讳稷言，字正思，兵部侍郎则之侄。少学古文于宋景文，又尝献时议于范文正，晚从安定先生之学，皆蒙爱奖。后以特奏名拜官，调晋陵尉，又主鄞县簿，又为山阴丞。自度不能究其所施，乃乞致仕。升朝之后，曾赐绯衣银鱼。公既告老，即所居疏圃凿池，种五柳以名其堂，慕渊明之为人，赋诗甚众。公自中年，清修寡欲，延纳后进，谈论不少休。日入后不饮食，率以为常，或与客夜坐久，不过具汤一杯。”

由此可见，北宋山阴丞胡稷言追慕陶渊明之高风，种五柳以名其堂。这在诗歌中也多有体现。如：

秦观《题五柳亭》：“大夫风韵如彭泽，五柳萧条手自栽。我亦扁舟倦游者，登临聊复赋归来。”

宋吴芾《用王龟龄韵题五柳堂》：“久矣斯堂废，重兴赖有公。双溪修故事，五柳振遗风。顿觉烟光好，端由气味同。莫言官独冷，长在绿阴中。”

宋孙宪武《题王宗哲六柳堂》：“六柳先生以道鸣，归家高伴子真耕。方瞳绿鬓君知否，一片灵台画不成。”

有的文人竟然把“五柳”改为“六柳”。不管“五柳”还是“六柳”，都是为了效仿陶渊明表达归隐的志向。

桥也有命名为五柳桥者。陆蒙老有诗作《五柳桥》：“五柳先生倦折腰，孤眠千载仰风标。青衫令尹头如雪，不厌朝昏过此桥。”宋张尧同也有《五柳桥》诗曰：“为怀陶靖节，无复见其人。谁种桥边树，犹含旧日春。”桥称为柳桥，路叫做柳径。宋王之道《柳径》：“我笑陶彭泽，门栽五株柳。柳成复自号，清阴亦何有。”

宋代以后，陶渊明的高士形象更是深入人心。明董斯张《吴兴备志》卷一二载：“程郇，字晋甫，公许孙。少有至行，能文，官婺源知州，民怀其德。致仕归老，植五柳于庭，扁曰：柳轩。”元人程郇也效仿陶渊明植五柳于庭院，名其宅为柳轩。明人袁鲁训植六柳，自号为“六柳居士”，表明不与世俗同流合污的心志。《江西通志》卷七二载：“袁鲁训，字宗道，宜春人，唐碧池先生之裔。成化进士，授东阳令。蒲鞭不事，又补蒙城，擢行人司正。时汪直辈专横，鲁训雅志解组，适同年罗一峰以论李贤见谪，遂叹曰：‘直道不容，如此哉！’遂弃官归。慕五柳之风，植六柳以自娱，号‘六柳居士’。”袁鲁训不满汪直之独断专行，遂弃官归隐，种柳自娱，表现了孤高幽洁、超然物外的高尚品格。

总之，杨柳的人格化始于魏晋，是在社会名流爱柳、种柳、赋柳的背景下，伴随着君子比德观的兴起，在崇尚风姿神韵的人物品评中出现的。杨柳最先是以男性来比拟的，这一时期，杨柳主要是一个正面的名士、隐士形象。

二、从男士到美女

宋葛立方《韵语阳秋》曰：“柳比妇人尚矣，条以比腰，叶以比眉，大垂手、小垂手以比舞态。”[1]明徐𤊹也有类似的看法，其《徐氏笔精》曰：“古人咏柳必比美人，咏美人必比柳，不独以其态相似，亦柔曼两相宜也。若松桧竹柏，用之于美人，则乏婉媚耳。唐牛峤《柳枝词》云:

① ［清］何文焕《历代诗话》，中华书局1981年版，第642页。

‘吴王宫里色偏深，一簇纤条万缕金。不愤钱塘苏小小，与郎松下结同心。’亦谓美人不宜松下也。誉柳贬松，殊有深兴。”[①]杨柳枝叶细长，质性柔软，常用来比喻年轻貌美的女子，枝条以比柳腰，叶子以比柳眉。也就是说，杨柳同美女之间存在着密不可分的联系，咏柳之作多以美女拟之，咏美女则以柳比之，二者简直形影不离。与杨柳相比，松柏枝叶坚硬挺拔，缺乏柔情媚质，难怪唐代牛峤对钱塘名妓苏小小与情人在松树下永结同心之事颇为不平，言外之意，他们应该在妩媚多姿的柳下才合适。

以柳比美女由来已久。从梁陈到初唐，在宫体诗兴盛的背景下，杨柳开始逐渐由男性向女性转变，这最早体现在咏物、写景、闺怨诗和乐府《折杨柳》中。齐梁时期宫体诗兴盛。宫体诗以宫廷生活为描写对象，侧重于描写宫中妇女的形貌、体态、服饰、器物等，风格浮靡轻艳。徐陵奉简帝之命所编的《玉台新咏》就是一部以宫体诗为主的诗歌集。宫体诗的影响面非常大，波及咏物、写景诗，使这些诗歌也带有浓郁的绮艳色彩。杨柳由男性向女性的转化，就是在这种风气下逐步开始的。

北魏胡太后《杨白花》:“阳春二三月,杨柳齐作花。春风一夜入闺闼,杨花飘荡落南家。含情出户脚无力，拾得杨花泪沾臆。秋去春还双燕子,愿衔杨花入窠里。”[②]据《梁书》和《南史》记载,杨白花实指杨华,武都仇池人,魏名将大眼之子,少有勇力,容貌雄伟,魏胡太后逼通之,华惧及祸，乃率其部曲降梁。胡太后追思之，不能已，为作杨白华歌，

① ［清］王士禛原编，郑方坤删补，李珍华点校《五代诗话》，书目文献出版社 1989 年版，第 200 页。

② 北魏胡太后《杨白花》，《先秦汉魏晋南北朝诗》北魏诗卷三，第 2246 页。

使宫人连臂蹋足歌之，声甚凄惋。这里杨白花语意双关，既指柳树的种子柳絮，又暗指胡太后的情人杨华。杨花虽以比男子，但杨华却是个与太后有私情、惧祸潜逃的胆小者，同魏晋时期潇洒俊朗、超凡脱俗的名士隐者形象截然不同。整首诗歌带有浓厚的脂粉气和绮怨色彩，《杨白花》可以说是一首缠绵悱恻、感人至深的相思之曲。

梁元帝萧绎首次把柳叶和美女之眉联系起来。其《树名诗》:“赵李竞追随，轻衫露弱枝。杏梁始东照，枯火未西驰。香因玉钏动，佩逐金衣移。柳叶生眉上，珠珰摇鬓垂。逢君桂枝马，车下觅新知。”[①]这是一首吟咏树木的诗歌，却有浓厚的脂粉气。赵李当指赵飞燕和李夫人，赵李二人眉如柳叶，耳垂珠珰。柳同女性有了较为紧密的联系。王瑳《长相思》:“长相思，久离别。两心同忆不相彻。悲风凄，愁云结。柳叶眉上销，菱花镜中灭。雁封归飞断，鲤素还流绝。”[②]这是一首闺怨诗。“士为知己者死，女为悦己者容”，女子因思念长期在外的离人，故没有心思梳妆打扮，柳叶眉也无心画了。这两首诗都是把柳叶比作柳眉。庾信《和人日晚景宴昆明池诗》:“春余足光景，赵李旧经过。上林柳腰细，新丰酒径多。小船行钓鲤，新盘待摘荷。兰皋徒税驾，何处有凌波。”庾信在南朝之时为宫廷文学侍从，也是重要的宫廷诗人。在这首描写上林苑美景的诗歌中，庾信首次把柳枝比作柳腰。柳叶为柳眉，柳枝为柳腰，柳与女性更接近了。

在梁、陈宫体诗流行的背景下，乐府《折杨柳》和文人咏柳诗也深受影响，诗中杨柳多具女性柔弱气息。这主要体现在对枝条的描写多用“丝”“软”等字，对柳树的描写多用“柔”“弱”等字，杨柳变

① 梁元帝萧绎《树名诗》，《先秦汉魏晋南北朝诗》梁诗卷二五，第2044页。
② 王瑳《长相思》，《先秦汉魏晋南北朝诗》陈诗卷九，第2611页。

成一个枝叶纤细的柔弱女子，完全不同于汉赋中根粗干壮的大丈夫形象。如简文帝《折杨柳》:“杨柳乱成丝,攀折上春时。”刘邈《折杨柳》:“高楼十载别，杨柳濯丝枝。”沈约的《玩庭柳诗》:“轻阴拂建章，夹道连未央。因风结复解,沾露柔且长。楚妃思欲绝,班女泪成行。游人未应去,为此还故乡。”[1]简文帝《和湘东王阳云台檐柳》:“柳枝无极软，春风随意来。”张正见《赋得垂柳映斜溪诗》:“千仞清溪险，三阳弱柳垂。”对杨柳的吟咏基本不离相思离别之情，杨柳也成了柔弱之树。

初唐文人拟作《折杨柳》在主题上继承了梁陈以来的“闺人思远戍之辞”，颇具女性闺怨色彩。卢照邻《折杨柳》:“倡楼启曙扉，园柳正依依。鸟鸣知岁隔，条变识春归。露叶疑啼脸，风花乱舞衣。攀折聊将寄，军中书信稀。”韦承庆《折杨柳》:“万里边城地，三春杨柳节。叶似镜中眉，花如关外雪。征人远乡思，倡妇高楼别。不忍掷年华，含情寄攀折。”沾上露珠的柳叶如同思妇流泪的脸，柳叶如同思妇之眉，柳树完全同思妇融为一体了。

初唐,以美人拟柳,最有名的是贺知章的《咏柳》:“碧玉妆成一树高，万条垂下绿丝绦。不知细叶谁裁出，二月春风似剪刀。”把初春杨柳比作充满青春活力的美丽女子碧玉。据《乐府诗集·清商曲辞》载:“《碧玉歌》者，宋汝南王所作也。碧玉，汝南王妾名，以宠爱之甚，所以歌之。”[2]萧绎《采莲赋》也有“碧玉小家女”之句，碧玉就成了年轻貌美的女子的泛称。古代有众多的美女，为何单挑碧玉，这恐怕主要因为碧玉跟杨柳的颜色相关，都是绿色，充满生机活力的样子。

总的来说，以柳比女子主要基于以下原因，第一，从形态上看，

① 沈约《玩庭柳诗》,《先秦汉魏晋南北朝诗》梁诗卷七，第1651页。
② 《先秦汉魏晋南北朝诗》宋诗卷一一，第1337页。

柳叶细长，常用来形容女子眉毛的细长，如白居易的“人言柳叶似愁眉，更有愁肠似柳丝”；柳叶上的露珠常用来比喻女子的眼泪，如刘禹锡的“如今抛掷长街里，露叶如啼欲向谁”；柳枝柔软，用来柳腰比喻女子的腰肢，如杜甫的“隔户杨柳弱袅袅，恰似十五女儿腰”，白居易的“樱桃樊素口，杨柳小蛮腰”；柳枝风中摇曳的姿态，常用来比喻女子舞态的轻盈。第二，从神态上看，柳质性轻柔，枝条下垂，同女子温顺柔弱的品性相吻合。汉代班昭在其著名的女教著作《女诫》中将妇女立身的第一要义定为卑弱，要求女子做到“谦让恭敬，先人后己，有善莫名，有恶莫辞，忍辱含垢，常若畏惧”，做一个“卑弱下人”[1]，如林黛玉被称为“弱柳扶风”。第三，从生物学上看，柳宜近水而生，在树木中属于阴类，是下民之相，也就是说，柳是一种地位比较低下的树种，同样，在男子占统治地位的社会里，女子地位低下，处在被统治的地位。所以，常以柳比喻年轻美丽的女子。

自贺知章后，杨柳便单以女子相比拟，很少再用男子比拟。宋陈孔硕《绝句》曰:“腊雪逢春次第消,等闲著脚上溪桥。柳条毕竟如儿女，一夜东风眼便娇。”说的就是杨柳如女子般娇媚。以美人拟柳，唐代以后这样的例子不胜枚举。李商隐《赠柳》:“章台从掩映，郢路更参差。见说风流极，来当婀娜时。桥回行欲断，堤远意相随。忍放花如雪，青楼扑酒旗。”这首诗歌全篇不着一“柳”字，但柳树如美人般风流婀娜的形象呼之欲出。李商隐《谑柳》:“已带黄金缕，仍飞白玉花。长时须拂马，密处少藏鸦。眉细从他敛，腰轻莫自斜。玳梁谁道好，偏拟映卢家。”“卢家”代指莫愁。李商隐《马嵬》诗中“如何四纪为天子，不及卢家有莫愁”两句，把柳比作美女莫愁。明文震亨《长物志》卷

① ［南朝宋］范晔《后汉书》卷一一四，列传第七十四，第2787页。

二曰："顺插为杨，倒插为柳，更须临池种之，柔条拂水，弄绿搓黄，大有逸致……西湖柳亦佳，颇涉脂粉气。"文震亨认为，杨柳绿色宜人，枝条披拂，尤其水柳相映，逸态横生，具有浓厚的脂粉气息，意指柳与女子关系密切。宋吕本中《柳》曰："含烟带雨过平桥，袅袅千条复万条。张令当年成底事，风流才是女儿腰。"张令指张绪，吕本中很纳闷张绪何等风姿竟使齐武帝以比拟杨柳之"风流可爱"，要比也应该用女子才是。

图 29　傅抱石《柳阴仕女图》（傅抱石《荣宝斋画谱·104·人物部分》，荣宝斋出版社 1995 年版，第 34 页）。

柳和美人的密切关系，使得诗人经常把柳和美人互相比拟。明杨慎《升庵诗话》曰："咏柳而贬美人，咏美人而贬柳，唐人所谓尊题格也，诗家常例。"[①]咏柳以美人拟之，褒柳贬美人；咏美人时以柳比之，褒美人贬柳，这是诗人的一贯做法。

先看前者。唐彦谦《垂柳》："绊惹春风别有情，世间谁敢斗轻盈？楚王江畔无端种，饿损纤腰学不成。"垂柳枝条细软，轻盈婀娜，舞姿优美，即使宫女饿坏身体也学不了杨柳那样的舞姿。据说，楚王好细腰，

① 丁福保《历代诗话续编》，中华书局 1981 年版，第 803 页。

宫女多饿死。此诗可谓以美人拟柳，美人不如柳。又如韩琮《柳（一作和白乐天诏取永丰柳植上苑，时为东都留守）》:“折柳歌中得翠条，远移金殿种青霄。上阳宫女含声送，不忿先归舞细腰。”永丰坊里的一株弱柳，因为白居易的一首诗而得到唐宣宗的垂怜，移植宫中。一株杨柳得到帝王如此的宠幸，上阳宫女为此愤愤不平，可谓美人与杨柳争宠，美人不敌杨柳。

再看以柳比美人。杨贵妃《赠张云容舞》:“罗袖动香香不已，红蕖袅袅秋烟里。轻云岭上乍摇风，嫩柳池边初拂水。”[1]以嫩柳拂水比美人张云容之舞姿，美人轻盈袅娜之舞姿，如初春嫩柳拂动着池水，轻柔曼妙。杨炎《赠元载歌妓》:“雪面淡眉天上女，凤箫鸾翅欲飞去。玉山翘翠步无尘，楚腰如柳不胜春。”[2]美人腰肢如柳枝。罗虬有《比红儿诗》组诗创作，其中两首都拿美人与杨柳相比校。其一:“谢娘休漫逞风姿，未必娉婷胜柳枝。闻道只因嘲落絮，何曾得似杜红儿。”[3]其二:“南国东邻各一时，后来惟有杜红儿。若教楚国宫人见，羞把腰身并柳枝。”谢娘风姿不如柳，红儿腰身胜于柳，在美人与柳比较中凸显美人。

梁陈至初盛唐，杨柳逐步由男子转变向美女，这一方面受齐梁宫体诗的影响，另一方面还跟杨柳自身的物理特征有关。柳和美女的密切关系，使得二者经常互相比拟。

① 杨贵妃《赠张云容舞》，《全唐诗》卷五，第 64 页。
② 杨炎《赠元载歌妓》，《全唐诗》卷一二一，第 1213 页。
③ 罗虬《比红儿诗》，《全唐诗》卷六六六，第 7629 页。

三、从美女到娼妓和小人

至迟在盛唐，人们开始以柳比喻青楼歌妓，如李白《流夜郎赠辛判官》:“昔在长安醉花柳，五侯七贵同杯酒。”花柳，指青楼歌妓。李白在被流放夜郎之时，回忆当年在长安流连秦楼楚馆、恣意放纵的享乐生活。

中唐，韩翃和柳氏的爱情故事在士人中广为流传，人们开始以柳比侍妾，以柳名侍妾。宋葛立方《韵语阳秋》曰:“柳比妇人尚矣，条以比腰，叶以比眉，大垂手、小垂手以比舞态，故自古命侍儿，多喜以柳为名。白乐天侍儿名柳枝，所谓‘两枝杨柳小楼中，袅袅多年伴醉翁’是也。韩退之侍儿亦名柳枝，所谓‘别来杨柳街头树，摆撼春风只欲飞’是也。”[1]白居易有两个宠爱的侍妾，一个叫樊素，一个叫小蛮。孟棨《本事诗》有记载:“白尚书姬人樊素，善歌，妓人小蛮，善舞。尝为诗曰:‘樱桃樊素口，杨柳小蛮腰。’”[2]因为小蛮善舞，腰肢柔软如柳枝，故称其为柳枝。白居易诗歌中多次提到二姬，如白居易《病中诗十五首·别柳枝》:“两枝杨柳小楼中，袅袅多年伴醉翁。明日放归归去后，世间应不要春风。”韩愈侍妾也名柳枝。宋王谠《唐语林》载:“韩退之有二妾，一曰绛桃，一曰柳枝，皆能歌舞。初使王庭凑，至寿阳驿，绝句云:‘风光欲动别长安，春半边城特地寒。不见园花兼巷柳，马头惟有月团团。’盖有所属也。柳枝后逾垣遁去，家人

① ［清］何文焕《历代诗话》，第 642 页。
② 《唐五代笔记小说大观》，上海古籍出版社 2000 年版，第 1245 页。

追获。及镇州初归，诗曰：‘别来杨柳街头树，摆弄春风只欲飞。还有小园桃李在，留花不放待郎归。’自是专宠绛桃矣。”[1]除白居易和韩愈侍妾名柳枝外，元杨廉夫也有侍妾名柳枝。《西湖游览志·西湖游览志余》载：“（杨廉夫）有四妾：竹枝、柳枝、桃花、杏花，皆善歌舞。有嘲之者云：‘竹枝柳枝桃杏花，吹弹歌舞拨琵琶，可怜一个杨夫子，化作江南散乐家。’”[2]不仅男子以柳名歌妓，歌妓自身也常以杨柳慨叹己之悲惨命运。《唐诗纪事》卷五八载：“蟾廉问鄂州罢，宾僚祖饯。蟾曾书《文选》句云：悲莫悲兮生别离，登山临水送将归。以笺毫授宾从，请续其句。逡巡，有妓泫然起曰:某不才，不敢染翰，欲口占两句。韦大惊异，令随念，云：武昌无限新栽柳，不见杨花扑面飞。座客无不嘉叹。韦令唱作《杨柳枝词》。”[3]

晚唐至北宋，随着商品经济的发展，杨柳越来越与青楼女子紧密联系，常以柳陌花衢、花街柳巷、柳市花街等指代风尘女子的住所。孟元老《东京梦华录自序》曰：“举目则青楼画阁，绣户珠帘。雕车竞驻于天街，宝马争驰于御路。金翠耀目，罗绮飘香。新声巧笑于柳陌花衢，按管调弦于茶坊酒肆。”[4]柳陌花衢，代指妓院。这是描写北宋都城开封的繁华景象，城内青楼林立，香车宝马竞驰，处处琳琅满目，罗绮飘香，歌妓云集，歌舞欢唱，热闹非凡。《苕溪渔隐丛话前集》卷五十引《王直方诗话》曰：“参寥言旧有一诗寄少游，少游和云：‘楼阙过朝雨，参差动霁光。衣冠分禁路，云气绕宫墙。乱絮迷春阔，嫣

---

① ［宋］王谠《唐语林》，中华书局 1997 年版，第 585 页。

② ［明］田汝成《西湖游览志余》，上海古籍出版社 1998 年版，第 172 页。

③ ［宋］计有功《唐诗纪事》，上海古籍出版社 1987 年版，第 879 页。

④ ［宋］孟元老著，邓之诚校注《东京梦华录注》，《东京梦华录自序》，中华书局 1982 年版，第 4 页。

花困日长。平康在何处？十里带垂杨。’莘老尝读此诗，至末句云：‘这小子又贱发也。’少游后编《淮海集》,遂改云:‘经旬牵酒伴,犹未献《长杨》。’”[1]平康代指妓院，妓院多种杨柳。孙觉（字莘老）因最后两句嘲笑秦观不检点，秦观也意识到这一点，后来编《淮海集》时已将这两句改为“经旬牵酒伴，犹未献《长杨》”，变儿女情长为男儿之志。

宋代以来，以杨柳比歌妓比比皆是，成为社会的普遍现象，歌妓也以柳自喻。钱唐倪涛《六艺之一录续编》卷一四引《无声诗史》载:“林奴儿，号秋香，成化间妓，风流姿色冠于一时。学画于史廷直、王元父二人，笔最清润。落籍后，有旧知欲求见，因画柳枝于扇，诗以谢之曰：‘昔日章台舞细腰，任君攀折嫩枝条。从今写入丹青里，不许东风再动摇。’”以任人攀折的章台柳比喻昔日的娼妓生涯，以画中柳比喻从良后的崭新生活。以柳自况,最有名的要数明末清初的名妓柳如是。柳如是本姓杨，名爱，后改姓柳。柳如是自幼被卖入青楼，改杨姓柳，既是表明自己的身份，又体现出与世俗对抗的决心和不同流俗的高洁品性。柳最后结缡于钱谦益，对反清复明运动产生了很大的影响。

杨柳除用来比喻娼妓外，还常用来象征巧言令色和得势猖狂的小人。宋罗大经《鹤林玉露》载：“杜陵诗云：‘不分桃花红胜锦，生憎柳絮白如绵。’初读只似童子属对之语，及细思之，乃送杜侍御入朝。盖锦绵皆有用之物，而桃花柳絮，乃以区区之颜色而胜之，亦犹小人以巧言令色而胜君子也。侍御，分别邪正之官，故以此告之。观‘不分’、‘生憎’之语，其刚正疾邪可见矣。”[2]由此可知，杨柳用来象征得势之小人同漫天狂舞的柳絮有很大关系。

---

① ［宋］胡仔《苕溪渔隐丛话前集》，人民文学出版社 1981 年版，第 341 页。

② ［宋］罗大经《鹤林玉露》，中华书局 1983 年版，第 164 页。

综上所述，人们对杨柳自身的美感形象经历了一个从物色到情韵，再到意趣的认识过程。人们对杨柳意象物色的认识，不仅包括对其枝、叶、花、絮的描摹，不同季节、不同氛围中杨柳美感特征的揭示，就连柳上飞禽也引起诗人的广泛关注。在长期的审美积淀中，杨柳成了人们特定情感的载体，是引发相思、思乡、离别、伤逝之情的触媒，并具有广泛的人格象征意义，既可以用来象征美女和高士，还可以用来象征娼妓和小人。

（原载石志鸟《中国杨柳审美文化研究》第222～244页，巴蜀书社2009年版，此处有修订）

中国文学中的柳絮意象及其审美意蕴

杨柳不仅是中国文学中的重要意象，也是中国文学中的重要题材，古典文学中以杨柳为题材的诗词赋作数量非常可观，构成了中国古典文学的重要组成部分。在诗歌方面，据逯钦立辑校的《先秦汉魏晋南北朝诗》，一共有 18 首咏柳诗，据北大《全唐诗》《全宋诗》电子检索系统，《全唐诗》中约有 400 首咏柳诗，《全宋诗》中约有 250 首。在词方面，据清《古今图书集成》统计，共有 63 首咏柳词。在众多的咏柳作品中，吟咏杨花柳絮的作品也相当可观。在《全唐诗》约 400 首咏柳诗中，吟咏杨花柳絮的诗歌有 22 首，占 5.6%；在《全宋诗》近 250 首咏柳诗中，吟咏杨花柳絮的诗歌为 54 首，占 21.6%。另据《四库全书》金至元和明清别集统计，金至清吟咏杨花柳絮的诗歌有 78 首。据《古今图书集成》统计的 63 首咏柳词中，有杨花柳絮词 19 首，占 30.2%。在众多的咏柳作品中，其中不乏大家名家。白居易、刘禹锡之间关于杨柳枝词的唱和，传为文坛佳话，对后世《柳枝词》的创作影响深远。苏轼的《水龙吟·次韵章质夫杨花词》和周邦彦的《兰陵王·柳》分别是词中吟咏杨花和杨柳的名篇。从以上咏柳作品的数量和作家广泛参与的程度，可以看出杨柳题材和杨柳意象在中国古典文学中的重要性。

一、柳絮题材创作的历史概况

柳絮是杨柳的重要组成部分，柳絮题材经历了一个相当长的发展过程。

杨柳主要由柳枝、柳絮、柳叶构成。柳枝细长柔弱，微风吹来，摇曳多姿，柳树在风中的迷人姿态很早就引起了人们的关注，《诗经》中就出现了“杨柳依依”的经典描写。时至汉魏，柳树开始作为独立的表现对象进入文人的视野，出现了杨柳赋创作的高潮。枚乘写了《忘忧馆柳赋》，魏文帝曹丕、王粲、繁钦、应玚都写有《柳赋》。这些柳赋中，主要侧重于对柳树枝、干、叶的铺陈描写，彰显其旺盛的生命力和供人们乘凉的实用价值。随着杨柳赋的出现，咏柳诗在六朝也相继出现。相比较而言，人们对柳絮的关注则比较晚。时至晋代，才出现第一篇吟咏柳絮的赋作，即伍辑之《柳花赋》:“步江皋兮骋望，感春柳之依依。垂柯叶而云布，扬零花而雪飞。或风回而游薄，或雾乱而飘零，野净秽而同降，物均色而齐名。”虽不是单纯地描摹柳花，也涉及柳的枝、叶，但这是首次以柳絮赋的形式对柳絮的色彩、姿态进行较为形象的描摹，对柳絮诗的出现起到一定的推进作用。在柳絮赋出现的相当长时期后，时至中唐，出现了专门吟咏柳絮的诗歌。

柳絮首先是作为春天的意象出现的。柳絮作为春光春景，是春天的象征，常常出现在咏春诗中，如“桃红柳絮白，照日复随风”(梁庾肩吾《春日诗》)。“柳絮时依酒，梅花乍入衣”(梁元帝萧绎《和刘上黄春日诗》），这里柳絮同桃花、梅花一样都是春天的风景。在六朝至初唐的乐府《折杨柳》中，柳絮作为杨柳的重要组成部分受到了普遍的关注。如张正见《折杨柳》："杨柳半垂空，袅袅上春中。枝疏董泽箭，叶碎楚臣弓。色映长河水，花飞高树风。莫言限宫掖，不闭长杨宫。"此诗对杨柳的枝、叶、色、花和总体的姿态进行了全方位的描写，并没有凸现柳絮，只是对柳絮进行了直接的叙述，没有用任何修辞手法。江总《折杨柳》："万里音尘绝，千条杨柳结。不悟倡园花，遥同天岭雪。春心自浩荡，春树聊攀折。共此依依情，无奈年年别。"这里，柳絮和柳枝一样处于比较显眼的位置，并且还使用了比喻的修辞手法，以白雪喻柳絮。

时至中唐，出现了专门吟咏柳絮的诗歌。白居易和刘禹锡对杨柳题材的发展做了很大的贡献，他们不仅开创了乐府《杨柳枝》组诗的创作，还写了专门吟咏柳絮的诗歌。刘禹锡有四首吟咏柳絮的词，即《柳花词三首》和《柳絮》一首，白居易有《柳絮》一首，对柳絮的色彩、姿态、神韵进行了全方位的描绘。刘、白之后，咏柳絮之作渐多，如杨巨源（又作张乔）的《杨花落》，薛能的《咏柳花》，张祜、吴融、齐己各有一首《杨花》，杨凝、雍裕之、李中、罗邺、薛涛各有一首《柳絮》，还有孙魴的《柳絮咏》。

宋代，杨花柳絮题材得到了长足的发展。唐代有22首咏柳絮诗，在唐诗近400首咏柳诗中占5.6%，宋代有54首咏柳絮诗，在宋诗近250首咏柳诗中占21.6%，无论在相对数量还是绝对数量上，宋代咏柳絮诗都远远多于唐代咏柳絮诗。并且，宋代咏柳絮诗在深度上也较唐代更进一层，主要体现在对杨花柳絮的摹写不再停留在较为浅层的物色神韵上，而是向更深层次发展，挖掘杨花柳絮的人格意义，那就是以君子比德的观念关注柳絮，把柳絮贬为“风流之花”和“颠狂之花”。宋代还出现了专门咏杨花柳絮的词作，其中不乏经典之作，如苏轼《水龙吟·次韵章质夫杨花词》，不仅抓住了杨花“似花非花”的生物种性特点，而且还生动形象地刻画了杨花思妇般的悲情神韵。

宋代之后，历经元明清，吟咏柳絮之作大概有80首，为数不算少。中国古典文学中为数不少的咏杨花柳絮之作，构成了咏柳文学不可缺少的一部分，部分优秀的咏柳絮作品成了中国文学中的经典之作。

图30　柳絮图

综观历代咏柳絮之作，人们对柳絮的审美关注主要侧重于两方面：一是柳絮作为春光春景，是春天的象征，更是暮春的标志；二是柳絮作为花，文人对其色彩、形状、姿态、韵味的审美把握。人们对柳絮的审美认识经历了一个从“形似”到“神似”的过程。

二、柳絮的物色之美

杨柳作为春光春景，是春天的表征，这在文学上早有体现，梁元帝就有“杨柳非花树，依楼自觉春”的诗句。柳枝、柳絮作为杨柳的重要组成部分，是杨柳成为春天表征的重要原因，但同为春天的物候表征，二者有很大不同，柳枝发芽是初春的标识，而柳絮纷飞则是暮春的标志,这在诗中也多有体现。杜审言的《和晋陵陆丞早春游望》:“独有宦游人，偏惊物候新。云霞出海曙，梅柳渡江春。”初春时节，梅柳先于桃李等其他花木发芽吐绿，昭示着春天的到来。柳絮飘飞，则意味着春天的离去，如“早梅迎夏结，残絮送春飞”(白居易《春末夏初闲游江郭二首》)、“绿野芳城路，残春柳絮飞”(刘禹锡《洛中送崔司业使君扶侍赴唐州》)。另外，杨花柳絮是杨树柳树的种子，上有白色绒毛，随风飘扬，形似棉絮，故名柳絮，又叫杨花、柳花。杨花柳絮常被当作杨树柳树的花朵，与群芳比长较短，如“东园桃李芳已歇，独有杨花娇暮春”(杨巨源《杨花落》)、“百花长恨风吹落，唯有杨花独爱风”(吴融《杨花》)。柳树经常与梅树、桃李相组合，作为春天的标识；与梧桐相组合，作为庭园故乡的象征；柳树的荣枯有时常与松柏的四季常青相对比，柳作为顺乎天理、行四时之令的表征；柳的望秋而零与松柏的经冬不调相对比，柳又成为无节操士人的象征。柳作为树木的审美内涵，较多地受到研究者的关注，但柳花作为花卉，受到的关注并不多。而从杨花柳絮的角度关注柳，考察柳絮的物色特征与审美情蕴之间的关系具有独特的意义。

杨花柳絮作为花卉，同一般花卉有很大的不同。杨花跟柳絮很相似，二者都是柔荑花序，果实中的种子附生白色绒毛，成熟时随风飞舞，杨树柳树就是靠杨花柳絮的飞扬把种子传播到远方的。此外，杨花是靠风力传播花粉的，属于风媒花，风媒花一般都比较小，大都没有鲜艳的花被，没有浓郁的芳香。不像其他桃李之花大多属于虫媒花，靠昆虫传播花粉，大都有鲜艳的花被和浓郁的芳香。我们知道，一种花卉能引起人们的审美愉悦，最重要的是它绚丽的色彩、宜人的芳香、动人的姿态以及由此带来的风姿神韵，正如园艺学者认为，花之美在于“色、香、姿、韵”[1]。而杨花柳絮是素白之色，无味无香，它没有普通花卉所具有的姹紫嫣红的色彩和沁人心脾的芳香，从常理上说似乎不能称得上“花”，但柳絮又叫“杨花”“柳花”，正如苏轼所说“似花还似非花”。说它是花，主要是因为杨花柳絮为白色绒毛状，质地轻柔，小且繁多，随风起舞，状若飞雪，柳絮飞雪的溟蒙姿态同一般花姿神韵相比毫不逊色。桃李莲桂之花，虽有绚丽的色彩和诱人的芳香，却经不起狂风的摧残，一旦狂风乍起，这些花朵纷纷吹落，零落成泥，香消玉殒。杨花柳絮却不同，它们只有借助风才能繁育播种，正如吴融《杨花》所言“百花长恨风吹落,唯有杨花独爱风”。另有王安石《暮春》:“无限残红著地飞，鸡头烟树翠相围。杨花独得春风意，相逐晴空去不归。”所以，杨花柳絮不像其他花卉以色香取胜，而是靠在风中自由飞舞的姿态取胜的。柳絮在风中的迷人姿态很早就被人注意到。《晋书 · 烈女传》:“王凝之妻谢氏，字道韫，安西将军奕之女也，聪识有才辩……尝内集，俄而雪骤下，安曰:‘何所似也？’安兄子朗曰:‘散盐空中差可拟。’道韫曰 :‘未若柳絮因风起。’安大悦。”[2]谢道韫用风中飞舞的柳絮形容漫天纷飞的雪花真是恰到好处，就连喜怒不溢于言表的谢安也为之动容，不禁高兴起来。自谢道韫之后，柳絮与雪就有了千丝万缕的联系，文人咏雪时以飞絮拟之，咏絮时以飞雪拟之。究其缘由，柳絮与雪在以下两方面相似:一是颜色，两者都是素白之色；二是姿态，两者在空中飞舞的姿态。历代咏柳絮词大多从这两方面着手的。

先看柳絮的颜色。柳絮为素白之色，以白雪拟飞絮真是再恰当不

① 周武忠《中国花卉文化》，花城出版社1992年版，第6页。

② 房玄龄等《晋书》，中华书局1974年版，第2516页。

过了，这样的例子很多，如“叶似镜中眉，花如关外雪”(韦承庆《折杨柳》)、“花明玉关雪，叶暖金窗烟”(李白《折杨柳》)、“花今吹作蓬莱雪，曲旧得于关塞人”(梅尧臣《柳絮》)。以白雪拟飞絮虽然很恰当，但是用的多了就觉得淡而无味，不能引起新鲜的审美感受。白居易《柳絮》:“三月尽是头白日，与春老别更依依。凭莺为向杨花道，绊惹春风莫放归。”阳春二三月，柳絮漫天飞舞，落在人身上，把头发都染白了，柳絮是白色，又是暮春的标志，柳絮飘飞象征着春天的离去，、年华的消逝、生命的衰老，所以诗人希望柳树上的黄莺给杨花捎信，让她把春风绊住不让春归。这里以柳絮之白比喻头发之白，别出心裁，不落窠臼。类似的还有雍裕之《柳絮》:“无风才到地，有风还满空。缘渠偏似雪，莫近鬓毛生。”人们常以霜雪喻白发，柳絮似雪，便以柳絮暗喻白发，虽然柳絮空中飞舞，轻盈可爱，但它使人想起人花白的头发、生命的衰老，所以人们还是不希望柳絮飞到自己头上来，同白居易《柳絮》有异曲同工之妙。张祜《杨花》:“散乱随风处处匀，庭前几日雪花新。无端惹著潘郎鬓，惊杀绿窗红粉人。”正因为柳絮为素白之色，落在人头上就像白发一样，柳絮落在美男子潘安的头上，使得喜欢潘安的女孩子们大吃一惊，还以为潘安一下子华发丛生呢。以柳絮喻白发突破了以白雪拟柳絮的窠臼，使人耳目一新，可谓形神兼备。另外，柳絮的素白之色还被赋予一定的人格象征意蕴。如吴融《杨花》:“不斗秾华不占红，自飞晴野雪濛濛。百花长恨风吹落，唯有杨花独爱风。”如上所述，杨花是风媒花，靠风来传播花粉，繁育播种，所以没有鲜艳的色彩和诱人的芳香，这是杨花的生物种性特征，但吴融却赋予杨花一定的人格象征意义，认为杨花的素白之色是杨花不愿与众芳争奇斗艳的表现，众芳在风中纷纷凋零，杨花却在风中自由飞舞，杨花成了不同流俗、品行高洁之花卉。

再看柳絮的姿态。柳絮微小繁多，暮春时节，其漫天飞舞的姿态常常会撩乱人的思绪，且柳絮的“絮”同思绪的“绪”谐音，更使人思绪万千。如刘禹锡《柳花词三首》之一：“轻飞不假风，轻落不委地。撩乱舞晴空，发人无限思。”柳絮又是春天的象征，是引发春情的触媒，极易使人起相思之情，柳絮的繁多常用来比喻相思的绵密。相思而不得，极易引发春愁，柳絮又成了引愁之物，文学中常常以柳絮比喻闲愁，如贺铸《青玉案》：“若问闲情都几许？一川烟草，满城风絮，梅子黄时雨！”就是以具体的物象“满城风絮”比喻抽象的闲愁，以柳絮之繁多喻愁之多、愁之广。又如“撩乱春愁如柳絮，悠悠梦里无处寻”（冯延巳《鹊踏枝》），“闲愁多似杨花”（史达祖《西江月·闺思》），等等，都是以柳絮喻闲愁。

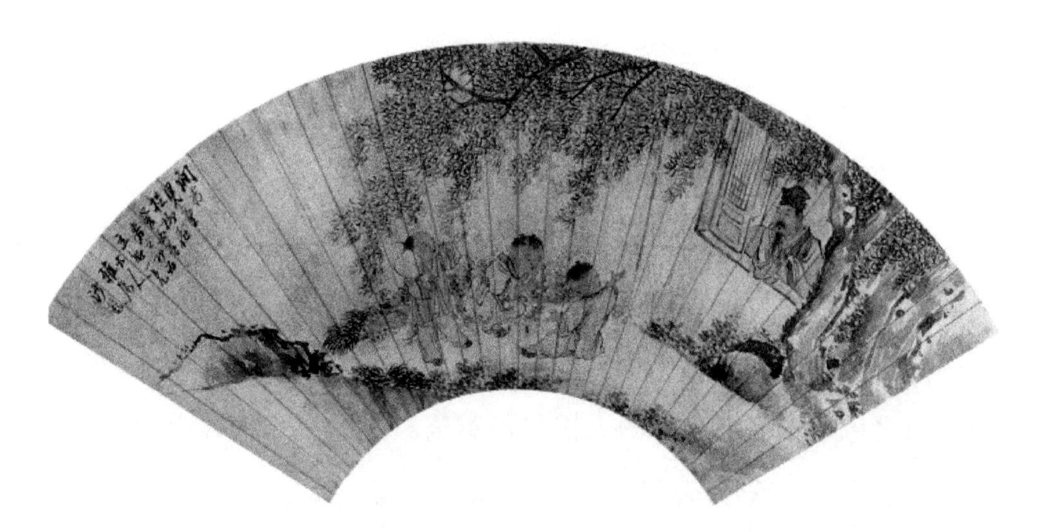

图31　［清］沙馥《儿童捉柳图扇面》，纸本，设色，清同治十二年（1873）作，18.1×51.8厘米。款识：“闲看儿童捉柳花。癸酉暮春之初，为立卿一兄大人雅属，沙馥。”印鉴：“山春”（朱文）（萧山博物馆《萧山博物馆书画珍品集》，文物出版社2011年版，第106页）。

三、柳絮意象的情感意蕴

谢道韫以“柳絮因风起”比喻雪花为后人称道，反过来，以飞雪比柳絮同样恰到好处，所以被后人反复使用。以雪拟絮，主要侧重于形似。随着人们审美认识和艺术表现技巧的提高，对柳絮的吟咏不仅重其形似，还着意挖掘其神韵，正如邹祗谟《远志斋词衷》所说：“咏物固不可不似，尤忌刻意太似。取形不如取神，用事不若用意。”[1]

一方面，柳絮的飘荡常用来象征人生的漂泊。柳絮随风飘荡，不知所处，有的落入水中，化为浮萍，随波逐流，不管是柳絮还是浮萍，都是无根之物，始终处在漂泊游荡之中。柳絮这种飘荡无依、不能自主的存在状态同人类漂泊不定、无法把握自己命运的生存状态很相似，所以常用柳絮象征漂泊不定的人生。这在诗词中多有体现。晚唐薛能《咏柳花》：“浮生失意频，起絮又飘沦。”以拟人的手法刻画了柳絮一生飘荡的不幸遭际。蜀中名妓薛涛《柳絮》：“二月杨花轻复微，春风摇荡惹人衣。他家本是无情物，一任南飞又北飞。”借柳絮抒发身世飘摇之感。我们知道，不管是以才艺事人的歌妓，还是以色事人的娼妓，她们都处在被侮辱被损害的地位，不能主宰自己的命运，很难爱人和被人爱，精神上没有归属感，随风飘荡的柳絮契合了她们的情感状态和生存状态。明于谦《杨花曲》：“垂杨飞白花，飘飘万里去。多情蜂蝶乱追随，不问依栖向何处。人生漂泊无定踪，一似杨花趁暖风。今朝马足西边去，

① 唐圭璋《词话丛编》，中华书局 1986 年版，第 653 页。

明日车轮又向东。可怜不识归来路，一去江山千万重。杨花本是无情物，懊恼人生在客中。”（《忠肃集》卷一一）更是贴切地描写了杨花的飘荡同人生的漂泊之间异质同构的关系。

另一方面，柳絮空中轻飘飞舞的姿态，经常同负面的道德人格象征相联系。对于女子而言，柳絮的轻飘极易让人想到女性的轻浮，柳絮则被贬为“风流之花”，水性杨花就是用来比喻行为放荡的女子；对于男子而言，柳絮的飞舞，极易让人想到小人的得意忘形和趋炎附势，故柳絮又被贬为“颠狂之花”。我们知道，孔子的“智者乐山，仁者乐水”开启了中国君子比德的传统，即把自然美同士人的人格操守相联系，认为花木的自然属性同士人的品格节操具有相对应的关系。时至宋代，由于封建道德意识的高涨和理学的兴起，文人士大夫更加注重理想道德人格的建构，对趋炎附势、轻狂放纵的小人极为不齿。君子比德意识也随之高涨，这种背景下产生了周敦颐《爱莲说》：“菊，花之隐逸者也；牡丹，花之富贵者也；莲，花之君子者也。”体现在咏絮文学上，就是遗貌取神，侧重于对柳絮人格象征意义的抉发。柳絮随风飞舞、入水为萍、随波逐流的情态很容易让人联想到水性扬花、朝秦暮楚的娼妓和趋炎附势、得意忘形的小人。

柳絮施诸女子的负面道德评价至迟在晚唐就出现了。在晚唐齐已眼里，柳絮为风流之花，其《杨花》：“吟咏何洁白，根本属风流。向日还轻举，因风更自由。”柳絮表面上跟雪花很相似，有雪花的素白和漫天飞舞的美丽姿态，骨子里却没有雪花的高洁品格，本质上属于风流之花。入宋以来，柳絮的审美认识越来越倾向于对其花姿神韵的人格意义阐发，体现了审美主体的人格意趣，柳絮由于漫天飞舞的轻飘姿态被贬为“不是天生稳重花”。柳絮由最初的没有多少道德评价的思妇形象转化为具有强烈道德意味的“娼妓”，柳絮这一形象的转变多出现在春情闺怨词中。韩琦为三朝宰相，是儒家道统的典型代表，在韩琦的眼里，柳絮天生不是“稳重花”。看他的三首《柳絮》，《柳絮二阕》其一：“惯恼东风不定家，高楼长陌奈无涯。一春情绪空撩乱，不是天生稳重花。”《柳絮二阕》其二：“絮雪纷纷不自持，乱愁萦困满春晖。有时穿入花枝过，无限蜂儿作队飞。”另外一首《柳絮》：“杨柳生花不恋枝，纷纷终日亦何依。聚来庭下为球辊，散向空中作雪飞。闲共落英浮远水，静和幽蝶舞斜晖。见君方惜春难住，忍纵轻狂搅扰归。”柳絮在空中随风飘荡，本来是被动的，在这里却变成搅扰春归、扰人思绪、轻狂放纵、招蜂引蝶的轻薄之花，道德评价意味颇为浓厚。这样的例子很多，如“堪笑杨花太轻薄”（宋曹勋《题泉州延福寺壁》）、“轻薄杨花芳草岸”（宋吴锡畴《晚春》）、“莫怨身轻薄，前生是柳花”（元宋无《萍》），等等，都认为杨花是轻薄之花。

柳絮施诸男子的负面道德评价要早一些，从杜甫就开始了。杜甫《绝句漫兴》：“颠狂柳絮随风去，轻薄桃花逐水流。”在这里，柳絮同桃花一样为轻薄之花，颠狂嚣张，得意忘形。杜甫还有“不分桃花红胜锦，生憎柳絮白于绵”（《送路六侍御入朝》，柳絮虽比绵白，却没有绵实用，华而不实。另有“愁见花狂飞不定，还同轻薄五陵儿”（李绅《杨柳》），这里柳絮又是轻薄之人的象征。宋代对柳絮的负面道德评价，主要是延续了杜甫所挖掘的柳絮“颠狂”的一面，如“桃花轻薄柳花狂”（宋陆游《春日》）、“颠狂到底风流在，又化浮萍漾绿波”（宋何梦佳《柳絮》）、“为见春风不久归，颠狂上下弄晴晖”（宋吴锡畴《杨花》）、“颠狂忽作高千丈，风力微时稳下来”（宋陈与义《柳絮》），等等，基本上都是抓住了柳絮“狂”的特征。宋代以后，关于柳絮为“风流之花”和“颠狂之花”的评价很多，如“杨花不解留春住，空逐东风上下狂”（明于谦《残春漫书》）、“恃何颜色漫狂颠，虽取花名未感怜”（明沈周《杨花》）、“摇落多情客，颠狂薄命身”（清陈廷敬《杨花》），等等。甚至认为柳絮没有绵的用处，不配叫柳绵，没有瑞雪兆丰年的功劳，也不配以飞雪相比，因为“方绵不足装衣用，拟雪曾无利麦功”（清乾隆御制三集卷八十一《戏咏柳絮》）、“曾无些用处，也自擅浮名”（清乾隆御制诗三集卷五十六《柳絮》），只是徒有虚名而已。

综上所述，柳絮是中国古典文学中一个特殊的意象和题材。作为春景，柳絮飘飞是暮春的表征。作为春花，柳絮“似花还似非花”。柳絮首先是作为春天的意象出现在咏春诗中，时至中唐出现了专门吟咏柳絮的诗歌，此后，吟咏柳絮之作愈来愈多，柳絮题材的创作经历了一个从无到有、由少到多的发展过程。人们对柳絮的审美认识经历了一个从形似到神似的过程，以飘雪拟柳絮主要侧重于柳絮的“形似”，随着审美认识和表现技巧的提高，人们开始逐渐把握柳絮的神韵，并赋予柳絮一定的人格象征意蕴。柳絮的素白之色是柳絮不愿与众芳争宠的表现，柳絮的绵密常用来象征相思的缠绵和愁绪的繁多，柳絮的姿态最受人关注，柳絮的随风飘荡常用来象征人生的四处漂泊，柳絮的轻飘让人想起女性的轻浮，柳絮的飞舞让人想起小人得志时的张狂。

（原载《名作欣赏》2007 年第 8 期，此处有修订）

杨柳：江南区域文化的典型象征

杨柳是中国文学中的重要意象，文学上经常吟咏的杨柳通常指的是现在的垂柳。提及杨柳，人们总会把它与烟雨楼台、小桥流水等秀丽的江南水乡风光联系在一起。但杨柳并不是一开始就是江南风物的代表。先秦到汉唐，对杨柳的吟咏更多体现出北方地域文化色彩，中晚唐以来，杨柳意象才逐渐体现出江南地域文化色彩，到了宋代，杨柳意象基本定型，成为江南风景和文化的象征。这里的南北区域主要是以江淮为分界线的。杨柳作为江南意象，典型地体现了江南物华繁茂的富庶景象、水乡清柔的秀丽风光和歌儿舞女之乐的欢乐场景。

一、杨柳由北方意象向江南意象的转变

杨柳作为江南意象的重要代表，经历了一个由北方意象向江南意象的转变过程。早期作品中最常见的“杨柳”，如“杨柳依依”的描述，或“细柳营”的典故，多与北方风光和边塞战争相关联，杨柳意象具有浓厚的北方地域文化色彩。中晚唐以来，有关杨柳的经典描述，如“烟柳画桥”“杨柳岸、晓风残月”“沾衣欲湿杏花雨，吹面不寒杨柳风”等，多与江南风光相联系。这种转变在杨柳题材的发展过程中体现得非常明显。

杨柳是我国较早开发利用的一个物种，在我国分布极为广泛，遍布大江南北。先秦典籍中多有记载。《周易·大过》就以“枯杨生稊”喻老夫得少妻，《孟子》亦有“性犹杞柳”之喻，《战国策》曰：“杨，横树之则生，倒树之则生，折而树之又生。”[1]《诗经》是我国北方文学的代表，《诗经》中大部分诗歌产生于从陕西到山东的黄河流域。《诗经》中记载的植物种类繁多，有一百多种，杨柳是其中很重要的一种，在《诗经》里多次出现。如《国风·齐风》中的“折柳樊圃”，齐风是齐国的民歌，齐国在今山东境内。又如《小雅·小弁》中的“菀彼柳斯”，《小雅·菀柳》中的“有菀者柳”，小雅产生于周京畿地区。其中最有名的是《小雅·采薇》中的“昔我往矣，杨柳依依。今我来思，雨雪霏霏”，对后世咏柳文学产生了深远的影响。值得注意的是，《采薇》是一首战争诗，诗中关于杨柳的描写是与具有北地色彩的风雪相联系，表达了士兵久戍思归之情。《楚辞》是我国南方文学的代表，多产生于湖北地区。楚地幅员辽阔，土壤肥沃，草木繁茂。《楚辞》中出现了大量植物，如兰草、芰荷、白蘋等，却很少提及杨柳。我们知道，南方气候温暖湿润，非常适合杨柳的生长，《山海经》中多处出现柳。《山海经·中山经》曰：“又东南二百里，曰即公之山……又东南一百五十九里，曰尧山……又南九十里，曰柴桑之山……又东二百三十里，曰荣余之山……其木多柳。”（《山海经》卷五）其中柴桑之山在今浔阳柴桑县南，与庐山相连。即公山、尧山、荣余山虽不能确定其具体位置，但肯定在南方。这四座山上柳树很多，由此可见，柳在南方分布比较广泛。然而，在屈原、宋玉等人的作品中却没有发现柳的踪影。这就说明，先秦时期，在南方人们对柳的审美关注要晚于北方，杨柳从一开始就多出现在北方文

① 刘向《战国策》，上海古籍出版社 1985 年版，第 838 页。

学中，带有浓厚的北方地域文化色彩。

汉唐时期，杨柳意象也多体现北方地域文化色彩，这在汉魏时期的杨柳赋和乐府《折杨柳》中可以体现出来。

汉代，杨柳开始作为独立的审美对象出现在文学作品中，出现了专门吟咏杨柳的作品，这最早体现在杨柳赋中。自西汉枚乘的第一篇《柳赋》后，杨柳赋创作蓬勃兴起，在魏晋时期达到高潮。从作者来看，这些杨柳赋大部分出自北人之手。汉晋时期一共有九篇杨柳赋，分别是枚乘、孔臧、应玚、繁钦、王粲、陈琳、魏文帝、晋傅玄、成公绥之作。他们中除枚乘、陈琳外都是北方人，其中孔臧是西汉鲁国（今山东曲阜）人，繁钦是东汉颍川（今河南禹县）人，应玚是汉末汝南（今河南）人，傅玄是北地泥阳（今陕西耀县东南）人，成公绥是西晋东郡白马（今河南滑县东）人。从杨柳形象来看，这些作品或者突出了杨柳根粗干壮、枝繁叶茂的伟岸形象，如"巨本洪枝，条修远扬，夭绕连枝，猗那其房，或拳局以逮下，或擢迹而接穹苍"（孔臧《杨柳赋》）；或者彰显了杨柳旺盛的生命力，如"枝扶疏而覃布，茎森梢以奋扬"（王粲《柳赋》）。在汉赋作家笔下，杨柳更像是北方"伟丈夫"，充满阳刚之气。

除柳赋之外，汉晋时期还出现了乐府《折杨柳》。《折杨柳》属于横吹曲，是"军中之乐"。《乐府诗集》载："横吹曲，其始亦谓之鼓吹，马上奏之，盖军中之乐也。"[①]《宋书·五行志》载："晋太康末，京洛为折杨柳之歌，其曲有兵革苦辛之辞。"[②]《折杨柳》民谣传入北方少数民族后，产生了民歌《折杨柳歌辞》和《折杨柳枝歌》，这些民歌后被梁代乐府机关保存，收录在"梁鼓角横吹曲"中。北方《折杨柳》常

① 郭茂倩《乐府诗集》，中华书局 1979 年版，第 309 页。
② 郭茂倩《乐府诗集》，中华书局 1979 年版，第 328 页。

与杨柳自身的形象相结合，如《折杨柳歌辞》:“上马不捉鞭，反折杨柳枝。蹀座吹长笛，愁杀行客儿。”从中可以看出，杨柳在北方分布很广，其枝条可以用来当作马鞭，还可以用来制作柳笛，就是抽掉嫩柳枝茎中的木质干，留下茎皮，在茎皮一端略加修整即可吹响，犹如笛声,故叫柳笛或柳哨。北朝《折杨柳》表现了北方游牧民族的自然风光、风俗习惯和北人刚劲勇猛的性格，自然具有北方地域色彩。

北朝乐府民歌《折杨柳》传入南朝之后，梁、陈君臣开始拟作，出现了文人拟作《折杨柳》的高潮。梁、陈文人拟作《折杨柳》虽然受齐梁绮艳诗风的影响，闺怨色彩浓厚，但闺中所思之人主要是征人，诗中常用意象、典故多同边塞、军营、战争密切相关，浸染了浓厚的北方边塞气息。如陈后主《折杨柳》:“武昌识新种，官渡有残生。还将出塞曲，仍共胡笳鸣。”其中“官渡”指的是官渡之战，据曹丕《柳赋》序曰:“昔建安五年，上与袁绍战于官渡，是时余始植斯柳。”[1]此外,周亚夫细柳营也是乐府《折杨柳》常用的一个典故,如岑之敬《折杨柳》:“将军始见知，细柳绕营垂。”细柳营是汉代名将周亚夫屯军之所，据唐代李吉甫《元和郡县志》载，细柳营在今咸阳县西南二十里。因周亚夫治军严明，后常用细柳营或柳营作为军队的代称。

隋唐时期，两京尤其是长安柳树繁多，宫廷、官署、庭院、行道、河堤等地多种杨柳以美化环境。这在文学中也多有反映。唐代边塞诗中多出现柳，如李益《临滹沱见蕃使列名》:“漠南春色到滹沱，碧柳青青塞马多。”乐府《江南曲》主要是歌咏江南秀丽的自然风光，在郭茂倩《乐府诗集》相和歌辞《江南》中,莲、白蘋等南方植物反复出现,

① 严可均校辑《全上古三代秦汉三国六朝文:三国晋(上)》,中华书局 1999 年版，第 1075 页。

其中“莲”22次（包括“芙蓉”5次），“蘋”7次，杨柳意象却一次也没有出现。这说明在时人心目中，杨柳并不像莲花、白蘋一样是江南风物的代表，杨柳更具北地色彩。

中晚唐以来，这种情况有所改变，在描写江南风景的诗歌中开始出现杨柳，如刘禹锡《忆江南》：“弱柳从风疑举袂，丛兰裛露似沾巾。”晚唐更是如此，如黄甫松《忆江南》：“梦见秣陵惆怅事，桃花柳絮满江城。”晚唐五代无名氏的《望江南》：“湖上柳，烟柳不胜垂。宿露洗开明媚眼，东风摇弄好腰肢。烟雨更相宜。环曲岸，阴覆画桥低。线拂行人春晚后，絮飞晴雪暖风时。幽意更依依。”这表明，在时人心中，杨柳成为江南风景的重要组成部分，

宋代以来，文学创作的重心转移到南方，杨柳也随之成为江南意象的典型。有宋一代，词为之大盛，宋词可以说是南方文学的代表。据南京师范大学《全宋词字频表》统计，“杨”出现了1042次，“柳”出现了2864次，总数超过排名第二的梅花，“梅”出现的频率是2956次。另外，根据对《全宋词》《望江南》词牌的统计，词中“梅”出现的频率是15次，“莲”7次（包括“芙蓉”2次），而“柳”是22次，高于“梅”和“莲”，这说明，入宋以后，杨柳已经完全成为江南风物的代表。并且，在宋代之后的《江南曲》中，杨柳意象也频频出现，如明谢榛《江南曲》：“夹岸多垂杨，妾家临野塘。”又如清吴绮《江南曲》：“江南三月杂花生，江上游人春眼明。琪树家家栖海鹤，垂杨处处带啼莺。”可见，杨柳作为江南风景的标志已深入人心。

即使在北方看到杨柳，人们也会想起江南的秀丽风光。《帝京景物略》曰：“元廉右丞之万柳堂、赵参议之瓠瓜亭、栗院使之玩芳亭，要在弥望间，高林疏柳，沿溪夹岸依依，有江南之色。”（《御定渊鉴类

函》卷三百五十二）北京名胜万柳堂、瓠瓜亭、玩芳亭等，因河畔栽种杨柳，故使人想起江南风光。其中最有名的是万柳堂，万柳堂原是元代廉希宪的别墅，位于右安门外，清代大学士冯溥非常仰慕廉希宪，就效仿他在崇文区广渠门内另建别墅，亦名“万柳堂”。清毛奇龄《西河集》有记载：“万柳堂者，益都相公冯公之别业也，其地在京师崇文门外……其外长林，弥望皆种杨柳，重行叠列，不止万树，因名之曰‘万柳堂’。”（卷一百二十七）万柳堂是京师文人宴游之地，风景秀美，时人多有吟咏。如清彭孙遹《奉和冯益都夫子秋日燕集万柳堂即席留别之作》：“清渠一曲荫修杨，秋气高寒晓欲霜。尘外心期在丘壑，樽前风物似江乡。”又如施闰章《冯相国万柳堂二十四韵》：“不向城东去，名园我未谙。争传雄蓟北，大好压江南。”万柳堂虽不在江南，但貌似江南，万柳如云，夹岸拂水的美景绝胜江乡风光，让人流连忘返。又《河南通志》卷五十九载：“王九畴，字叙吾，邓州人，万历已酉举人。任华阴县，自潼关以西，植杨柳数万株，行人终日在柳阴中，时比之江东。”江东即江南。潼关在今陕西境内，王九畴任华阴县令时，在潼关以西的道路两旁植柳万株，行人终日庇于柳荫之下，仿佛置身江南山水间，好不惬意。这些都表明，杨柳在人们心目中已经成为江南风景的标志。

二、杨柳转变为江南意象的原因

需要注意的是，杨柳成为江南风物的标志之后，并不意味着北方没有杨柳。我国大部分地区处于温带和亚热带，杨柳又是温带亚热带植物，故其在黄河上下、大江南北均有广泛分布。清汪灏《广群芳谱》

卷七六引《木谱》曰："(柳) 北土最多，枝条长软，叶青而狭长。其长条数尺或丈余，袅袅下垂者名'垂柳'。"[1]《广群芳谱》又载："北方材木全用杨、槐、榆、柳四木，是以人多种之。"[2]从这个意义上说，杨柳不是江南所独有的，可为什么却成了江南水乡的代表？

（一）跟北方生态环境的恶化有关

周秦气候比较温暖，北方植被茂密，许多亚热带植物如竹子、梅花等在北方都能生长，这在《诗经》中也有反映。相应地，杨柳在北方也比较普遍，《山海经》中也多有记载。《山海经·中山经》曰："又西十里，曰廆山……其木多柳……又东一百五十里，曰熊山……其木多樗柳。"(《山海经》卷五) 其中廆山在今河南洛阳市西南，熊山在今河南宜阳西，说明汉晋时期杨柳在北方分布很广。隋唐时期，两京生态环境良好，植柳繁茂，诗人多有赋咏，如宋之问的"洛阳花柳此时浓，山水楼台映几重"(《龙门应制》)、崔灏的"万户楼台临渭水，五陵花柳满秦川"(《渭城少年行》)。中晚唐以来，气温降低，北方转冷，再加上历时八年之久的安史之乱，使得北方地区的生态环境整体衰退，杨柳长势渐渐不如江南。白居易《苏州柳》曰："金谷园中黄袅娜，曲江亭畔碧婆娑。老来处处游行遍，不似苏州柳最多。"金谷园在洛阳，是石崇的私家园林，曲江在长安，江畔栽柳，号称"柳衙"，二者都是北方著名的风景区。白居易有过南北不同的生活经历，他认为不管是金谷园中还是曲江亭畔的杨柳，都没有苏州杨柳茂盛。

相对于北地而言，江南气候温暖湿润，湖泊众多，更适合杨柳的生长，杨柳的分布也更为普遍，房前屋后、溪边桥头随处可见。如余

---

① 汪灏《广群芳谱》，上海书店 1985 年版，第 1807 页。

② 汪灏《广群芳谱》，上海书店 1985 年版，第 1874 页。

延寿《南州行》曰："摇艇至南国，国门连大江。中洲两边岸，数步一垂杨。"又如明徐光启《农政全书》曰："吾三吴人家,凡有隙地即种杨柳。余逢人即劝，令之拔杨种臼，则有难色。凡所利于杨者，岁取枝条作薪耳；取臼子者，须连枝条剥之，亦何尝不得薪也。"[①]三吴当指广泛的江浙一带，江浙人家凡有空隙之地都栽种杨柳，徐光启劝其拔掉杨柳，改种乌桕，因为乌桕的经济价值比杨柳大得多，不仅可以用作薪材，还可以用来做蜡烛和肥皂，但人们还是不肯拔柳种桕，可见杨柳深得江南人家之喜爱，被广泛种植。

（二）跟社会经济、文化重心的南移有关

先秦到初盛唐，经济、文化的重心在北方，作家笔下的杨柳也多生长在北方，所以对杨柳的描写更多沾染北地色彩。自安史之乱后，北方的自然生态环境遭到严重的破坏，经济实力下降，而地处长江中下游的江南则相对安定，凭借得天独厚的自然条件和大量南迁的劳动力，江南经济迅速发展起来。从中晚唐开始，经济、文化的重心逐渐向江南地区转移，如明刘基《江南曲》："江北风沙人住少，江南秔稻雁来多。"长期远离北方战火的江南，以其秀丽的自然风光、富庶的鱼米之乡，成为文人向往的人间天堂。北方文人由于漫游、隐居、避乱、赴任或贬谪等原因频繁出入江南，使得江南的文化优势得以加强，文学创作的重心也逐渐由北方向江南地区转移。江南自然湖泊众多，再加上江南经济发达，园林兴盛，园林中亦多湖景，而湖边多种植杨柳，著名的杭州西湖、扬州瘦西湖和颍州西湖都以植柳闻名。所以，诗人笔下的杨柳常常与水乡风光相联系，如明于慎行《江南曲》"萧萧烟雨秋江口，两岸青旗拂细柳"(《榖城山馆集》卷四)，又如张英《忆江南

① 徐光启《农政全书》，上海古籍出版社 1979 年版，第 1066 页。

曲六首》其二“海棠树树堪铺席，杨柳家家好系船”(张英《文端集》卷六)，杨柳也自然成为江南地域风景的重要代表。

（三）跟杨柳品种结构的变化有关

图 32　林风眠《春溪烟柳图》，纸本，设色，67×66 厘米（http://3g.zhuokearts.com/m/auction/art/detail/29048401）。

人们对杨柳品种的关注经历了一个从实用到审美的过程。《诗经》中多次出现柳，历来关于《诗经》中杨柳种类的解释众说纷纭。其实，《诗经》中杨柳品种是很泛化的，属于广义的柳属。清姚炳《诗识名解》曰 :“愚谓《释木》文柳类甚多，有河柳、泽柳、蒲柳诸名，而杨仅列柳之一，则杨为柳属，柳不可言杨属，明矣。说家多谓柳有小杨、水杨、垂杨之称，并未足据。”[1]《小雅·采薇》“昔我往矣，杨柳依依”，《传》曰：“杨柳，蒲柳也。”认为杨柳就是蒲柳。《尔雅》也有类似解释，《尔雅·释木》曰：“杨，蒲柳也。”清姚炳也认同这一点，其《诗识名解》曰：“《传》专释此为蒲柳，甚当，以其为柳属，故亦得称为杨柳，非兼言杨与柳也。今人不问蒲、泽之类，统呼杨柳，可哂。”[2]可见《采薇》之杨柳为蒲柳，并非后世文学中之垂柳。“依依”也并非“不舍”之意，《传》曰：“依，木茂貌。”那么，“杨柳依依”即为蒲柳茂盛之意，主要基于蒲柳的实用价值。蒲柳没有垂柳婀娜的身姿，观赏价值不高。蒲柳常生长在河滩上，北方较多。垂柳枝条细长，婀娜多姿，具有较高的观赏价值，诗文中之杨柳通常指垂柳。《广群芳谱》曰：“百木惟柳易栽、易插，但宜水湿之地尤盛。”[3]垂柳喜水湿，江南水乡水域众多，更适宜杨柳的生长，尤其是江湖之地，如杨万里《舟过桐庐》：“潇洒桐庐县，寒江缭一湾。朱楼隔绿柳，白塔映青山。”又如爱心觉罗·玄烨《宿迁》：“行过江南水与山，柳舒花放鸟缗蛮。”可见，沿途经过江南，无处不见杨柳。

三、杨柳作为江南意象的审美文化意义

在长期的历史发展中，江南不仅是一个区域概念，更是一个文化概念和美学概念。《乐府解题》曰：“江南古辞，盖美芳晨丽景，嬉游得时。若梁简文‘桂楫晚应旋’，(唯)歌游戏也。”[4]也就是说，江南在人们

① 姚炳《诗识名解》，《文渊阁四库全书》第0086册，第522页。
② 姚炳《诗识名解》，《文渊阁四库全书》第0086册，第524页。
③ 汪灏《广群芳谱》，第1859页。
④ 郭茂倩《乐府诗集》，第384页。

心目中，不仅具有秀丽的自然风光，更具有欢乐的人文风情。杨柳作为江南风景的重要组成要素，蕴含了丰富的审美内容，典型地体现了江南区域文化的美学意义。

（一）杨柳体现了江南物华繁茂之美

梁朝丘迟《与陈伯之书》曰："暮春三月，江南草长，杂花生树，群莺乱飞。"白居易《忆江南》曰："江南好，风景旧曾谙。日出江花红胜火，春来江水绿如蓝。能不忆江南。"这说明江南在时人心中是一派姹紫嫣红、生机盎然的繁荣景象。而红花绿柳是体现江南春天物色繁茂的重要元素，如吴潜《望江南》："家乡好，好处是三春。白白红红花面貌，丝丝袅袅柳腰身。"花、柳在江南随处可见，遍布乡村，如"园庐渐以完，村村偏花柳"（陆世楷《白沃史君庙》）。陆游也有"山重水复疑无路，柳暗花明又一村"的经典描写，把花柳作为村庄的标志。不仅乡村，城市也都触目可见。《西溪梵隐志》载："西溪有三桥，多植柳，浓阴夹道，东西两涯，民居临水，花木周庐，亦称花市。"（《浙江通志》卷二百八十）本来花柳指的是美丽的春光春景，没有南北地域之分，北方也经常使用，如"万户楼台临渭水，五陵花柳满秦川"（崔灏《渭城少年行》）、"洛阳宫中花柳春"（冯著《洛阳道》）。但随着北方生态环境的恶化，植被的大量减少，春天柳树发芽比较迟，花开也比较晚，北方同南方相比，就显得萧瑟不堪，好像没有春天一样，难怪唐人有这样的体会："怪得春光不来久，胡中风土无花柳。"（刘商《胡笳十八拍》）红花绿柳把江南水乡装点得绚丽多姿、如诗如画，花柳就成了江南美景的标志。杜甫曾把南方花柳同塞北雨雪对举，来比较南北两地自然风光的迥然不同："北走关山开雨雪，南游花柳塞云烟。"（杜甫《赠韦七赞善》）中唐以来，这样的例子增多，甚至直接称杨柳为"江南柳”，如“江南花柳从君咏，塞北烟尘我独知”(王智兴《徐州使院赋》)，“春入江南柳，寒归塞北天”(周弘亮《除夜书情》)。可见，中唐以后，杨柳常与江南相联系，来描写清丽烂漫的江南春景，与寒冷萧瑟的塞北风光形成鲜明的对比。司马光就认为，陶渊明门前如果不种柳，就会使人觉得萧瑟，不堪居住："天意清和二月初，春风不动整如梳。陶潜宅外如无此，想更萧条不易居。"(司马光《垂柳》) 陶渊明是晋浔阳郡柴桑县(今九江市西南)人，属于南方人，可即便是南方，没有花柳的装点也会显得枯寂。明张以宁鲜明地对比了江南和江北风光的极大不同，其《江南曲》曰："中原万里莽空阔，山过长江翠如泼。楼台高下垂柳阴，丝管啁啾乱花发。北人却爱江南春，穹碑城外如鱼鳞。"可见，在江南物华饶美和江北空阔萧条的景物对比中，杨柳是其中重要的因素。

（二）杨柳体现了江南水乡清柔之美

江南水域众多，家家面水，户户枕河。"君到姑苏见，人家尽枕河。古宫闲地少，水港小桥多。"(杜荀鹤《送人游吴》) 而杨柳是湿生阳性树种，喜温暖潮湿的土壤，素有“水乡泽国”之称的江南十分适合杨柳的生长，故水滨池畔、桥头河岸多有种植，正如古人所言“芳草连山碧，垂杨近水多”。水和杨柳就构成了江南春天最普遍、最美丽的风景，寇准《江南春》曰："波渺渺，柳依依。孤村芳草远，斜日杏花飞。江南春尽离肠远，苹满汀洲人未归。"《小辋川记》载："蓝田别墅前有池，渟泓一碧，左右垂柳交荫，颜曰：'水木清华。'"[1]杨柳枝条细长，微风吹来，摇曳多姿，同水中倒影交相辉映，美不胜收。宋钱易《南

① 汪灏《广群芳谱》，第 1811 页。

图 33　杭州美景“烟柳画桥”(http://blog.sina.com.cn/s/blog_a516bd260102w2fb.html)。

部新书》曰:“池四岸植嘉木,垂柳先之,槐次之,榆又次之。”[1]故在园林景观配置中,水边植柳是花木和水的最佳搭配。而最能体现江南水木清华美景的,莫过于被誉为西湖十景之首的“苏堤春晓”:“起南迄北,横截湖面,绵亘数里,夹道杂植花柳,中为六桥,行者便之。”(《咸淳临安志》卷三二)水边杨柳不仅在描写江南风景的诗文中多有出现,如“洛渚问吴潮,吴门想洛桥。夕烟杨柳岸,春水木兰桡”(崔融《吴中好风景》),而且,它在羁旅行役的诗歌中也经常出现,如柳永的“杨柳岸、晓风残月”。这是因为江南多水,出行多取舟楫,而江边堤岸又多是送别之地的缘故。

与北方风景的苍劲气貌相比,江南风景是一种清柔的美。就植物

① 钱易《南部新书》,中华书局 2002 年版,第 101 页。

而言，描写江南美景多以梅柳、青枫、翠竹、荷花、白蘋、芦苇、蓼、菰等为主，描写北方则多以松柏、梧桐、槐、榆等为主。江南多水，水是至柔至弱之物，杨柳又适合在水边生长，且枝条细长，柔软下垂，典型体现了江南物色清柔之美，如欧阳修的《望江南》："江南柳，花柳两相柔。"江南乡村尤其如此，杨万里《舟过德清》曰："人家两岸柳阴边，出得门来便入船。不是全无最佳处，何窗何户不清妍。"碧波荡漾，绿杨堆烟，小窗珠户，门前小船，以碧绿为主色调的景物给人一种清丽的感受，展现出一幅清丽柔美的江南美景图。南方多水，多桥，多柳，小桥流水与依依杨柳更像是江南水乡的风景。《明水轩日记》载："净业寺门临水，岸去水止尺许，其东有轩，坐荫高柳，荷香袭人，江南云水之胜无以过此。"(《钦定日下旧闻考》卷五十三）净业寺在北京城内德胜门西，寺内风景明媚，有水有亭，高柳蔽日，荷香袭人，可谓北方之江南。

（三）杨柳体现了江南歌儿舞女之乐

杨柳常用来比喻美丽女子，柳枝柔软，女子的腰便称为"柳腰"；柳叶细长，女子的眉便称为"柳眉"。清王士祯《五代诗话》引《徐氏笔精》云："古人咏柳必比美人，咏美人必比柳，不独以其态相似，亦柔曼两相宜也。若松桧竹柏，用之于美人，则乏婉媚耳。"[①]以柳喻女子情态的词语也很多，诸如柳态、柳质、柳眠等。中唐以后，随着商品经济的发展和都市的繁荣，柳又与青楼女子有着千丝万缕的关系。咏柳作品中常以历史上有名的歌妓，如苏小小、柳氏等来比拟柳，如白居易《杨柳枝》："苏州杨柳任君夸，更有钱塘胜馆娃。若解多情寻

① 王士禛原编，郑方坤删补，李珍华点校《五代诗话》，书目文献出版社 1989 年版，第 200 页。

小小，绿杨深处是苏家。”“晚唐到北宋，柳越发同青楼女子——这种具特定身分职业的风尘女性的居处相联：柳市花街、柳陌花衢、柳际花边……”[1]

值得注意的是，歌妓不为江南独有，北方也有。只是宋代以来，江南经济发达，生活富庶，都市繁荣，促进了歌妓的兴盛，歌儿舞女享乐生活就成了江南文化的重要特征。如张籍《江南曲》曰：“倡楼两岸悬水栅，夜唱竹枝留北客。江南风土欢乐多，悠悠处处尽经过。”又如明皇甫汸《江南曲》曰：“锦帆西去绕横塘，画舸携来悉粉妆。旭日笼光流彩艳，晚云停雨凈兰芳。飞丝带蝶粘罗幌，吹浪游鱼戏羽觞。自是江南好行乐，采莲到处棹歌长。”凡歌妓活动之场所多莳花栽柳，花柳就不仅仅是美景的代称，更同青楼女子娱乐生活联系在一起，如柳永《笛家弄》：“未省、宴处能忘管弦，醉里不寻花柳。岂知秦楼，玉箫声断，前事难重偶。”故常用杨柳比喻江南歌儿舞女之享乐生活。柳永《望海潮》就真实再现了钱塘江畔杭州的繁华富庶，其中“烟柳画桥”不仅是对杭州街道风光的描写，更是杭州歌舞娱乐生活发达的写照。因为晚唐以来，垂柳、画桥经常同青楼女子住处联系在一起，如徐铉《柳枝辞十二首》：“此去仙源不是遥，垂杨深处有朱桥。共君同过朱桥去，索映垂杨听洞箫。”仙源指青楼，并非仙境，所以没那么遥远，它就在烟柳画桥之处，可见烟柳画桥往往成为青楼楚馆的标志。

综上所述，杨柳作为中国文学中的重要意象，从先秦到汉唐时期，对杨柳的吟咏多体现北方地域色彩，晚唐以来却越来越具有江南水乡的气息。这不仅同北方生态环境的整体衰退有关，而且也是建立在社

---

① 王立《心灵的图景：文学意象的主题史研究》，学林出版社 1999 年版，第 66 页。

会经济、文化重心由北向南转移的基础之上，同时和杨柳品种结构的变化密切相关。杨柳作为江南意象，包含了物华繁茂、水乡清柔和风俗奢乐的象征意蕴，典型地体现了江南区域文化的美学意义。

（原载《南京师大学报》社会科学版 2007 年第 2 期，人大复印资料《中国古代、近代文学研究》2007 年第 9 期转载，此处有修订）

宫柳意象的历史渊源和审美意蕴考述

杨柳随处可活，分布很广，是生活中常见的树木。尤宜近水生长，宫中亭台池沼众多，更适宜种植。况且，杨柳枝条细长，婀娜多姿，浓荫如盖，不仅具有赏心悦目的审美价值，而且还具有遮阳避日的实用价值，故杨柳很早就被植入宫廷苑囿。

一、种植历史

至迟在汉代，杨柳被植入宫廷苑囿。汉代有长杨宫，就是因宫中种长杨得名，这在《三辅黄图》中有记载："(长杨宫) 宫中有垂杨数亩，因为宫名。"[①]上林苑中也种有柳，据《汉书》载："上林苑中大柳树断枯卧地，亦自立生，有虫食树叶成文字，曰'公孙病已立'。"[②]这则材料虽然主要是从天人感应的角度谈柳树的灵异，但由此可知汉代上林苑栽种柳树。上林苑是汉武帝刘彻于建元二年 (公元前 138) 在秦代的旧苑址上扩建而成的宫苑，规模宏伟，宫室众多，是一所典型的皇家园林，里面植被丰富，柳树也在其中。梁王瑳《折杨柳》："塞外无春色，上林柳已黄。"唐许景先《折柳篇》："长杨西连建章路，汉家林苑纷无数。"从这些诗歌中也可证明当时汉代宫苑多栽柳树。

---

① 何清谷《三辅黄图校释》，中华书局 2005 年版，第 386 页。

② 班固《汉书》，中华书局 1975 年版，第 3153 页。

六朝时期，柳树被广泛植于皇宫御道。《景定建康志》卷一六载："晋成帝因吴苑城筑新宫，正中曰宣阳门，南对朱雀门，相去五里余，名为御道，夹道开御沟，植槐柳。"晋成帝在御道两旁开御沟，沟边植柳，是为御沟柳。御道是专供帝王行走的道路，御沟柳也是专门为皇室所种，属于宫柳范畴。南朝齐武帝也在宫中栽种杨柳，据《南史》载："刘悛之为益州，献蜀柳数株，枝条甚长，状若丝缕，时旧宫芳林苑始成，武帝以植于太昌灵和殿前，常赏玩咨嗟曰：'此杨柳风流可爱，似张绪当年时。'其见赏爱如此。"[①]可见齐武帝也喜欢柳，种之于灵和殿前。

时至唐代，皇家御苑、宫廷内外，更是广泛植柳。这在诗歌中多有反映，如张仲素《圣明乐》："宫花将苑柳，先发凤凰城。"张说《恩赐乐游园宴》："池台草色遍，宫观柳条新。"大明宫也种有杨柳，如岑参《奉和中书舍人贾至早朝大明宫》："花迎剑佩星初落，柳拂旌旗露未干。"杨凌《春霁花萼楼南闻宫莺》："祥烟瑞气晓来轻，柳变花开共作晴。"花萼楼也栽种杨柳，花萼楼是兴庆宫著名的皇家园林。大明宫和兴庆宫是唐代著名的两大宫殿，都曾是帝王听政办公的地方，特别是大明宫是唐代政治活动的中心，这两大宫殿都广泛栽种杨柳。殷尧藩《冬至酬刘使君》："梅含露蕊知迎腊，柳拂宫袍忆候朝。"百官在上朝的过程中，路边杨柳轻拂着宫袍。除正宫外，行宫内也广泛种植杨柳，如苏味道《初春行宫侍宴应制（得天字）》："簪裾承睿赏，花柳发韶年。"东都洛阳宫中也栽植杨柳，如冯著《洛阳道》："洛阳宫中花柳春，洛阳道上无行人。"

除了宫苑内部，唐代宫墙内外也栽种杨柳。如张祜《长门怨》："日映宫墙柳色寒，笙歌遥指碧云端。"刘商《柳条歌送客》："高枝低枝飞

---

① ［唐］李延寿《南史》，中华书局1975年版，第810页。

鹂黄，千条万条覆宫墙。”温庭筠《题柳》:“千门九陌花如雪，飞过宫墙两自知。”宫门前也多植柳，如王涯《宫词》:“碧绣檐前柳散垂，守门宫女欲攀时。曾经玉辇从容处,不敢临风折一枝。”张祜《杨柳枝》:“莫折宫前杨柳枝，玄宗曾向笛中吹。”李咸用《别李将军》:“一拜虬髭便受恩，宫门细柳五摇春。”唐代宫门众多，门前多栽种杨柳。

曲江池是唐代最著名的风景胜地，为皇家公共园林，每年新科进士聚集在曲江进行宴庆。曲江池以大湖水面景色为主，池岸栽种很多杨柳，号“柳衙”。《广群芳谱》载:“池畔多柳，号为柳衙，谓成行列如排衙也。”[①]长安御沟之上也多栽种杨柳，据《三辅黄图》载，长安御沟谓之杨沟，谓植高杨于其上也。中唐以来的《御沟新柳》诗就是御沟柳在文学上的反映。

宋代，宫中也多植杨柳。《陕西通志》卷四四载:“金丝柳出凤县。宋元丰间,有旨下凤州,取金丝柳一百根。”这说明北宋宫廷也栽种杨柳。汴京护城河两岸也植柳,据《东京梦华录》载:“东都外城方圆四十余里,城壕曰护龙河，阔十余丈，壕之内外，皆植杨柳。”[②]南宋临安宫苑也栽有柳树，这在宋词中也有反映，如陆游《钗头凤》:“红酥手，黄縢酒。满城春色宫墙柳。”明清以来，杨柳仍广泛种植于宫廷内外，成为一道靓丽的风景。

二、题材发展

杨柳植入宫廷后，很快得到帝王文士的喜爱，他们爱柳、赋柳，

① 汪灏《广群芳谱》，上海书店 1985 年版，第 1807 页。

② 孟元老著，邓之诚校注《东京梦华录注》，中华书局 1982 年版，第 1 页。

甚至亲手种柳。上有所好，下必甚焉。帝王种柳、咏柳，提高了柳在文人中的地位，扩大了咏柳诗的创作，并引起文人对宫中（京中）柳树的羡慕之情，因而出现了一批吟咏宫柳的诗歌，宫柳由此也成为一个重要意象和题材。但并非所有吟咏宫中（京中）柳树的诗歌都叫宫柳诗，宫柳诗的内涵主要指的是，通过对宫中（京中）柳树处地利之便，得阳气之早，先荣于其他柳树的描摹，表达对宫柳的羡慕之情，并希望自己能够像宫柳一样得到君王的赏识。

宫柳题材经历了一个逐步发展的过程。汉代到初盛唐，所咏之柳虽然是宫中之柳，但并不是真正意义上的“宫柳”作品，如汉代枚乘的《柳赋》、梁元帝的《咏阳云楼檐柳》、简文帝的《和湘东王阳云楼檐柳诗》、李白《侍从宜春苑奉诏赋龙池柳色初青听新莺百啭歌》、唐太宗的《春池柳》和《赋得临池柳》。这些咏柳诗虽然吟咏的都是宫中柳树，只是把柳作为早春芳树来关照，没有强调宫中之柳别于其他柳树的特殊性。

中唐出现了专门的吟咏宫柳的诗歌，主要是对宫池柳、御沟柳和长安柳的吟咏，其中诗题为《小苑春望宫池柳色》的唐诗共10首，另有6首《御沟新柳》、杜荀鹤《御沟柳》、陈光《长安新柳》等。“近水楼台先得月”，御沟柳因地处长安，自然与其他地方的柳不同，故也属于宫柳的范畴。如前所述，《小苑春望宫池柳色》和《御沟新柳》分别是大历十二年(777)和贞元八年(792)进士科考的诗题。既为考试题目，必定促使大量宫柳题材作品的出现，如韩偓、明石珤的《宫柳》、王安石的《御柳》等。

宋元以来，文人对宫柳的吟咏不绝如缕。如宋徐积《天下风流无绿杨》：“天下风流无绿杨，半遮妆面出宫墙。”(《节孝集》卷二十一)

明吴宽的《詠南内新柳五首》，明王立道《宫柳》，等等，都是直接以宫柳为描写对象。

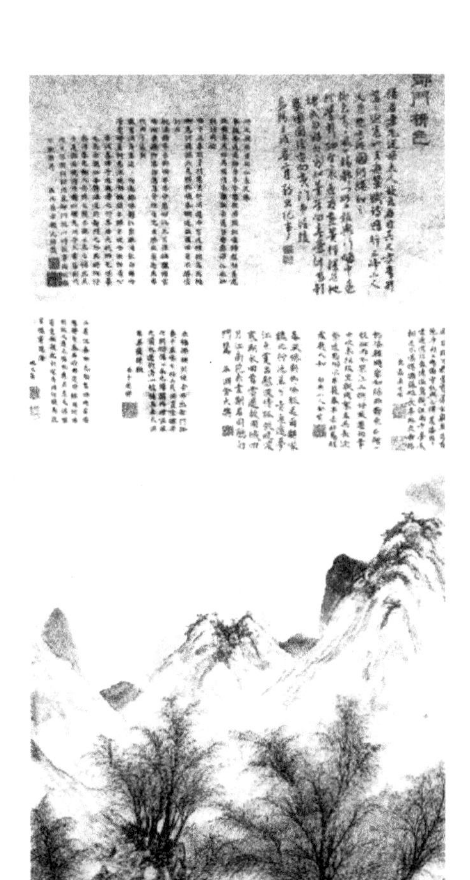

图34 ［明］文伯仁《都门柳色图》，纸本，设色，135.3×50.6厘米。上自题画名，并题诗一首，款为“嘉靖壬戌（1562）春二月朔旦”（张泽宇，张书珩《中国名画快读》，远方出版社2004年版，第204页）。

三、物色之美

宋苏泂《金陵杂兴》：“人家一样垂杨柳，种入宫墙自不同。”（《泠然斋诗集》卷六）的确如此，同样是杨柳，但由于种植场所和种植方式的不同，给人的美感体验自然也不同。

唐代宫廷中多栽花植柳，如杜甫《晚出左掖》：“退朝花底散，归院柳边迷。”种植于宫廷苑囿之内的杨柳，多与姹紫嫣红的花朵相间，这样就造成一种红花绿柳交相辉映的审美效果，正如明孙继皋《题钱生册·从其长公征君请》诗中所言：“宫墙花发映垂杨，白马青衫满路光。”（《宗伯集》卷一〇）

自唐代以来，宫殿规模都很宏大，宫门高大宽阔，巍峨高耸。种植于宫门的杨柳，多与红色宫门相映，如卢象《杂诗二首》:“君家御沟上，垂柳夹朱门。”李适《奉和春日幸望春宫应制》:“轻丝半拂朱门柳，细缬全披画阁梅。”刘禹锡《同乐天和微之深春二十首（同用家花车斜四韵)》:“何处深春好，春深万乘家。宫门皆映柳，辇路尽穿花。”皇宫内苑春光烂漫，杂花夹道，红色宫门映衬着绿色杨柳，大好美景无处可比。

宫墙一般都比较长，达千米之远，宫墙外面有御沟，沟中引入流水，沟边栽种杨柳。依依杨柳轻拂着连绵的宫墙，修长的枝叶倒映在清澈的水中，相映成趣，形成京城一道靓丽的风景，备受出入宫门的百官和过往行人的关注。作品中多有反映，如毛文锡《柳含烟》:“御沟柳，占春多。半出宫墙婀娜，有时倒景醮轻罗，曲尘波。昨日金銮巡上苑，风亚舞腰纤软。栽培得地近皇宫，瑞烟浓。”谢克家《忆君王》:“依依宫柳拂宫墙。”(《御选历代诗余》卷一一六）都是对宫墙柳美感形象的描摹。

四、主题表现

宫柳题材作品的大型创作首先是在进士考试中出现的。举子应试的目的只有一个，那就是希望得到君主的赏识，故他们对宫柳的赋咏，一方面侧重于宫中柳树相对于其他柳树的优越感，即宫柳地处皇宫或京都，近君王之侧，得地利之便，故先得阳和之气，率先吐绿发芽，如“御苑阳和早，章沟柳色新。托根偏近日，布叶乍迎春”(贾棱《御沟新柳》)、“韶光先禁柳，几处覆沟新”(《刘遵古《御沟新柳》)；另一方面，借宫柳表达被人引荐的愿望，如“独有风尘客，思同雨露荣”(裴达《小苑春望宫池柳色》)、“倘得辞幽谷，高枝寄一名”(张季略《小苑春望宫池柳色》)。此后的宫柳作品基本上都继承了这样的主题，如陈光《长安新柳》:“九陌云初霁，皇衢柳已新。不同天苑景，先得日边春。色浅微含露，丝轻未惹尘。一枝方欲折，归去及兹晨。”宋王安石《御柳》:“御柳新黄已迸条，宫沟薄冻未全消。人间今日春多少，只看东方北斗杓。”

同样是杨柳，但宫中柳和桥边柳却有着不同的遭遇。桥边杨柳年年被人攀折，阅尽了人间的离情别恨，而生长在皇宫中的柳却终日沐浴在君王的恩泽中，根本不相信人间还有如此令人断肠之事，正如明石珤《宫柳》所言:“内里垂杨自不同，万条柔翠拂琼宫。叶含华萼楼前雨，枝带朝元阁上风。望入画眉情正切，啭来黄鸟语初工。一般霸水桥头绿，日日行人惆怅中。”(《熊峰集》卷四) 又如李商隐的《柳》:“为有桥边拂面香，何曾自敢占流光。后庭玉树承恩泽，不信年华有断肠。”宫中垂杨轻拂着琼楼玉宇，枝叶沐浴在帝王恩泽中，生长于灞桥的杨柳却常年被行人折损，宫柳的养尊处优同灞桥柳的日日惆怅形成鲜明的对比。

文人常以杨柳移植宫中比喻受到君王的赏识。古诗中太阳往往是君王的象征，韶光则是君王的恩泽。同样是柳，宫柳因地利之便得君王之赏识，故率先吐绿发芽，茁壮成长。相反，那些生长于偏远之地的杨柳，虽有婀娜之身姿，却得不到君王的赏识，故文人常以杨柳所处偏远之地比喻自己怀才不遇。如白居易《杨柳枝词》:“一树春风千万枝，嫩于金色软于丝。永丰西角荒园里，尽日无人属阿谁？”这首诗反映的就是这种心情。据《云溪友议》载:“居易有妓樊素，善歌，小蛮，善舞。尝为诗曰:‘樱桃樊素口，杨柳小蛮腰。’年既高迈，而小蛮方丰艳，因杨柳词以托意云。”又云：“宣宗朝，国乐唱前词，上问谁作，永丰在何处，左右具以对。遂因东使，命取永丰柳两枝，植于禁中。居易感上知其名，且好尚风雅，又为诗一章。”[1]这首诗就是白居易的《诏取永丰柳植禁苑感赋》：“一树衰残委泥土，双枝荣耀植天庭。定知玄象今春后，柳宿光中添两星。”长在永丰园偏僻角落里一株柳树，因为白居易的一首诗被移植于皇宫，命运就此改变。白居易因为宣宗的知遇之恩，欣然作诗记之。从表面看，白居易不过是由樊素、小蛮年轻貌美、能歌善舞，抒发自己年事已高、百年之后不知二人将归何处的感叹，实际上白居易是借这首诗抒发自己怀才不遇的落寞之情。我国古代自屈原开始，就有以香草美人比喻文人才华和高洁品格的传统。杨柳轻盈摇曳，婀娜多姿，常用来比喻美丽女子，因此也常用来比喻诗人的才华。这首诗可以算上是一首咏物抒怀诗，前两句“一树春风千万枝，嫩于金色软于丝”，显示出初春垂柳的娇柔可爱，蕴含着无限生机，这样的垂柳理应受到人的赏惜，后两句却笔锋一转，“永丰西角荒园里，尽日无人属阿谁”，这株柳树尽管美丽可爱却没有人赏惜，因为它处在一所人迹罕至的“荒园”里，并且在荒园“西角”这么阴暗背光的角落，其他杨柳比如宫柳，也许还没有此柳风姿之可爱，但由于生得其所，却备受青睐。白居易生活在朋党斗争激烈的中唐时期，不少有才能的人都受到排挤，诗人自己也为避朋党倾轧，自请外放，长期远离京城，此诗融入了白居易的身世遭际。白居易借永丰柳绰约风姿不被赏惜的落寞之境，抒发怀才不遇、备受打击的身世之感。

白居易赋诗改变永丰柳命运的事件流传广泛，影响深远，并且还得到后世文人的唱和。如卢贞《和白尚书赋永丰柳》：“一树依依在永丰，

---

① 彭定求《全唐诗》，中华书局 1960 年版，第 5239 页。

两枝飞去杳无踪。玉皇曾采人间曲,应逐歌声入九重。”诗前有序云:“永丰坊西南角角有垂柳一株，柔条极茂，白尚书曾赋诗，传入乐府，遍流京都。近有诏旨,取两枝植于禁苑,乃知一顾增十倍之价,非虚言也。因此偶成绝句，非敢继和前篇。”[①]韩琮也有和作《和白乐天诏取永丰柳植上苑，时为东都留守》:“折柳歌中得翠条，远移金殿种青霄。上阳宫女含声送，不忿先归舞细腰。”后世文人对白诗的频繁唱和，反映了怀才不遇的文人渴求被皇帝赏识的迫切愿望。

众所周知，修身、齐家、治国、平天下是中国士大夫的理想，这个理想只有在得到君王赏识的条件下才能实现。婀娜多姿的杨柳因得宫中地利之便，受到历代帝王赏爱。帝王爱柳、咏柳，激发了文人对宫中柳树的羡慕之情，他们反复吟咏宫柳，使宫柳成为专门的题材和意象。宫柳题材的反复吟咏表现了文人企盼被君王赏识、改变处境的愿望。

（原载《广东广播电视大学学报》2009 年第 1 期，此处有修订）

① 卢贞《和白尚书赋永丰柳》,《全唐诗》，第 5270 页。

论章台柳意象的历史渊源

章台柳的典故出自中唐韩翃和柳氏的爱情故事。《唐诗纪事》卷三十载：“世传翃有宠姬柳氏，翃成名，从辟淄青，置之都下。数岁，寄诗曰：‘章台柳，章台柳，颜色青青今在否？纵使长条似旧垂，也应攀折他人手。’柳答曰：‘杨柳枝，芳菲节，可恨年年赠离别。一叶随风忽报秋，纵使君来岂堪折。’后果为蕃将沙吒利所劫。翃会入中书，道逢之，谓永诀矣！是日，临淄太校置酒，疑翃不乐。具告之。有虞候将许俊，以义烈自许，即诈取得之，以授韩。希逸闻之曰：似我往日所为也，俊复能之。”[①]韩翃、柳氏的爱情故事最早见于唐代孟棨《本事诗》。韩翃为大历十才子之一，登天宝十三载进士第。韩翃少年时有才名，虽家境贫寒，但所交皆名人，与李将（失名）过往甚密。柳氏出身倡门，本为韩翃好友李将的侍妓，后赠送于韩。韩翃得到柳氏的资助，第二年便成名。韩翃成名后，便做了青州节度使侯希逸的从事，将柳氏安置在长安。三年后，韩翃寄诗给柳氏，诗中称其为“章台柳”。后柳氏被蕃将沙吒利所劫持，韩翃虽无法割舍，但没有办法。后来许俊用计谋将柳氏抢回交于韩翃，有情人得以团聚。因柳氏出身倡门，后人常用章台柳代指青楼女子。

“章台柳”是“章台”和“柳”两个意象的组合，它的出现有深厚的社会基础，并受文化传统的影响，不单是柳氏姓“柳”的原因。先看章台。

① ［宋］计有功《唐诗纪事》，上海古籍出版社1987年版，第470页。

图35 ［清］任熊《柳荫仕女图》。绢本，设色，141.7×39厘米。天津人民美术出版社藏（http://minghua.zhshw.com/renwu/463L.htm）。

图36 ［清］费丹旭《柳荫仕女图》，绢本，设色，104.7×30.4厘米。北京故宫博物院藏（http://minghua.zhshw.com/renwu/415L.htm）。

一、章台含义

“章台”意象有三个含义：

一指楚国章华台，为楚国离宫名。《通志》载：“昭公之七年，楚灵王成章华台，召诸侯而落之。”[1]杜预注，章华台，在华容城中。章华台建于华容城中，在今湖北境内。如陈子昂《度荆门望楚》：“遥遥去巫峡，望望下章台。巴国山川尽，荆门烟雾开。城分苍野外，树断白云隈。今日狂歌客，谁知入楚来。”此处章台指楚国章华台。

二指章台宫，为秦都咸阳宫名。章台宫建于战国时期，以宫内有章台而得名。《史记·秦始皇本记》载:“诸庙及章台、上林皆在渭南。”[2]《史记·廉颇蔺相如列传》载，赵惠文王遣蔺相如到秦国献和氏璧，“秦王坐章台见相如，相如奉璧奏秦王”[3]。秦昭王就是在章台宫接见蔺相如的。南朝梁费昶《和萧记室春旦有所思诗》：“芳树发春辉，蔡子望青衣。水逐桃花去，春随杨柳归。杨柳何时归，袅袅复依依。已荫章台陌，复扫长门扉。”长门指汉代长门宫，章台指章台宫，同长门宫相对应。

三指章台街，汉长安街名。据《三辅黄图》载，长安有八街九陌，章台街是其中一条。唐代长安就没有章台街了。关于章台街最有名的记载是汉代张敞走马章台的故事。《汉书 · 张敞传》载：“敞为京兆，

① ［宋］郑樵《通志》，浙江古籍出版社 1988 年版，第 2890 页。

② 司马迁《史记》，中华书局 1972 年版，第 239 页。

③ 司马迁《史记》，中华书局 1972 年版，第 2440 页

朝廷每有大议，引古今，处便宜，公卿皆服，天子数从之。然敞无威仪，时罢朝会，过走马章台街，使御吏驱，自以便面拊马。又为妇画眉，长安中传张京兆眉怃。有司以奏敞。上问之，对曰：‘臣闻闺房之内，夫妇之私，有过于画眉者。’上爱其能，弗备责也。然终不得大位。”[①] 张敞知识渊博，能力超群，担任京兆尹，掌管京城长安的治安。当时长安盗贼猖獗，商家苦不堪言，张敞运用计谋瓦解盗贼团伙，维护了京城治安，并得到汉宣帝的嘉奖。虽然张敞贵为京兆尹，他的建议也屡次被皇帝采纳，但他并没有威严的仪态。班固通过“走马章台”和“为妻画眉”这两件事来说明这一点。画眉之事，在当时影响很大，不但流传于长安百姓之间，还被有司告到皇帝那里，张敞因此遭到皇帝的质问。为妻画眉本不是件丢人之事，但古人要求大丈夫志在四方，不可沉溺于儿女之情，所以张敞此举遭到有司的非议。“走马章台”，使得张敞在时人心中成为没有高官威仪，倒有几分放荡不羁的另类形象。

二、走马章台与游侠歌妓

“章台柳”中的章台多与汉代章台街有关，这与张敞“走马章台”和“京兆画眉”的典故密不可分。“走”为“奔跑”之意，“走马章台”意为骑马疾驰于章台街。张敞“走马章台”的佚事，后世广为流传，诗中多有反映。顾野王《长安道》：“凤楼临广路，仙掌入烟霞。章台京兆马，逸陌富平车。东门疏广饯，北阙董贤家。渭桥纵观罢，安能访狭斜。”可见张敞留给后人的是一个纵马狂奔于长安街道的印象。庾

① ［东汉］班固《汉书》卷七六，列传第四十六，中华书局 1974 年版，第 3222 页。

信《和宇文京兆游田诗》:“小苑禁门开，长杨猎客来。悬知画眉罢，走马向章台。涧寒泉反缩，山晴云倒回。熊饥自舐掌，雁惊独衔枚。美酒余杭醉，芙蓉即奉杯。”宇文京兆指宇文神举，北周文帝宇文泰之族子。长杨宫是秦汉游猎之所。《三辅黄图》卷五载:“长杨榭在长杨宫，秋冬较猎其下，命武士搏射禽兽，天子登此以观焉。”[1]此诗运用张敞的典故，描绘了宇文神举纵横猎场的飒爽英姿。

隋唐以来，“走马章台”常同骏马相联系，成为咏马赋马的典故。杨师道《咏马》:“宝马权奇出未央，雕鞍照曜紫金装。春草初生驰上苑，秋风欲动戏长杨。鸣珂屡度章台侧，细蹀经向濯龙傍。徒令汉将连年去，宛城今已献名王。”乔知之《羸骏篇》:“蹀躞朝驰过上苑，趁趕（cān tán）暝走发章台。”杨师道，隋宗室也，清警有才思，入唐，尚桂阳公主，封安德郡公。乔知之在武则天时累除右补阙，迁左司郎中。二人都是初唐人，可知在初唐时章台就跟骏马联系在一起。李贺《马诗二十三首》:“萧寺驮经马，元从竺国来。空知有善相，不解走章台。”意为来自天竺国用来驮经的马，虽然相貌很善，可是没有走马章台的威风。“走马章台”常用来比喻奔驰的骏马。

章台是汉代著名的街道，张敞“走马章台”，即纵马奔驰于长安闹市的形象，唐代以来进一步具体化，常同任侠少年联系在一起，在乐府《结客少年场行》《少年行》中频频出现。如卢照邻的“斗鸡过渭北，走马向关东”，王昌龄的“走马还相寻，西楼下夕阴”，李白的“青云年少子，挟弹章台左”，韦庄的“挥剑邯郸市，走马梁王苑”。郭茂倩《乐府诗集》曰:“结客少年场，言少年时结任侠之客，为游乐之场，终而

---

① 何清谷《三辅黄图校释》，中华书局 2005 年版，第 290 页。

无成，故作此曲也。”[①]这种任侠少年重义轻生，游手好闲，以斗鸡打鸟为乐，白日佩剑走马于闹市，夜晚纵酒狂欢于青楼楚馆。

“走马”“章台”同任侠少年的密切联系，使得章台在盛唐就成为游乐场所、歌妓聚集之地的象征。如崔颢《渭城少年行》:“斗鸡下杜尘初合，走马章台日半斜。章台帝城称贵里，青楼日晚歌钟起。贵里豪家白马骄，五陵年少不相饶。双双挟弹来金市，两两鸣鞭上渭桥。渭城桥头酒新熟,金鞍白马谁家宿。可怜锦瑟筝琵琶,玉台清酒就君家。小妇春来不解羞，娇歌一曲杨柳花。”章台俨然是长安贵族子弟和文人士子宴游享乐的场所。又如李白《少年子》:“青云年少子，挟弹章台左。鞍马四边开,突如流星过。金丸落飞鸟,夜入琼楼卧。夷齐是何人,独守西山饿。”写的是任侠少年白日骑马射鸟，夜晚入宿青楼的风流生活。到了盛唐，章台街常同声色犬马的奢靡生活相联系，是权贵歌妓聚集之地的代名词。

三、章台与杨柳

关于章台街栽种柳树的记载，最早见于宋代。但这种说法很值得怀疑。宋潘自牧《记纂渊海》卷九十五 :“张敞为京兆尹，走马，街有柳市，故号‘章台柳’。杜诗云 :‘京兆空柳市。’”并注曰“章台柳”是从唐孟棨《本事诗》而来。由此可见,宋人的这种说法,是从唐代《本事诗》“章台柳”和杜甫诗歌“京兆空柳市”得出的结论。宋人“章台植柳”这种说法有待进一步商榷。

① ［宋］郭茂倩《乐府诗集》，中华书局 1979 年版，第 948 页。

首先，章台街是汉代街道，汉代尚未发现章台街植柳的记载，《汉书·张敞传》也没有记载。其次，唐代并无章台街，所以也不会在章台种植杨柳。再次，《本事诗》所载之“章台柳”出自中唐韩翃之手。杜甫的“京兆空柳市”用的是汉代的典故，《三辅黄图》载，长安有九市，柳市是其中之一。也就是说，章台植柳的说法是从汉代故事和唐人作品，特别是韩翃“章台柳”中推测而来。

图 37　［明］顾眉《花柳图》，绢本，设色，111×47.5 厘米，现藏中国美术馆。右上题“横波夫人花柳画幅”(http://collection.sina.com.cn/auction/pcdt/20140317/1002146302.shtml)。

那么，唐人为何把章台和柳联系在一起的，“章台柳”是怎样产生的？

唐代最早把章台和柳联系起来的是初唐卢照邻。其《还赴蜀中贻示京邑游好》：“籞（yù）宿花初满，章台柳向飞。”籞宿指西汉籞宿苑，位于长安城南，那里山清水秀，芳草茂密，是汉代长安著名的风景区，汉武帝常到此游览，并于此住宿，故又名御宿川。章台当指秦都章台宫，同籞宿宫相对应。这里以籞宿和章台代指风景秀美的长安城。“花、柳”在初盛唐作为美丽的春光春景经常联袂出现，如:

卢照邻《送二兄入蜀》:“关山客子路，花柳帝王城。”

杨炯《游废观》:“花柳三春节，江山四望悬。”

王勃《春园》:“山泉两处晚，花柳一园春。”

张九龄《奉和圣制龙池篇》:“岸傍花柳看胜画，浦上楼台问是仙。”

并且，“柳”与“花”还相对出现，如：

李白《上皇西巡南京歌十首》:“柳色未饶秦地绿，花光不减上阳红。”

杜甫《晚出左掖》:“退朝花底散，归院柳边迷。”

严维《酬刘员外见寄》:“柳塘春水慢，花坞夕阳迟。”

武元衡《寒食下第》:“柳挂九衢丝，花飘万家雪。如何憔悴人，对此芳菲节。”

所以，卢照邻诗中“章台柳”的组合同张敞走马章台没有多大联系，主要是为了与“籞宿花”相对称。这里章台当指章台宫，并非章台街，主要用来指代京城长安，章台柳主要指长安风景之优美，同任侠少年放纵的行为没有关系。

真正把章台街同杨柳联系起来的是崔国辅。崔国辅（678～755)，是盛唐诗人，其《长乐少年行》:“遗却珊瑚鞭，白马骄不行。章台折杨柳，春草路旁情。”其中“章台折杨柳”用了两个典故，一是张敞走马章台的事典，一个是语典，“折杨柳”出自北朝《折杨柳歌辞》:“上马不捉鞭，反折杨柳枝。”“章台折杨柳”，把这两个典故结合在一起，因而给人造成一种章台街道种植杨柳的印象。

崔国辅之后，文人开始把章台街、张敞和杨柳联系起来。韩翃除《赠柳氏》诗中明确言及“章台柳”外，其《少年行》诗中也把章台和杨柳联系在一起："千点斓斒玉勒骢，青丝结尾绣缠鬃。鸣鞭晚出章台路，叶叶春依杨柳风。"诗中杨柳已经成为章台街道的风景。

文学是现实的反映，文人关于章台街道栽种杨柳的印象，同晋、唐以来长安街道多栽种杨柳有很大的关系。如前所述，前秦苻坚为了方便通商行旅，从长安到各地修建了平坦大道，并在道路两旁栽种槐树和柳树，苻坚此举深受百姓之称赞，这在当时的民歌中有反映："长安大街，夹树杨槐。下走朱轮，上有鸾栖。英彦云集，诲我萌黎。"[1]唐代，长安街道也栽种杨柳，如卢照邻《长安古意》："弱柳青槐拂地垂，佳气红尘暗天起。"晋、唐以来长安街道栽种柳树的事实，使得唐人误以为汉代的章台街道也应栽种杨柳，因而诗中才会出现章台街植柳的现象。

四、杨柳与娼妓

自贺知章以年轻女子比杨柳后，时至盛唐，随着唐代商品经济的发展和都市的繁荣，柳渐渐可以用来比喻青楼女子。李白《流夜郎赠辛判官》："昔在长安醉花柳，五侯七贵同杯酒。气岸遥凌豪士前，风流肯落他人后。夫子红颜我少年，章台走马著金鞭。文章献纳麒麟殿，歌舞淹留玳瑁筵。与君自谓长如此,宁知草动风尘起。函谷忽惊胡马来，秦宫桃李向明开。我愁远谪夜郎去，何日金鸡放赦回。"这首诗是李白安史之乱后被流放夜郎时所写，在此诗中李白回忆了当初在京城长安放荡形骸的享乐生活，及文才被唐玄宗赏识、君臣同乐的欢乐场景，

① ［唐］房玄龄等《晋书》卷一一三，载记第十三，中华书局 1974 年版，第 2895 页。

而今却被流放到夜郎，今昔对比，感慨万千，忧愁不已。值得注意的是，“昔在长安醉花柳”，根据整首诗可以判断“花柳”指的是青楼女子。

也就是说，时至盛唐，“章台”已是繁华游冶场所、歌妓聚集之地的代称，而“柳”此时也可用来象征青楼女子，“章台柳”意象产生的条件已经成熟了，只要遇到合适的时机就会出现，而韩翃则是以自己特殊的经历，在同娼妓柳氏的交往中创造性地完成了这个意象。

图 38　[明] 李鱓《桃花柳燕图》，绢本，设色，125×51.5厘米，天津博物馆藏（[明] 李鱓《李鱓画集》（上），北京工艺美术出版社 2005 年版，第 160 页）。

章台柳用来比喻青楼女子，一方面是文学自身发展的产物，另一方面也基于柳与青楼女子间的异质同构关系。从外表上看，柳与青楼女子一样都有美丽的姿态，如上所述，柳眉、柳腰常用来比喻女子的眉毛和腰身；从本质上看，二者命运相似，杨柳无根，娼妓无家，种植杨柳常用扦插的方法，青楼女子很难像普通女子一样拥有正常的家庭；杨柳任人攀折，青楼女子任人凌辱；杨柳喜水生长，青楼女子朝秦暮楚，被贬为水性杨花。这在诗词中也多有体现，如敦煌曲子词无名氏的《望江南》："莫攀我，攀我太心偏。我是曲江临池柳，这人攀了那人攀。恩爱一时间。"娼妓自比为曲江临池柳，表达了任人凌辱的怨愤之情。北宋韩琦《新柳》："驿路行人东复西，等闲攀折损芳枝。有生自是无根物，忍向东风赠别离。"(《安阳集》卷五）把柳当作无根之物。

自韩翃"章台柳"之后，中晚唐人咏柳时多言及章台和张敞。李观《御沟新柳》："御沟回广陌，芳柳对行人。翠色枝枝满，年光树树新。畏逢攀折客，愁见别离辰。近映章台骑，遥分禁苑春。嫩阴初覆水，高影渐离尘。莫入胡儿笛，还令泪湿巾。"李商隐《柳》："柳映江潭底有情，望中频遣客心惊。巴雷隐隐千山外，更作章台走马声。"并且出现了专门吟咏"章台柳"的诗歌，如毛文锡《柳含烟》："章台柳，近垂旒。低拂往来冠盖，朦胧春色满皇州，瑞烟浮。直与路边江畔别，免被离人攀折。最怜京兆画蛾眉，叶纤时。"运用张敞画眉的典故，使得"章台柳"具有浓郁的脂粉气息。

宋代，随着商品经济的繁荣，章台柳就成为青楼女子的专称。吴曾《能改斋漫录》卷五载："文潞公庆历间以枢密直学士知成都府，时年未四十。成都风俗喜行乐，公多燕集。有语至京师。御史何郯圣从，蜀人也。因谒告归，上遣伺察之。圣从将至，潞公亦为之动。张俞少愚者，谓公曰：'圣从之来无足念。'少愚因迎见于汉州，因郡会，有营妓善舞，圣从喜之。问其姓，曰杨，圣从曰：'所谓杨台柳者。'少愚即取妓之项帕罗题诗曰：'蜀国佳人号细腰，东台御史惜妖娆。从今唤作杨台柳，舞尽春风万万条。'命其妓作柳枝辞歌之，圣从为之霑醉。"[1]圣从称

---

[1] [宋] 吴曾《能改斋漫录》，上海古籍出版社 1979 年版，第 126 页。

营妓为“杨台柳”，明显受韩翃“章台柳”的影响。宋代以来，杨柳越来越与青楼女子的居处相联系，如冯延巳《鹊踏枝》：“玉勒琱鞍游冶处，楼高不见章台路。”以柳陌花衢、花街柳巷、柳市花街等指代风尘女子的住所。

综上所述，“章台柳”意象是“章台”和“柳”两个意象的组合。它的出现一方面有深厚的社会基础，另一方面也是文学自身发展的结果。张敞“走马章台”的典故在后世产生了很大影响。隋唐以来，“走马章台”成为咏马赋马的常用典故，并进一步同市井游侠的犬色生活相联系，“章台”由此也发展为青楼娱乐场所的标志。而此时，“柳”也用来象征青楼女子。“章台柳”的组合最早出现在初唐卢照邻的诗中，但此之“章台”并非汉代“章台街”之意，而是指秦都章台宫，此之“章台柳”也并非指代青楼女子，而是指代长安美景。真正把章台街同杨柳联系起来的是盛唐的崔国辅。之后，文人开始把章台街和杨柳频频相联，给人造成章台植柳的印象。自韩翃“章台柳”故事之后，章台和张敞便成为咏柳作品中常见的典故，并出现了专门吟咏“章台柳”的作品。宋代，随着商品经济的发展，“章台柳”就成为娼妓的代名词。

（原载《阿坝师范高等专科学校学报》2008年第4期，此处有修订）

隋堤柳的历史渊源和文化意蕴

隋堤开凿于隋炀帝大业年间，是贯穿南北交通的大运河。隋炀帝于隋堤两岸植柳，形成一幅“柳色如烟絮如雪”的美景。中晚唐以来，隋堤杨柳已变得衰败不堪，绿柳绕堤、绵延千里的景观不复存在。北宋定都汴京，物资供应主要依赖江南漕运，隋堤战略地位凸显。为防洪护堤，宋朝统治者下令在汴河两岸栽种柳树，这使得隋堤杨柳恢复了隋初郁郁葱葱的景象，“隋堤烟柳”也成为“汴京八景”之一。宋室南迁，战乱频繁，黄河泛滥，汴河随之断流，堤边杨柳也消失殆尽。隋堤柳种植规模宏大，历史悠久，历经沧桑，地理位置尤为重要，因而引起无数迁客行人的慨叹，在杨柳文化中被赋予特殊的意义：隋堤柳是杨柳风景的典型代表，送别、征行诗中的情感寄托，慨叹历史兴亡的触媒。

一、隋堤柳的盛衰

隋堤是隋炀帝大业年间所开凿，据《隋书》卷三载：

> 辛亥，发河南诸郡男女百余万，开通济渠，自西苑引榖、洛水达于河，自板渚引河通于淮……四年春正月乙巳，诏发河北诸郡男女百余万开永济渠，引沁水南达于河，北通涿

郡。”[1]

开通济渠引洛水入黄河，又引黄河入淮；开永济渠引沁水南入黄河，北到涿郡。宋袁枢《通鉴纪事本末》也有记载：

发河南、淮北诸郡民，前后百余万，开通济渠。自西苑引谷、洛水达于河。复自板渚引河历荥泽入汴。又自大梁之东引汴水入泗达于淮。又发淮南民十余万开邗沟，自山阳至杨子入江。渠广四十步，渠旁皆筑御道，树以柳。[2]

隋炀帝开凿的通济渠和永济渠，北起北京，南到杭州，流经天津、河北、山东、江苏和浙江，沟通了海河、黄河、淮河、长江和钱塘江，是贯穿南北交通的大动脉。其中通济渠尤为重要，因为通济渠的一段同汴河相贯通，故隋堤又名汴堤。据《大清一统志·开封府志》载：“(隋堤) 一名汴堤，隋大业元年筑，西通济水，南达淮泗，几千余里，绕堤植柳。”通济渠自孟州河阴县 (今河南荥阳东北，故址已坍入河中) 西引黄河水东流，途经襄邑 (今河南睢县)、宁陵 (今河南宁陵东南)、宋城 (今河南商丘)、下邑 (今河南夏邑)、永城、宿州 (今安徽宿县) 灵璧、虹县 (今安徽泗县)、青阳镇 (今江苏泗洪) 之南，又东南至泗州盱眙县 (今已沦入洪泽湖中，宋时与今江苏盱眙县隔淮相对) 汇入淮河，全长约六百公里，正如宋祝穆《古今事文类聚后集》所言：“隋堤柳，隋炀帝自板渚引河筑街，道植以柳，名曰‘隋堤’，一千三百里。”[3] 隋堤植柳是从隋炀帝开始的，《开河记》有详细记载：

帝自洛阳迁驾大渠。诏江淮诸州造大船五百只。使命至，

---

① [唐] 魏征等《隋书》，中华书局 2000 年版，第 63，70 页。

② [宋] 袁枢《通鉴纪事本末》，中华书局 1955 年版，第 2339 ~ 2340 页。

③ [宋] 祝穆《古今事文类聚后集》，书目文献出版社 1991 年版，第 848 页。

急如星火。民间有配著造船一只者，家产破，用皆尽，犹有不足。枷项笞背，然后鬻货男女，以供官用。龙舟既成，泛江沿淮而下。至大梁，又别加修饰，砌以七宝金玉之类。于吴越间取民间女年十五六岁者五百人，谓之殿脚女。至于龙舟御楫，即每船用彩缆十条，每条用殿脚女十人，嫩羊十口，令殿脚女与羊相间而行，牵之。时恐盛暑，翰林学士虞世基献计，请用垂柳栽于汴渠两堤上：一则树根四散，鞠护河堤；二乃牵舟之人，护其阴；三则牵舟之羊食其叶。上大喜，诏民间有柳一株，赏一缣。百姓竞献之。又令亲种，帝自种一株，群臣次第种，方及百姓。时有谣言曰："天子先栽，然后百姓栽。"栽毕，帝御笔写："赐垂杨柳姓杨，曰杨柳也。"时舳舻相继，连接千里，自大梁至淮口，联绵不绝，锦帆过处，香闻百里。[1]

由此可见，隋炀帝最初在河岸植柳是虞世基的建议，目的有三：保护堤岸、供牵舟之人乘凉、供牵舟之羊食叶。隋堤开凿于大业年间，即 605～617 这十几年。我们知道，柳树生长极为迅速，三五年就浓荫密布，但柳树在树木中寿命比较短暂，只有 100 年左右，松树则可以活到上千年。大业年间栽种的柳树，到唐代开元年间，已历百年之久，柳树多已枯老，再加上迎来送行之人的攀折，隋堤柳已变得衰残稀疏，如王泠然《汴堤柳》："今日摧残何用道，数里曾无一枝好。驿骑征帆损更多，山精野魅藏应老。"王泠然于开元五年登第，此时隋堤柳已受到严重的损害，数里无一枝好。

中晚唐以来，隋堤柳更是衰败不堪，隋末绿柳绕堤、绵延千里的

① ［明］陆楫《古今说海》，《说纂乙集》，《炀帝开河记》，第 9 页。

美丽景观已不复存在，如白居易《隋堤柳 · 悯亡国也》："隋堤柳，岁久年深尽衰朽。风飘飘兮雨萧萧，三株两株汴河口。老枝病叶愁杀人，曾经大业年中春。大业年中炀天子，种柳成行夹流水。西自黄河东至淮，绿阴一千三百里。大业末年春暮月，柳色如烟絮如雪。"隋堤柳的衰落，诗歌中多有反映。如李端《元丞宅送胡浚及第东归觐省》："旧楚枫犹在，前隋柳已疏。"李端《折杨柳》："隋家两岸尽，陶宅五株平。"贾岛《送朱可久归越中》："吴山侵越众，隋柳入唐疏。"姚合《杨柳枝词五首》："江亭杨柳折还垂，月照深黄几树丝。见说隋堤枯已尽，年年行客怪春迟。"马戴《送皇甫协律淮南从事》："隋柳疏淮岸，汀洲接海城。"李嘉佑《送皇甫冉往安宜》："楚地蒹葭连海迴，隋朝杨柳映堤稀。"这些都说明自开元以来，隋堤柳渐趋衰落。

北宋时期，隋堤杨柳重现"柳色如烟絮如雪"的美景。北宋定都汴京，江南物产的漕运，京师粮食的供应全赖汴河，因而汴河的战略位置显得尤为重要。但汴京地处汴河河口，地势低下，常受汴河泛滥之灾。为防洪护堤，保护粮运和京城的安全，宋朝统治者下令在汴河两岸栽种柳树。《宋史》有记载：

> 汴河，自隋大业初，疏通济渠，引黄河通淮，至唐，改名广济。宋都大梁，以孟州河阴县南为汴首受黄河之口，属于淮、泗。每岁自春及冬，常于河口均调水势，止深六尺，以通行重载为准。岁漕江、淮、湖、浙米数百万，及至东南之产，百物众宝，不可胜计。又下西山之薪炭，以输京师之粟，以振河北之急，内外仰给焉。故于诸水，莫此为重。其浅深有度，置官以司之，都水监总察之。然大河向背不常，故河口岁易，易则度地形、相水势，为口以逆之。遇春首辄调数

州之民，劳费不赀役者多溺死。吏又并缘侵渔，而京师常有决溢之虞。

太祖建隆二年春，导索水自旃然，与须水合入于汴。三年十月，诏："缘汴河州县长吏，常以春首课民夹岸植榆柳，以固堤防。"[1]

虽然隋炀帝开凿隋堤耗费了大量的人力和财力，搞得民怨沸腾，国力衰减，隋也因此亡国。但隋堤的修建确实给后世带来了很多便利之处，它沟通了南北交通，使得江南的稻米能够源源不断地运往京师，既保证了京师的粮食供应，也缓和了河北的灾情。漕运物资非常丰富，既有粮米，也有珍宝。中晚唐以来，人们已经意识到隋堤在交通运输和出行方面的便利，如李吉甫《元和郡县志》卷五："自扬、益、湘南至交、广、闽中等州，公家运漕，私行商旅，舳舻相继。隋氏作之虽劳，后代实受其利焉。"[2]隋堤作为南北交通的大动脉，加强了南北之间的联系，促进了南北经济的发展。晚唐皮日休也充分肯定了隋堤在沟通南北交通方面所起的重大作用，其《汴河怀古二首》：

万艘龙舸绿丝间，载到扬州尽不还。应是天教开汴水，一千余里地无山。

尽道隋亡为此河，至今千里赖通波。若无水殿龙舟事，共禹论功不较多。

认为隋炀帝开隋堤是顺应天意，如果没有乘舟游幸江南的奢靡之举，其功劳简直可与大禹治水相提并论。清代傅泽洪也有同感，其《行水金鉴》引《笔尘》曰："炀帝此举为其国促数年之祚，而为后世开万

---

① ［元］脱脱《宋史》卷九三，河渠志三，中华书局 1977 年版，第 2316 ～ 2317 页。

② ［唐］李吉甫撰，贺次君点校《元和郡县图志》，中华书局 1983 年版，第 137 页。

世之利，可谓不仁而有功者矣。秦皇亦然，今东起辽阳，北至上郡，延袤万里，有边城之利，皆非长城之墟耶！嗟夫，此未易与一二浅见者道也。”又引《通漕类编》曰：“隋虽无道，然开此三渠以通天下漕，百世之后赖以通济。”把隋炀帝开凿隋堤同秦始皇修长城相提并论，认为二者都是功在当代、利在千秋的伟大事业。宋代张方平曾经谈及汴河的重要性，曰：

国家漕运，以河渠为主。国初浚河渠三道，通京城漕运，自后定立上供年头额：汴河斛斗六百万石，广济河六十二万石，惠民河六十万石。广济河所运，止给太康、咸平、尉民等县军粮而已。惟汴河专运粳米，兼以小麦，此乃大仓蓄积之实。今仰食于官廪者，不惟三军，至于京师士庶以亿万计，太半待饱于军稍之余，故国家于漕事，至急至重。然则汴河乃建国之本，非可与区区沟洫水利同言也。[①]

张方平把汴河提到建国之本的高度，可见汴河对北宋的重要性。隋堤非同寻常的战略位置，使得宋代统治者非常重视隋堤的维护，在汴河两岸大量栽种柳树。宋人不仅注重栽柳，而且还重视对所栽柳树的保护，严禁偷盗、砍伐。《宋史·河渠志》载：“严盗伐河上榆柳之禁。”[②]北宋对隋堤柳树的栽种和保护，使得隋堤柳重新回到隋初郁郁葱葱的景象，“隋堤烟柳”成为“汴京八景”之一。

北宋灭亡，宋室南迁，由于宋金对峙，战乱频繁，汴河疏于管理，再加上黄河泛滥，泥沙淤塞，汴河为之断流，堤边杨柳也消失殆尽。周辉《北辕录》载：“是日行循汴河，河水极浅，洛口即塞，理固应然。

① ［元］脱脱《宋史》卷九三，河渠志三，中华书局1977年版，第2323页。
② 《宋史》卷九一，河渠志一，第2260页。

承平漕江淮米六百万石，自扬子达京师不过四十日，五十年后，乃成污渠，可寓一叹，隋堤之柳无复彷佛矣。二日至虹县，晚宿灵璧县，汴河自此断流，自过泗地，皆荒瘠。”周辉在南宋淳熙四年(1177)出使金国，当他循行于汴河之际，发现虽然不过五十年之久，汴河已经面目全非，泥沙湮塞，污浊不堪，河流中断，灵璧以上已成陆道，堤上之柳也所剩无几。这在诗歌中也有反映，如南宋洪适《过穀熟》:“隋堤望远人烟少，汴水流干辙迹深。”(《盘洲文集》卷五) 实为当时汴河的真实写照。明代以来，黄河泛滥成灾，泥沙淤积，古老的汴河河道全部淤平而消失，堤边之柳也荡然无存。

图 39　杨柳堤（http://www.cxtuku.com/pic_292448.html）。

二、隋堤柳的文化意蕴

隋堤柳作为著名的护堤树，由于地处南北交通要道和特殊的时代背景下，被赋予丰富的文化内涵，主要体现在以下几方面：

（一）杨柳风景的典型代表

隋堤引洛河之水入黄河，引黄河之水入汴河，再引汴河之水入淮，绵延一千三百里。夹岸植柳，绿荫密布，郁郁葱葱，远远望去，如烟如雾。暮春时节，柳絮漫天飞舞，轻盈如雪。隋堤杨柳风景最明显的特征就是一排杨柳，连绵千里，一望无际，如烟如雾。白居易就注意到了隋堤柳如烟如雪的壮丽景观，如“西自黄河东至淮，绿阴一千三百里。大业末年春暮月，柳色如烟絮如雪”。另有刘禹锡《杨柳枝》：“扬子江头烟景迷，隋家宫树拂金堤。嵯峨犹有当时色，半蘸波中水鸟栖。”杜牧的《隋堤柳》：“夹岸垂杨三百里，只应图画最相宜。自嫌流落西归疾，不见东风二月时。”杜牧的《汴人舟行答张祜》：“春风野岸名花发，一道帆樯画柳烟。”“隋堤烟柳”被誉为“汴京八景”之一，明清以来，文人多有赋咏，如明代于谦《题汴城八景总图》中对隋堤烟柳的描写：“隋堤烟柳翠如织。”（明李濂《汴京遗迹志》卷二二）可以说，绵延千里的隋堤柳是杨柳风景的典型代表。

（二）送别、征行诗中的情感寄托

古代有折柳赠别的风俗，隋堤作为南北交通的枢纽，历来为送别之显地。唐人不仅临歧折柳赠别，还赋诗相送，故隋堤柳多出现在离别诗歌中。姚合《杨柳枝词五首》其一："江亭杨柳折还垂，月照深黄几树丝。见说隋堤枯已尽，年年行客怪春迟。"这显然是人们在隋堤边上折柳赠别。皎然《送僧游扬州》:"平明择钵向风轻，正及隋堤柳色行。知尔禅心还似我，故宫春物肯伤情。"温庭筠《送淮阴孙令之官》："隋堤杨柳烟，孤棹正悠然。"姚合《送刘詹事赴寿州》："隋堤傍杨柳，楚驿在波涛。"这些是临别赋诗抒发不忍别之情。周邦彦的《兰陵王·柳》:"柳阴直。烟里丝丝弄碧。隋堤上、曾见几番，拂水飘绵送行色。"隋堤柳目睹了人间无数离别的情景，并成为离别的情感寄托。

（三）慨叹历史兴亡的触媒

隋炀帝开凿大运河耗费了大量的人力、物力和财力，给百姓带来了巨大的灾难。运河开通不久，隋炀帝就因为暴政激化社会矛盾，导致国破家亡。后人常以隋朝作为亡国之鉴，以隋堤柳为亡国意象。隋堤柳作为亡国意象有一个逐步发展的过程。

最早对隋堤柳进行吟咏的是王泠然《汴堤柳(一本作题河边枯柳)》:"隋家天子忆扬州,厌坐深宫傍海游。穿地凿山开御路,鸣笳叠鼓泛清流。流从巩北分河口,直到淮南种官柳。功成力尽人旋亡,代谢年移树空有。当时彩女侍君王,绣帐旌门对柳行。青叶交垂连幔色,白花飞度染衣香。今日摧残何用道，数里曾无一枝好。驿骑征帆损更多，山精野魅藏应老。凉风八月露为霜，日夜孤舟入帝乡。河畔时时闻木落，客中无不泪沾裳。"王泠然既借隋堤杨柳发隋亡之感慨，又借隋堤杨柳之枯老叹昔盛今衰之悲哀。但是，王泠然诗歌的重点在于慨叹隋堤柳昔盛今衰的悲哀,其目的并不在以隋堤柳鉴戒后世君主,因为王泠然是初盛唐人,开元五年登第,正值大唐帝国蒸蒸日上之时,不需要给君王亡国的借鉴,此时隋堤柳还不是亡国的象征。

自白居易新乐府《隋堤柳》明确表示以隋堤柳发隋亡之感慨之后，隋堤柳就成了亡国的象征。即《隋堤柳·悯亡国也》："隋堤柳，岁久年深尽衰朽。风飘飘兮雨萧萧，三株两株汴河口。老枝病叶愁杀人，曾经大业年中春。大业年中炀天子，种柳成行夹流水。西自黄河东至淮，绿阴一千三百里。大业末年春暮月，柳色如烟絮如雪。南幸江都恣佚游，应将此柳系龙舟。紫髯郎将护锦缆，青娥御史直迷楼。海内财力此时竭，舟中歌笑何日休。上荒下困势不久，宗社之危如缀旒。炀天子，自言福祚长无穷，岂知皇子封酅公。龙舟未过彭城阁，义旗已入长安宫。萧墙祸生人事变，晏驾不得归秦中。土坟数尺何处葬，吴公台下多悲风。二百年来汴河路，沙草和烟朝复暮。后王何以鉴前王，请看隋堤亡国树。"白居易此诗明显有模仿王泠然《汴堤柳》的痕迹，不仅诗歌内容有重合的地方，都以隋堤柳衰枯的现状对比昔年杨柳所受之殊荣，带着感伤的基调，而且诗歌形式也极为相似，都是长篇歌行体，音韵和谐流畅。但不同的是，白诗以较长的篇幅记述了炀帝劳民伤财的罪行和国破身亡的结局，重点在于借隋堤柳告诫后世君主不要重蹈隋炀帝的覆辙。

自白居易后，隋堤柳就成了亡国的题材和意象，后人多有创作。如晚唐的杜牧、李商隐、李山甫、罗隐、秦韬玉、吴融、翁承赞、江为、方壶居士，宋代的曹勋、乐雷发等均有此类题材的作品。不妨列举两首，如李山甫《隋堤柳》："曾傍龙舟拂翠华，至今凝恨倚天涯。但经春色还秋色，不觉杨家是李家。背日古阴从北朽，逐波疏影向南斜。年年只有晴风便，遥为雷塘送雪花。"江为《隋堤柳》："锦缆龙舟万里来，醉乡繁盛忽尘埃。空余两岸千株柳，雨叶风花作恨媒。"都是以隋堤柳咏史怀古，发兴亡之感慨。

综上所述，隋堤柳是隋炀帝开凿大运河时所栽种，规模宏大，不仅具有防洪护堤的实用价值，而且还有很高的观赏价值。隋堤柳由于地处南北交通的显要位置，以及和隋炀帝的特殊关系，被赋予了丰富的审美内涵：隋堤柳是杨柳美景的典型代表，作为情感的寄托，多出现在征行、离别诗歌中，它的兴衰触动着古人对历史兴亡的慨叹。在长期的文学发展中，隋堤柳已成为一个特殊的意象和题材。

（原载《农业考古》2008 年第 1 期，此处有修订）

［附录］

论中国古代文学中杨柳题材创作繁盛的原因与意义

程 杰

杨柳题材创作的繁盛，是中国文学历史发展中一个显著而特殊的现象和景观，留下了极其丰富的文学遗产，包含着深厚的认识价值和审美价值。本文就其繁盛状况及其形成原因与文学意义进行专题探讨。

一、繁盛的状况

杨柳是中国古典文学中极其普遍，也是极其重要的题材和意象。中国文学中咏柳作品蔚为大观，构成了中国古代文学的重要组成部分。杨柳是一种极其常见的植物，作为一种文学题材，不管是在树木类还是在整个花卉类中，其数量都是极其突出的。我们选两种有代表性的文学总集来统计比较，宋李昉《文苑英华》编集《昭明文选》以来迄五代的文学作品，其中“花木类”诗歌七卷，按所收作品数量多少排列，主要有这样一些花卉：(1) 竹（含笋）54首；(2) 松柏39首；(3) 杨柳32首；(4) 牡丹27首；(5) 梅21首；(6) 桃17首；(7) 荷（含莲、藕）16首；(8) 菊12首；(9) 梧桐、石榴、樱桃、橘各10首；(13) 兰（蕙）9首；(14) 杏8首；(15) 海棠7首；(16) 桂6首。清康熙间所编《御定佩文斋咏物诗选》选辑汉魏以迄清初的作品，其中植物类数量突出的依次有：(1) 梅（含红梅、蜡梅等）234首；(2) 竹（含笋）198首；(3) 杨柳195首；(4) 荷125首；(5) 松柏97首；(6) 菊78首；(7) 桃75首；(8) 牡丹70首；(9) 桂66首；(10) 柑（含橘、橙）64首；(11) 杏52首；(12) 兰蕙51首；(13) 樱桃45首；(14) 荔枝38首；(15) 梧桐35首；(16) 石榴30首。上述两书所收前十六种植物中，前后位次大多有些变化。这显然由宋以来吟咏兴趣的起伏所决定，如梅花在前书中排第五位，宋以来咏梅创作持续热门，因而在后一书中跃居第一。松柏是早期文学的重要题材，而后来的地位则有明显下降。比较上述数据，唯有杨柳与橘两者的位次前后完全一致，而杨柳稳居第三。这至少说明两点：一是在古代诗歌中杨柳题材作品的数量比较突出，名列前茅；二是在漫长的历史进程中杨柳题材的创作持续活跃，长盛不衰。

诗中的情况如此，其他文体亦然。清《御定历代赋汇》草木赋十三卷中，所收作品数量依次为：竹25篇；荷22篇；松柏、梅均17篇；杨柳12篇；兰11篇；菊9篇；柑橘7篇；梧桐、槐均5篇；桃、水仙各4篇；牡丹3篇。杨柳的排次略有后移，但仍在兰、菊等之前。而词中的情况则更值得注意。诗与词两体对不同的题材和主题是有所偏宜的，如常言“诗庄词媚”，“诗言志，词缘情”，因此松、柏、槐、桧一类气质严凛的意象宜于以古近体诗表现，而花柳一类华美植物则尤宜于“花间尊前”的词中歌吟。我们看《古今图书集成》所辑文学作品的情况：咏松诗194首，词3首；咏竹诗381首，词6首；咏桐诗69首，词1首；咏槐诗40首，词无；咏梅诗443首，词137首；咏柳诗193首，词63首；咏杏诗78首，词27首；咏桃诗163首，词17首。松、竹、桐、槐之类诗、词两体数量差距悬殊，几不成比例。而梅、柳、杏、桃等则诗、词皆宜，两者数量差距不太大，梅、柳的情况尤其如此。杨柳题材可以说是诸体并茂，多种文体综合考虑，则杨柳作品的数量优势必然进一步凸显。

综合上述统计数据，我们不难感受到杨柳题材在古代文学中的地位。虽然我们不可能从浩如烟海的古代文学中得出一个杨柳题材作品的绝对数据，但有一点是可以肯定的，综观整个古代文学，杨柳题材作品的数量是极其庞大的，其数量大约只稍逊于竹，而居于第二，保守一点也应在第三的位置，与松、梅难分先后。

图 40 ［明］汪肇《柳禽白鹇图》，立轴，绢本，设色，190×103 厘米，北京故宫博物院藏（《故宫书画馆·第 8 编》，紫禁城出版社 2010 年版，第 84 页）。

这是杨柳专题赋咏的情况，更普遍的情形则是意象的使用。现代电子文献检索比较方便，兹据郑州大学特色信息服务网页提供的张子蛟《全唐诗库》检索系统，该系统收唐诗 42863 首，篇数较多的十种植物依次是：松柏 3487 首，占 8%；杨柳 3446 首，占 8%；竹 3034 首，占 7%；莲（含荷、藕、芙蓉）2322 首，占 5%；兰（含蕙）1765 首，占 4%；桃 1476 首，占 3%；桂 1378 首，占 3%；李 962 首，占 2%；梅 948 首，占 2%。当然其中有一些并非植物之义，如桂有“桂州”“桂林”等地名概念。但就一般概率而言,也很能说明问题。杨柳高居第二,较专题之作的比重有所增加。类似的情况也出现在宋词中。据南京师范大学《全宋词检索系统》(含孔凡礼《补辑》)，宋词词作正文（不含词的题序）包含植物名称的单句数量依次为：梅 2946 句；柳 2853 句；桃 1751 句；竹 1479 句；兰 1136 句；杨 1039 句；松 995 句；菊 695 句；桂 659 句；荷 663 句；莲 622 句；李 557 句；杏 553 句；芙蓉 361 句；梧 328 句；海棠 308 句；茶 196 句；萍 183 句；牡丹 140 句；榆 85 句；芍药 46 句。杨、柳合计 3892 句，扣除“杨柳”两字复合出现的 368 句，得 3524 句，高居所有植物之首，且遥遥领先，比诗中的情况更为突出。

我们还可以通过古代辞书所收词汇的统计来进一步加以体会。清康熙《御定佩文韵府》(正集) 所收以植物名称为词根的双音或多音词,数量前十位的分别是:“~松”(含“~柏”)420 条;“~竹”388 条;“~柳”(含“~杨”) 320 条;“~莲”(含“~荷”、“~藕”) 288 条;“~茶”(含“~茗”) 272 条;“~兰”(含“~蕙”) 214 条;“~桃”190 条;“~桂”180 条;“~桐”(含“~梧”) 160 条；“~梅”157 条。雍正朝纂《骈字类编》所收以植物名称为词头的双音词或多音词,数量排在前十位的分别是:“竹~”454 条;“兰~”(含“蕙~”) 387 条;“松~”(含“柏~”) 350 条;“柳~”(含“杨~”) 292 条;“莲~”(含“荷~”、“藕~”) 283 条;“茶~”(含“茗~”) 274 条；“梅~”220 条；“桂~”216 条；“桑~”177 条。上述两类合计，杨柳为语素的词汇数仅次于松、竹，位居第三。这与前揭作品题材和意象的统计完全对应吻合。固定词汇是生活经验和文学实践悠久积淀的结果，有关统计数量也许反映的情况更为基准和深刻，因而也进一步反映了杨柳题材创作的繁盛情形及其在中国文学中的特殊地位。

有必要说明的是，上述数据对杨柳题材文学创作来说并不只是数量意义，同时也反映了一定的质量。《文苑英华》《佩文斋咏物诗选》《历代赋汇》等都首先是选集，入选作品程度不等地都具有质量水准和传播、影响上的优势。正是基于这一考虑，我们只需提供上述一系列客观数据，就能强烈地感受到杨柳题材和意象在文学创作中的繁荣情形和历史地位。可以完全大胆地说，如果在中国古代文学植物题材或意象中明确一个“四强”，杨柳无疑与松、竹、梅同在其列。

二、繁盛的原因

那么，杨柳题材的创作和杨柳意象的地位何以如此突出？文学植根于生活，从根本上说来，杨柳题材创作的繁荣是由杨柳之与人类生活的密切关系，杨柳之在社会生活中的地位所决定的。具体则主要表现为两方面的原因：一是杨柳物性的自然因素；二是杨柳应用的社会因素。

（一）杨柳的自然特性

1. 分布广茂

我国幅员辽阔，纵跨温、热两大气候带，南北温差较大，地形地貌复杂，气候类型多样。很多植物都有明显的自然分布界限，比如竹、梅、桂、橘、樱桃等只能在南方温暖湿润的地区生长，荔枝、榕树更是只见于热带或南温带地区，而槐树、梧桐则宜在相对干旱的北方生长。园艺界有所谓“南梅北杏”“南梅北牡”之说，指的是梅花与杏花、牡丹南北不同的区域分布。与其他花木相比，杨柳的生命力和适应性都很强，古人概括柳有“八德”[①]，第一即“不择地而生”。杨柳对土壤、气温乃至水分等都没有很高的要求。在漫长的历史进化中，也形成了丰富的品种体系。常见的有旱柳、杞柳和垂柳等。旱柳耐寒性很强，喜水湿，亦耐干旱，对土壤要求不严，在干瘠沙地、低湿河滩和弱盐碱地上均能生长，在我国北方分布很广，是我国西北地区最常见的乡土树种之一。杞柳喜光照，宜在沙壤土、河滩地以及近水的沟渠边坡等肥沃的地方种植，主要分布在东北地区及河北燕山地区。垂柳，枝条细长下垂，喜水湿，比较耐寒，主要分布在江南水乡，北方也有分布。所以，无论山地还是平原，无论黄土高原还是江南水乡，无论温暖的南国还是寒冷的塞北，杨柳都可以正常生长。一般而言，温带植物移植热带生长易，而热带植物在温带生长难。周密《癸辛杂识》续集卷下记载了一个极端的例子：“鞑靼地面极寒，并无花木，草长不过尺，至四月方青，至八月为雪虐矣。仅有一处开混堂（引者按：澡堂），得四时阳气，和暖能种柳一株，土人以为异卉，春时竞至观之。”宋时鞑靼指今黑龙江省及内蒙古阴山以北地区，如此极寒之地尚能种柳，其他地区也就不言而喻，可见杨柳之在我国自然分布极其广泛，大江南北、长城内外，凡有草木处即有杨柳。

不仅分布区域广泛，其分布密度也颇可观。杨柳繁殖能力极强，杨柳“八德”中第二条即“易殖易长”。一方面种子（即柳絮）可以借助风力和流水传播发育，另一方面也可无性扦插繁殖，《战国策》即言：

① ［清］李光地等《御定月令辑要》卷一，《影印文渊阁四库全书》，上海古籍出版社 1987 年，第 467 册，第 104 页。以下凡《四库全书》本，皆上海古籍出版社 1987 年《影印文渊阁四库全书》本。

“杨，横树之则生，倒树之则生，折而树之又生。”[①]杨柳不仅繁殖力强，而且生长也很迅速，正如白居易《种柳三咏》云：“白头种松桂，早晚见成林。不及栽杨柳，明年便有阴。”[②]俗语也有所谓“有心栽花花不发，无意插柳柳成荫”。正是如此生长优势，使杨柳成了大江南北、长城内外生长最为普遍，最为常见，触目即是的植物。

如此广茂的分布正是文学创作中杨柳题材和意象大量出现的客观条件。文学家有年寿长短，地籍南北，身份高低，学植深浅，阅历广狭等个体差异，于“鸟兽草木”也有不同的因缘知识与兴趣爱好，但于杨柳无不了如指掌。杜甫不咏海棠，北人不辨梅杏，但如要说有哪一位作家一生不识或笔下未及杨柳，必是匪夷所思。从大的方面说，历史上我国经济、文化重心有一个南北转换的过程，先秦至唐代社会重心偏北，以黄河流域为主，宋以来则渐向南方转移，文学也复如此。文学中不同的植物题材多少总有些区域分布的局限，而杨柳不然，无论是以北方地区为中心的文学创作如《诗经》、汉魏乐府、北朝乐府民歌，乃至于唐朝以今天的“三北”地区为背景极富时代特色的边塞诗，还是宋元以来词曲等明显以南方为创作重心的文体作品，杨柳总是最常见的植物题材、最普遍的风景意象之一。这是古代文学中杨柳题材和意象繁盛最主要的原因。

2. **景象丰富**

植物之引入文学题材总是作家主观选择的结果，某种植物题材的广泛流行总与自身的形象特色密切相关。放在整个花卉植物题材中，

---

① 范祥雍笺证，范邦瑾协校《战国策笺证》卷二三，上海古籍出版社 2006 年版，下册，第 1341 页。

② 《全唐诗》卷四五五，中华书局 1960 年版，第 14 册，第 5160 页。以下《全唐诗》版本均为中华书局 1960 年版。

图41　张大千《咏柳图》，立轴，纸本，设色，1953年作，137×61.8厘米（施万逸《中国近代书画精品集》，文物出版社2007年版，第119页）。

杨柳有两方面明显的优势：一是观赏期长。杨柳“八德”中第三、第四是“先春而青”与“深冬始瘁”，说的是杨柳年生长期较长。“城中桃李须臾尽，争似垂杨无限时。”[1]草本植物的观赏价值一般不若木本。同是木本，观花植物的观赏价值主要集中在有限的花期内，而杨柳以树枝树形为形象特色，从早春季节的新叶萌发到秋冬季节的叶落枝残，观赏时间几乎覆盖一年四季，其最受关注的早春柔条、暮春烟絮、盛夏浓荫诸景，前后绵延近大半年，这在观花植物是少有其比的。二是形态丰富。杨柳之树、枝、叶，还有“花”(柳絮)，各具独立的观赏内容。更重要的是杨柳属落叶树种，年生长迅速，一年四季整体植株枝叶形态与色彩变化都较大，四季景色极其丰富，而松、竹一类常青草木四季一色，变化较少。如此一年四季不断变化的景色，给人们带来的视觉触动和灵感启发是丰富多样的，因此我们看到从早春到暮春、从初夏到残秋，无论是山水景物的描写，还是田园风光的勾画，杨柳总是其中最常见的元素。叶长如眉、枝柔若腰、絮白如雪；早春嫩枝鹅黄、仲春丝绦青青、暮春烟柳弥漫、长夏高柳藏鸦、初秋疏枝鸣蝉；风中柔枝曼舞，雨中烟树迷离，日下绿荫清凉，月中清枝扶苏，品物不变仪态万千，揽入笔端无非诗材赋题，构成了一套品目丰富的杨柳题材体系。其最突出的，如《柳枝词》一类咏柳创作，动辄联章数首，乃至十首、数十首，分时撷景，而语意无复。

（二）杨柳的社会应用

1. 历史悠久

杨柳是进入我国先民生活较早的植物。殷商甲骨文、周朝金文中都有“柳”字，《周易》中曾用“枯杨生稊”比喻老夫得妻，《山海经》

① 刘禹锡《杨柳枝词》，《全唐诗》卷二八，第2册，第398页。

中有多处“其木多柳”的记载，《管子·地员》则多处直接提到柳的种植，由此可见我国杨柳的开发利用具有极其悠久的历史。正因此，其进入文学领域的时间也比较早。《诗经》三百篇，有十首涉及杨柳，其中“折柳樊圃”(《诗·齐风·东方未明》)、“汎汎杨舟”(《诗·小雅·菁菁者莪》)、“有菀者柳，不尚息焉”(《诗·小雅·菀柳》)，涉及木材制造、柳条围篱、树荫取凉等多种用途。两千五百多年前的先民们借助这些生活经验作比兴，来抒发自己的思想情感。《诗经》中也不乏对杨柳物色形象的正面描写，《诗·小雅·小弁》:“菀彼柳斯，鸣蜩嘒嘒。”《诗·陈风·东门之杨》:“东门之杨，其叶牂牂。”《诗·小雅·采薇》:“昔我往矣，杨柳依依。”三诗所涉品种微有不同，但都意在强调杨柳枝叶的茂盛,包含了对杨柳“易殖易长”之形象特色的准确把握与欣赏。在植物世界中，松、竹、荷、桃、芍药、兰、桂、橘等是在中国文学中出现较早的意象，牡丹、海棠、水仙、茉莉、荔枝等出现较晚，六朝之后才陆续见诸品题吟咏,杨柳与松、竹等植物同属第一批进入文学。透过《诗经》这一中国文学原典中杨柳形象丰富而成功的表现，就不难感受到这一题材创作走向繁荣的历史基因与渊源。此后乐府《折杨柳》的流行、魏晋文人咏柳诗赋的出现、唐代《杨柳枝》的兴起，中国文学一路走来，杨柳总是流行乃至热门的题材与意象。至少在汉唐这一中国文学发展的黄金时期是如此，围绕《折杨柳》《柳枝词》形成的创作热潮是其中最典型的情景。正是从先秦以来持续的创作热潮，奠定了杨柳题材与意象在中国文学发展中的旺盛趋势和重要地位。

2. **栽培广泛**

杨柳不仅自然分布广泛，人类的栽培应用也很普遍。杨柳因其易于栽培和生长迅速，树干粗大而树形优美，枝叶含有一定的药用价值，使其在农业、园林、建筑、医药以及日常生活中应用极其广泛。晋傅玄《柳赋》称，“无邦壤而不植兮”[1]，杨柳可以说是我国古代种植最为普遍的树种。

杨柳种植最普遍的情况是农耕家庭的经济种植和日常应用。杨柳的木质柔脆，除少数品种外，大多不任梁柱，不堪制作，但其发枝旺盛，生长迅速，正是效益极高的炭薪用材。古人所说柳之“八德”中，“岁可刈枝条以薪”即其一，《齐民要术》卷五引《陶朱公术》曰：“种柳千树则足柴。十年之后，髡一树，得一载；岁髡二百树，五年一周。”[2]这是规模种植以为生计的成功经验，事实上普通农户宅前屋后，田角地头分散种植的情况更为普遍，因为“柴米油盐酱醋茶”开门七件事，柴火是第一位的，上至御院宫庭，下至平民白屋都日用不离。杨柳中的杞柳等灌木品种，枝条可以用来编制簸箕、筐篮等用具，还可用来编篱护田，《诗经 · 齐风 · 东方未明》所言“折柳樊圃”即是。不难想见，在传统深厚、幅员辽阔的中国农耕社会里，杨柳是最为家常的树种，最普遍的景象。因此，在中国文学中，有关田园风光、村社风土乃至于相关的行旅写景之作中，都离不开杨柳的影子，并且是最重要的写景元素之一。我们只要看看陶渊明的田园作品，如“方宅十余亩，草屋八九间。榆柳荫后檐，桃李罗堂前”[3]、“梅柳夹门植，一条有佳花”[4]、“荣荣窗下兰，密密堂前柳”[5]，对此势必深信无疑。

---

① 《全上古三代秦汉三国六朝文》之《全晋文》卷四五，中华书局 1958 年版，第 2 册，第 1719 页。

② 缪启愉校释《齐民要术校释》卷五，农业出版社 1982 年版，第 253 页。

③ 逯钦立《先秦汉魏晋南北朝诗》晋诗卷一七《归园田居》，中华书局 1983 年版，中册，第 991 页。

④ 逯钦立《先秦汉魏晋南北朝诗》晋诗卷一七《蜡日》，中册，第 1003 页。

⑤ 逯钦立《先秦汉魏晋南北朝诗》晋诗卷一七《拟古》其一，中册，第 1003 页。

杨柳应用栽培中第二个对文学影响较大的是行道、驿亭种植。在现代公路和铁路出现之前，古代由政府修建与经营的交通干线是驰道或驿道。周朝即有“立树以表道”[①]的传统。有学者论证，我国古代用作行道树的植物前后有所变化，先秦时多种栗，“秦以青松为主，汉以槐树为主……一直保持到唐宋，至明清转以杨柳为主”[②]。大量的资料表明，杨柳用作行道树的历史要大大提前。汉建安七子刘桢《赠徐干》诗“细柳夹道生”[③]，已隐约有夹道植柳的迹象。晋陆机《洛阳记》：“洛阳十二门……城内皆三道，公卿尚书从中道，凡人左右出入，不得相逢。夹道种榆柳，以荫行人。”[④]《晋书》前秦符坚传记载：“关陇清晏，百姓丰乐，自长安至于诸州，皆夹路树槐柳，二十里一亭，四十里一驿，旅行者取给于途，工商贸贩于道。”[⑤]显然柳树已与槐、榆一起作为主要的行道植树，而且规模较大。这是北方的情形，而在东晋南朝，杨柳则成了主要的行道树种。何法盛《晋中兴书》记载，东晋陶侃任武昌（今湖北鄂州）太守，于“武昌道上种杨树”[⑥]。南朝宋谢灵运《平原侯植》：“平衢修且直，白杨信袅袅。”[⑦]潘岳诗：“弱柳荫修衢。”[⑧]清商曲辞《读曲歌》：“青幡起御路，绿柳荫驰道。”[⑨]这些诗句说的都是官道杨柳垂荫的情形。到了隋唐统一时期，无论都城街道，

---

① 来可泓《国语直解》，复旦大学出版社 2000 年版，第 95 页。

② 游修龄《农史研究文集》，农业出版社 1999 年版，第 436 页。

③ 刘桢《赠徐干》，《先秦汉魏晋南北朝诗》魏诗卷三，上册，第 370 页。

④ ［宋］乐史《太平寰宇记》卷三，《四库全书》第 469 册，第 27 页。

⑤ 《晋书》卷一一三，中华书局 1974 年版，第 9 册，第 2895 页。

⑥ 《太平御览》卷四三二，中华书局 1960 年版，第 2 册，第 1993 页上栏。

⑦ 谢灵运《平原侯植》，《先秦汉魏晋南北朝诗》宋诗卷三，中册，第 1185 页。

⑧ 《先秦汉魏晋南北朝诗》晋诗卷四，上册，第 638 页。

⑨ 清商曲辞《读曲歌》，《先秦汉魏晋南北朝诗》宋诗卷四，中册，第 1199 页。

还是外州驰道，行道栽植槐、柳、榆较为普遍，南方地区一般以杨柳为主。杜甫等人诗中言及杨柳多有“官柳”之称，也即官道之柳的意思，这成了一个固定且流行的词语。宋元以下，尤其是明清时期则无论南北，杨柳逐步成了最主要的行道树种。宋李焘《续资治通鉴长编》卷八七记载，真宗大中祥符九年应范应辰奏请，“令马递铺卒夹官道植榆柳，或随地土所宜种杂木，五、七年可致茂盛，供费之外，炎暑之月，亦足荫及路人”[①]。行道与驿亭植树除标识路线、巩固路基外，还能荫庇行旅，供应材用，节省经费，是一举多得之事，因而宋元以来的统治者比较重视，普遍施行。对此前人多有论述，不烦赘说。与行道连带之驿舍递铺，也多植杨柳，这在古人诗词中多有反映，如虚中《泊洞庭》：“槐柳未知秋，依依馆驿头。”[②]李颀《赠别高三十五》：“官舍柳林静，河梁杏叶滋。”[③]交通是古代社会政治、经济的重要命脉，对于广大文人来说，宦游行旅、漫游交际既是人生大事，也是生活常事。奔波在外，风尘仆仆，官道杨柳也就成了人们接触最为频繁的风景。唐代诗人储光羲《洛阳道》写道：“春风二月时，道傍柳堪把。上枝覆官阁，下枝覆车马。”[④]杜牧《柳》诗：“灞上汉南千万树，几人游宦别离中。”[⑤]明李昌祺《柳》：“含烟袅雾自青青，爱近官桥与驿亭。”[⑥]说的都是士大夫宦游四方杨柳一路相沿不绝的风景。而古人同时又说“只是征行

① 《续资治通鉴长编》卷八七，真宗大中祥符九年六月辛丑，中华书局，1985年标点本，第7册，第1997页。

② 虚中《泊洞庭》，《全唐诗》卷八四八，第24册，第9604页。

③ 李颀《赠别高三十五》，《全唐诗》卷一三二，第4册，第1343页。

④ 储光羲《洛阳道》，《全唐诗》卷一三九，第4册，第1417页。

⑤ 杜牧《柳》，《全唐诗》卷五二二，第16册，第5972页。

⑥ ［明］李昌祺《运甓漫稿》卷五，《四库全书》第1242册，第489页。

自有诗”[①]，“唐人好诗，多是征戍、迁谪、行旅、离别之作，往往能感动激发人意”[②]。宦游行旅之作是中国古代文学作品中的大宗产品，而杨柳普遍的行道种植，使其在文学中出现的概率也便有了大幅增加。

与行道种植同样普遍的是河道种植。先秦《管子·度地》即有“树以荆棘，以固其地，杂之以柏杨，以备决水”[③]的论述。杨柳性习喜水耐湿，适宜种植在江边堤岸，其根系发达，是保护水土、防洪固堤的良好树种，因而大小水利工程大多有植柳的配套项目。最著名的莫过于隋炀帝运河植柳，传唐人所作《炀帝开河记》：“翰林学士虞世基献计，请用垂柳栽于汴渠两堤上，一则树根四散，鞠护河隄；二乃牵舟之人获其阴；三则牵舟之羊食其叶。上大喜，诏民间有柳一株赏一缣，百姓竞献之。”[④]最终的结果正如白居易《隋堤柳》诗所描写的：“西自黄河东至淮，绿阴一千三百里。”[⑤]北宋建都开封，经济深赖江南，对汴河的维护比较重视，而沿河植柳护堤也成了各级政府的常规任务。明清时期黄河水患加剧，治河成了水利大事，而沿河植柳也成了综合治理的一个有效手段。清靳辅分析说：“凡沿河种柳……其根株足以护堤身，枝条足以供卷埽，清阴足以荫纤夫，柳之功大矣。”[⑥]清朝对沿河各级政府植柳的数量、护理的措施都严加考绩。不仅大江大河的治理如此，小型的水利建设如湖岸、圩堤、城濠、御沟等都以植柳护坡固堤为主。较早的记载如南朝宋盛弘之《荆州記》：“缘城堤边，悉植

① 杨万里《下横山滩头望金华山》，《全宋诗》卷二三〇〇，北京大学出版社1998年版，第42册，第26427页。

② 严羽著，郭绍虞校释《沧浪诗话校释》，人民文学出版社1983年版，第198页。

③ 姜涛注《管子新注·度地第五十七》，齐鲁书社2006年版，第404页。

④ 陶宗仪《说郛》卷一一〇下，《四库全书》第882册，第391页。

⑤ 白居易《隋堤柳》，《全唐诗》卷四二七，第13册，第4708页。

⑥ 靳辅《治河奏绩书》卷四，《四库全书》第579册，第739页。

细柳，绿条散风，清阴交陌。”[1]荆州地处江汉平原水网地区，城边筑堤防水，堤上植柳固岸。宋孟元老《东京梦华录》卷一：“东都外城方圆四十余里，城壕曰护龙河，阔十余丈，壕之内外皆植杨柳。”[2]苏轼知杭州时浚西湖葑土积堤植柳，世称苏堤。宋和州大兴圩田，“凡圩岸皆如长隄，植榆柳成行，望之如画”[3]。至于一般的河坡植柳更是极其普遍的现象，南方自不待言，就北方，如北朝乐府《折杨柳歌辞》“遥看孟津河，杨柳郁婆娑”[4]、北周王褒《从军行》“对岸流沙白，缘河柳色青”[5]。与河流相关的桥梁、津渡也多植柳作为标志，诗词中这类例子不胜枚举。大江大河既是自然景观，又是交通要道，而城濠、桥头、渡口等也是人们经行的关键地点，这些地方的杨柳与人们的关系、带给人们的印象也就不难想见。

边塞植柳的传统在我国也可谓是历史悠久。我国疆域辽阔，但就古代社会而言，最为重要的边塞集中在今天的“三北”地区，以今所见明长城沿线为骨干，主要是防备北方游牧民族的南侵。自古以来，长城以北即所谓塞外多属严寒干旱之地，在这东西绵亘万里的关塞沿线，比较适宜生长和规模栽植的乔木也只是榆柳等少数品种。南朝宋鲍照《代边居行》：“边地无高木，萧萧多白杨。”[6]这里的白杨应即所谓蒲柳之类，是最适宜于边地生长的杨柳品种。南北朝边塞诗歌中多

① 《艺文类聚》卷八九，上海古籍出版社 1982 年新 1 版，下册，第 1531 页。
② ［宋］孟元老撰，邓之诚注《东京梦华录注》卷一，中华书局 1982 年版，第 1 页。
③ 李心传撰，徐规点校《建炎以来朝野杂记》甲集卷一六，中华书局 2000 年版，上册，第 351 页。
④ 北朝乐府《折杨柳歌辞》，《先秦汉魏晋南北朝诗》梁诗卷二九，下册，第 2158 页。
⑤ 王褒《从军行》，《先秦汉魏晋南北朝诗》北周诗卷一，下册，第 2330 页。
⑥ 鲍照《代边居行》，《先秦汉魏晋南北朝诗》宋诗卷七，中册，第 1269 页。

把榆、柳二树作为关塞的代表，如王融《春游回文诗》：“枝分柳塞北，叶暗榆关东。”[1]张正见《星名从军诗》：“将军定朔边，刁斗出祁连。高柳横遥塞,长榆接远天。”[2]唐代诗歌中也沿袭了这一惯例,如李约《从军行》：“营柳和烟暮，关榆带雪春。”[3]耿沣《关山月》：“塞古柳衰尽，关寒榆发迟。”[4]宋以来经营边事者更是自觉地在边塞大事种植，以加强防卫。有关官员奏议表明，在边地大规模种植榆柳，一可以作障碍，以阻挡游牧部落的骑兵；二可备军需柴炭；三可以屯兵设伏[5]。清朝在东北地区广插柳条护边，时称“柳条边”，由此可见杨柳在极边军民生活中的地位。北周王褒《从军行》写道:“荒戍唯看柳,边城不识春。”[6]广泛分布的杨柳是边塞最为醒目和动人的风景，反映在边塞文学作品中，杨柳总是感征戍之苦辛，发思乡之怨情的重要媒介。

柳在古代园林中应用也是非常广泛。杨柳不仅生长迅速,容易成景，投资成本低廉，而且色彩宜人，姿态婀娜，浓荫如盖，具有丰富的观赏价值，因而被普遍种植于百姓的庭院、皇宫官府、王公贵族的府邸、士大夫的庄园别墅、城市公共园林等。相关的记载可以追溯到先秦,《诗经·小雅·巷伯》中即有“杨园”的地名，地势较为低下，想必正是艺柳之地。汉代有长杨宫，“宫中有垂杨数亩，因为宫名”[7]。纵观整个汉魏六朝隋唐时期，宫廷植柳较为普遍。宋庞元英《文昌杂录》载：

---

① 王融《春游回文诗》，《先秦汉魏晋南北朝诗》齐诗卷二，中册，第1400页。

② 张正见《星名从军诗》，《先秦汉魏晋南北朝诗》陈诗卷三,下册,第2490页。

③ 李约《从军行》,《全唐诗》卷一九，第1册，第227页。

④ 耿沣《关山月》,《全唐诗》卷一八，第1册，第193页。

⑤ [明]黄训《名臣经济录》卷三刘定之《建言时务疏》,《四库全书》第443册，第42页。

⑥ 王褒《从军行》,《先秦汉魏晋南北朝诗》北周诗卷一，下册，第2330页。

⑦ 何清谷《三辅黄图校释》卷一，中华书局2005年版，第37页。

图 42 齐白石《春柳图》，1927 年作，143×43 厘米，齐子如原藏。（齐白石绘，王晓燕编《齐白石绘画作品图录》（上），天津人民美术出版社 2006 年版，第 276 页）。

“杜甫《紫宸退朝》诗云：‘香飘合殿春风转，花覆千官淑景移。’又《晚出左掖》云：‘退朝花底散，归院柳边迷。’乃知唐朝殿亦种花柳。”[①]士大夫的宅院、别业、园池植柳更是平常，早在《古诗十九首》中即有“青青河畔草，郁郁园中柳”的诗句，著名者如晋嵇康“宅中有一柳树甚茂”[②]，陶渊明堂前有“五柳”，盛唐王维辋川别业有“柳浪”[③]等。

杨柳之在园林建设中的种植优势主要还有两点：一是杨柳是近水植物，凡园林之湖陂池塘多沿岸列植垂柳，用以护岸绿化，如唐长安之曲江、宋杭州、颍州等地西湖都以堤岸植柳著称。而一些低洼湿地，他木不易生长，也以植柳较易改造成景，如清朝燕京崇文门外冯溥万柳堂即由“污莱”“渟潴”，“又不宜于粱稻”[④]之荒地列种杨柳而成。二是杨柳的姿

① ［宋］庞元英《文昌杂录》卷四，《四库全书》第 862 册，第 690 页。

② 《晋书》卷四九，第 5 册，第 1372 页。

③ 王维《辋川集序》，《全唐诗》卷一二八，第 4 册，第 1299 页。

④ 毛奇龄《西河集》卷一二七《万柳堂赋》，《四库全书》第 1321 册，第 364 ～ 365 页。

态优美，景观效果较为丰富，四时之景不同，列植片植均有特色，且与他景搭配能力较强，尤其是一些观花植物，多有待杨柳之衬托，“桃红李白皆夸好，须得垂杨相发辉”[①]。由此两端，杨柳之在公私园林利用之广、种植之盛无以伦比，“有池有榭即濛濛，浸润翻成长养功”[②]，而文人居处宴游所见杨柳之繁、观赏感咏之夥也就不难想见。

除上述几个规模突出，关系重大的种植情形外，墓地植柳也值得一提。汉代班固《白虎通义》卷下引《春秋含文嘉》曰：“天子坟高三仞，树以松；诸侯半之，树以柏；大夫八尺，树以栾；士四尺，树以槐；庶人无坟，树以杨柳。”[③]这一说法的文献依据不太明确，而有关这一礼制的实施情况记载也极为缺乏，但在民间墓地植柳的习俗却有案可稽，时至今日遗风犹存。反映在文学中，至迟在汉古诗中读到这样的描写：“驱车上东门，遥望郭北墓。白杨何萧萧，松柏夹广路。下有陈死人，杳杳即长暮。”[④]松柏与杨柳是墓地最常见的植物，而杨柳因其易于栽植，更见其胜。笔者对此深有体会。吾家世代为农，五岁丧父，家门单寒，葬事至简，记忆中只草草起坟，于南北两向插肘粗之柳桩，来年枝发叶茂，也足表识。环顾殷实人家墓地多树樟柏之类，而类似贫困人家坟头也多只树柳而已，可见古人所谓庶人树柳表墓应有其实。生死是人生大事，树物当前易为感触，相应地我们看到在汉晋时期的挽诗中也多白杨萧萧之描写。

由于应用种植的广泛和繁盛，衍生的社会生活内容也就较为丰富，

① 刘禹锡《杨柳枝词》，《全唐诗》卷二八，第 2 册，第 398 页。

② 孙光宪《杨柳枝词》，《全唐诗》卷二八，第 2 册，第 403 页。

③ [清]陈立疏证，吴则虞点校《白虎通疏证》卷一一，中华书局 1994 年版，下册，第 559 页。

④《古诗十九首》其十三，《先秦汉魏晋南北朝诗》汉诗卷一二，上册，第 332 页。

由此对文学的激发作用也值得注意。主要有这样两个方面：一是民俗，有广为人知的折柳赠别、上巳修禊戴柳圈、清明（在南方则是在正月）门前插柳等风俗。折柳赠别据说起于汉代，清明插柳则宋元明清历代相沿不绝。这些生活情形也都构成了文学作品表现的对象。二是以杨柳为主题的其他人文艺术活动，如音乐中《折杨柳》《杨柳枝》等曲调，本身直接成了重要的乐府诗题和词牌，而这些曲调在社会上的流传情况则又成了文学反映的内容。绘画中杨柳是花鸟画一个常见的题材，诸如《柳梢宿雀图》《柳岸鸂鶒图》《柳溪图》《柳色春城图》等，以及相关的《渊明五柳图》《周亚夫细柳营图》等画题都较流行，影响于文学，也就有不少品题作品，在这类诗词作品中杨柳总是一个重要的话题或元素。

综上可知，杨柳的种种生长优势和人类社会的广泛种植及应用，使其成了中国社会最普遍、最家常的树种，同样也赋予了其在文学世界的表现优势。作为文学题材和意象，其自然形态丰富多彩，树枝花叶之形多端，朝暮四时之景不同，风雨月露之态各异，而其社会应用情形更是目不暇接，塞上与江南、宫庭与农家、城市与乡村、驿道与水堤，“相逢何处不依依”[①]，而且各具世态风情。其中园柳、宫柳、官柳、章台柳、隋堤柳、柳陌、柳絮（杨花）、柳荫、柳枝等题目都在文学中频繁出现，作品数量庞大。如此整体与部分、自然之体与社会之用相交织，构成了品目极其繁富的题材系统和意象群类。而其广泛的分布状态和悠久的开发历史，更为人们的歌吟描写提供了最常见的机会、最深厚的情感，从而大大促进了创作数量的增加和艺术经验的积累，由此形成了相关文学活动的长盛不衰。

---

① 刘禹锡《杨柳枝》，《全唐诗》卷二八，第2册，第398页。

三、繁盛的意义

杨柳题材创作的繁盛，是杨柳自然景色与社会生活双向作用的结果，客观上反映了中国大地普遍生长和中国社会广泛应用的历史景观，而主观上则体现了与此相关的自然与社会审美情感的丰富内容和深厚传统。客观方面的认识意义前节已隐有涉及，本节主要讨论杨柳题材创作展现的优美而丰富的思想情感。对此学界已不乏论述，如王立《柳与中国文学——传统文化物我关系之一瞥》[①]，但主要致力于意象的内涵阐发，对“原型”情结勾稽颇深，而面上周延不够，我们这里力图从题材专题研究的角度，在全面把握杨柳题材文学表意倾向的基础上，抓大放小，就其核心的成就侧重阐说。大致说来主要有这样几个方面：

（一）杨柳形象美的表现

这是古代杨柳题材文学最主要的内容与收获。尤其是大量存在的《杨柳赋》《咏柳》《杨柳枝》等作品更是多以描写杨柳形象为专题。在长期的创作发展中，柳树的形象特征得到充分的体认和深刻的表现。整体和部分，不同季节和生长状态的杨柳都逐步引起关注，得到了频繁不断的欣赏观照、吟咏描写，形成了许多精切的认识和说法。这其中也有一个逐步演变和积累的过程。如杨柳的整体美，早期人们主要感受的是其生长之茂盛。《诗经》中三处以“菀”形容柳，汉代《古诗十九首》中“郁郁园中柳”，说的都是茂盛。在魏晋以来的文人咏柳诗

① 王立《柳与中国文学——传统文化物我关系之一瞥》，《烟台师院学报》1987年第1期，第16～25页。

赋中，于丰茂振发之外开始多注意其修长柔软之美。如晋傅玄《柳赋》：“丰葩茂树，长枝夭夭，阿那四垂，凯风振条。”[①]这也许与品种结构的演变有一定关系，早期所说杨柳，一名多物，指义多元，而汉魏以来则以垂柳一类为主，同时也反映了人们审美认识由侧重于生长状态、经济意义向物象形式美的转变与提升。

当垂柳成了关注的重点，杨柳的美感也就逐步高度集中在形象的轻盈柔软上，“弱柳”“纤柳”“柔柳”一类词汇成了咏柳赋柳作品中最常见的字眼。《诗经》“杨柳依依”一语本也是状其茂盛，后世则多用作柔美之义。具体地说，这一特征又体现在长枝如丝、细叶如眉、杨花如絮等一系列形象细节上，柳树由此组成的纤柔姿态在整个植物世界独树一帜，与松柏之苍劲、樟桂之茂密、梧槐之伟岸风貌迥异。有关的诗句和说法都极其鲜明、生动、形象：“柳枝无极软，春风随意来”[②]“隔户杨柳弱袅袅，恰似十五女儿腰”[③]“枝斗纤腰叶斗眉，春来无处不如丝”[④]“轻轻柳絮点人衣”[⑤]，凝淀为日常话语，有柳腰、柳眉、柳絮或柳绵之类固定词汇，简明地体现了人们对杨柳审美特征的基本共识。

这其中又以柳枝、杨花最为突出。“柳枝弱而细，悬树垂百尺。”[⑥]

---

① 《全上古三代秦汉三国六朝文》之《全晋文》卷四五，中华书局1958年版，第2册，第1719页。

② 萧纲《和湘东王阳云楼檐柳诗》，《先秦汉魏晋南北朝诗》梁诗卷二二，下册，第1959页。

③ 杜甫《绝句漫兴》其九，《全唐诗》卷二二七，第7册，第2451页。

④ 韩琮《杨柳枝词》，《全唐诗》卷五六五，第17册，第6552页。

⑤ ［清］陈廷敬《午亭文编》卷五〇《十二月一日》，《四库全书》第1316册，第727页。

⑥ 韩愈《感春》其三，《全唐诗》卷三四二，第10册，第3832页。

柳枝的细长、散发与下垂是柳树最鲜明的个性特征、最核心的形象元素，配以细小尖长的柳叶，呈现了一副细静如梳，依依含情的娇柔之态。杨柳的品种体系应是较为丰富的，唐宋以来人们所欣赏和关注的多只在垂柳，园林种植更是如此。清人李渔说："柳贵乎垂，不垂则可无柳。柳条贵长，不长则无袅娜之致，徒垂无益也。"[①]这里面正凝定了历代文人对"万条垂下绿丝绦"不断强化的审美经验。杨柳早春时本有花，花蕊淡黄色，"鳞起荑上甚细碎"[②]，极不起眼，通常与新叶一起，视为柳条萌发的一个阶段，所谓"浅绿轻黄半吐姿"[③]，说的即是。文学中常见描写的杨花"似花还似非花"(苏轼《水龙吟》)，其实是杨花中所结果实。杨柳的果实是蒴果类型，内含不少细小的种子，成熟后开裂绽出，种子带有白色绒毛，如蒲公英的种子一样借助风力传播。因其色白体轻，诗词中多以雪花、绵絮来形容。柳枝、柳絮质性轻柔，因而又有一个共同的特点，微风拂煦之下，柳枝翩翩如舞，婀娜多姿，而柳絮弥漫溟濛，如烟如雾，也是一副风韵迷离的动态。古代诗词这方面的描写最为丰富："狂似纤腰软胜绵，自多情态更谁怜"[④]"无端袅娜临官路，舞送行人过一生"[⑤]。这是写柳枝。"不斗秾华不占红，自飞晴野雪蒙蒙。百花长恨风吹落，唯有杨花独爱风。"[⑥]这是写柳絮。

此外，杨柳年生长期长，生长迅速，一年四季随时逶迤变化的景象也是杨柳形象美的丰富形态。初春的柔丝鹅黄、仲春的垂枝青青、

① 李渔《闲情偶寄》卷五《种植部》，浙江古籍出版社 1985 年版，第 304 页。
② 汪灏等《御定佩文斋广群芳谱》卷七八，《四库全书》第 847 册，第 190 页。
③ 申时行《烟柳》，《御定佩文斋广群芳谱》卷七六，《四库全书》第 847 册，第 165 页。
④ 薛能《杨柳枝》，《全唐诗》卷二八，第 2 册，第 402 页。
⑤ 牛峤《杨柳枝》，《全唐诗》卷二八，第 2 册，第 402 页。
⑥ 吴融《杨花》，《全唐诗》卷六八五，第 20 册，第 7875 页。

夏柳的浓荫如泼、秋柳的萧散扶疏等在古诗辞中都得到了丰富的描写和生动的展现。

（二）杨柳风景美的表现

所谓风景美仍属杨柳客观形象美的范畴，仅是与上述孤立的物种特色不同，而是由季节、气候、地点等诸多环境因素参与而形成的综合风景效应。杨柳是木本植物，年生长期长，分布又极广泛，四季朝暮、风雨晦明，江南塞北、街市乡村，缘水沿堤、夹路旁驿，其普遍存在，所遇即是，而物色多端，风景各异。在中国古代作品更为普遍存在的写景内容中，杨柳是最为普遍的元素，在山水、田园、时序、边塞、征行、相思离别等中国文学主要题材和主题的创作中，杨柳总是一个出现最为频繁的意象。在这些写景的内容里，杨柳有其独特的符号意义，发挥着鲜明的表现功能。反之，透过这多方面的艺术表现，杨柳也进一步充分展现其形象特征，发挥其观赏价值和审美意义。

古代文学着意较多的杨柳风景主要有这样一些："梅柳约东风，迎腊暗传消息"[①]、"云锁嫩黄烟柳细，风吹红蒂雪梅残"[②]的梅柳报春之色；"春风本自奇，杨柳最相宜"[③]、"绊惹春风别有情，世间谁敢斗轻盈"[④]的风中曼舞之态；"垂杨拂绿水"[⑤]、"倒影入清漪"[⑥]的水柳相映之景；

① ［宋］张纲《好事近·梅柳》，唐圭璋《全宋词》，中华书局1965年版，第2册，第924页。

② 阎选《八拍蛮》，《全唐诗》卷八九七，第25册，第10133页。

③ 萧纲《春日想上林诗》，《先秦汉魏晋南北朝诗》梁诗卷二一，下册，第1944页。

④ 唐彦谦《垂柳》，《全唐诗》卷六七二，第20册，第7683页。

⑤ 李白《折杨柳》，《全唐诗》卷一六五，第5册，第1708页。

⑥ 王维《柳浪》，《全唐诗》卷一二八，第4册，第1301页。

“柔条依水弱，远色带烟轻”[1]、“含烟惹雾每依依”[2]的烟柳迷离之意；“春有黄鹂夏有蝉”[3]的动植声色和悦之趣。类似的诗句不胜枚举。

综观古代写景作品，杨柳的写景作用有两点最为重要。第一是作为春天的代表。“杨柳非花树，依楼自觉春。”[4]杨柳虽然四季多变，皆有可观，但以春间生长迅速，景象变化最为丰富、可爱：“弄黄含绿叶开眉，最有春来次第知。”[5]初春柳眼初绽，仲春长条依依，暮春之时，烟柳密布、柳絮纷飞，逐一展示着春天的脚步、春色的兴衰。而春间万物生长，也以杨柳最为普遍与突出：“春来绿树遍天涯，未见垂杨未可夸。”[6]梅、柳同为报春之物，因而同被视为春色典型，但梅花主要分布江淮以南，地域有限，同时又主要以鲜花为物候，花期有限，重在早春，而“柳占三春色”[7]，杨柳是三春“全天候”“全季候”的标志，因而符号作用更为明显。梅柳代表早春，而桃柳、榆柳象征仲春，槐柳则表示暮春和初夏。方回《瀛奎律髓》卷一〇所收“春日”类诗歌中，杨柳出现29次，梅出现14次。元人《草堂诗余》所收“春景”词21首，其中16首出现杨柳，梅占7首。这些数据充分表明，杨柳是三春风景中最重要的角色，而吟咏杨柳正是表现春色最有效的选择。

第二是作为江南水乡的代表。杨柳有广泛的适应性，具体品种也多，早期北方文学中涉言杨柳较多，而南方的《楚辞》中屈、宋多言

---

① 崔绩《小苑春望宫池柳色》，《全唐诗》卷二八八，第9册，第3291页。
② 李商隐《离亭赋得折杨柳》其二，《全唐诗》卷五三九，第16册，第6180页。
③ [宋]赵抃《清献集》卷五《柳轩》，《四库全书》第1094册，第822页。
④ 萧绎《咏阳云楼檐柳诗》，《先秦汉魏晋南北朝诗》梁诗卷二五，下册，第2053页。
⑤ [宋]韩琦《安阳集》卷五《新柳二阕》，《四库全书》第1089册，第247页。
⑥ 孙鲂《杨柳枝》，《全唐诗》卷二八，第2册，第400页。
⑦ 温庭筠《太子西池二首》，《全唐诗》卷五七七，第17册，第6715页。

芳草，却不及柳。延至唐代，无论历史记载，还是诗咏歌赋中，所见北方地区的杨柳仍是一片繁盛景象。而中唐以下，北方地区生态植被、自然环境逐步恶化，社会、经济重心渐见南移，南方地区的杨柳种植势头也后来居上。而垂杨一类湿生阳性树种，也更适宜于南方亚热带水乡种植，古人所谓“垂杨近水多”[①]，所言即是。而白居易《种柳三咏》:“从君种杨柳，夹水意如何。准拟三年后，青丝拂绿波。”[②]则揭示了园林营景方面的主观需求。至于其《苏州柳》:“金谷园中黄嫋娜，曲江亭畔碧婆娑。老来处处游行遍，不似苏州柳最多。”[③]似乎正预示了整个南北转换变化的开始。正是在这大的生态演化和经济变迁的历史格局中，杨柳逐步成了江南风物的代表。郭茂倩《乐府诗集》所收乐府《江南曲》中,莲、白蘋等南方植物频频出现,其中“莲”22次（包括“芙蓉”5次），“蘋”7次，而杨柳意象却一次也没有出现。这说明在时人心目中,杨柳与江南的联系远未密切。中唐以来出现的《忆江南》词，杨柳的意象却举足轻重。如刘禹锡《忆江南》:“弱柳从风疑举袂，丛兰裛露似沾巾。”[④]同样宋以来的乐府《江南曲》，与六朝《江南曲》不同，杨柳景象也成了主要的描写内容。如明谢榛《江南曲》:“夹岸多垂杨，妾家临野塘。”[⑤]清吴绮《江南曲》:“琪树家家栖海鹤，垂杨处处带啼莺。”[⑥]所写即是。江南地区湖塘洲渚密布,三春季节繁花似锦,物色饶美,杨柳置身其间,其近水茂发、垂枝柔依的形象更是相得益彰。

---

① 张豫章等《御选宋金元明诗·明诗》卷六一冯琦《晚酌堤上》,《四库全书》第1443册，第533页。

② 白居易《种柳三咏》,《全唐诗》卷四五五，第14册，第5160页。

③ 白居易《苏州柳》,《全唐诗》卷四四七，第13册，第5028页。

④ 刘禹锡《忆江南》,《全唐诗》卷二八，第2册，第407页。

⑤ 谢榛《四溟集》卷九,《四库全书》第1289册，第732页。

⑥ 吴绮《林蕙堂全集》卷一四,《四库全书》第1314册，第468页。

有一现象颇堪玩味，同时代的北方地区杨柳之分布虽不及江南，但较其他树种依然远为突出。但从中唐以来，凡杨柳盛处，多令人联想起江南。这从一个侧面反映了杨柳分布的南北差异，同时也说明杨柳形象已成了江南“水乡温柔”“物色饶美”的一个重要物色象征与写意符号[1]。

（三）杨柳情感美的渲染

杨柳既然与我们民族生活有着极其深广与悠久的联系，是我国社会最普遍和家常的生产和生活对象，而其形象又具优美动人的丰富意态，正如清人张潮所说，“物之能感人者……在植物莫如柳”[2]，其引发和承载的人文精神和人生情感积淀也便异常的深厚。具体到文学世界，杨柳风景是人们抒情写意最常见的物色媒介，蕴含着丰富的人生体验和比兴意义，透过杨柳形象的比兴寄托、渲染象征，生动、形象地展现了丰富、复杂的情神世界。对此学界有关的论述已是不少，这里要而言之，杨柳意象的情志意蕴有这样几个方面：

首先是惜别相思。《诗经·小雅·采薇》：“昔我往矣，杨柳依依。今我来思，雨雪霏霏。”是征人怨别之辞，为此意之发端。《古诗十九首》：“青青河畔草，郁郁园中柳……荡子行不归，空床难独守。”[3]属闺妇思夫之辞，代表了另一情绪。据《三辅黄图》说汉人有灞桥送别折柳相赠之俗，但今本《三辅黄图》一书成于唐中叶之后，此事未见唐前人提及，六朝诗中虽不乏折柳怨别、折柳赠远之辞，但都与灞桥无关，也未见临别折柳之意。折柳赠别之意盛行于唐诗，或即隋唐长安风俗，

① 石志鸟《杨柳：江南区域文化的典型象征》，《南京师大学报》社会科学版2007年第2期，第122～127页。

② 张潮《幽梦影》，中央文献出版社2001年版，第203页。

③《古诗十九首·青青河畔草》，《先秦汉魏晋南北朝诗》汉诗卷一二，第329页。

图 43 ［明］沈周《京江送别图》（局部），长卷，纸本，设色，28×159.2 厘米，北京故宫博物院藏（杨建峰《中国山水画全集》（上），外文出版社 2011 年版，第 168 页）。

而追属于汉。但由此杨柳之与离别相思之联系也更为深入，“长安陌上无穷树，唯有垂杨管别离”[①]。古人相思离别之作无以数计，而折柳赠别、因柳怨别、睹柳怀人成了最基本的思路。

其次是伤春怨逝。此意共有两端，其一重在伤春，所谓“气暄动思心，柳青起春怀”[②]，“门外莫栽杨柳树，得春多处恨春多”[③]，因柳树返青向茂，而感慨时序变换、韶华易逝，这是一种珍视青春和理想的美好

① 刘禹锡《杨柳枝》，《全唐诗》卷二八，第 2 册，第 398 页。
② 鲍照《三日》，《先秦汉魏晋南北朝诗》宋诗卷九，中册，第 1307 页。
③ 陈景沂《全芳备祖》后集卷一七陈卓山诗，农业出版社 1982 年版，第 1228 页。

情感，一种强烈而普遍的生命感触。在古诗词中，此意与惜别相思关系密切，尤其是发以女性心理、声吻者，多睹柳感思，伤春与怨别相互激发。王昌龄《闺怨》:“闺中少妇不知愁，春日凝妆上翠楼。忽见陌头杨柳色，悔教夫壻觅封侯。”即是这一情结的典型之作。另一重在伤逝。“种柳不满年，清阴已当户。”[①]柳树之生长迅速，树干一年盈握，十年合抱，给人以岁月迈往、物是人非的鲜明对比与莫大刺激。东晋桓温“攀枝执条,泫然流涕”“木犹如此,人何以堪”[②]的感慨广为人知，其实更早的曹丕《柳赋》、后来的庾信《枯树赋》都有类似的抒发。伤春属时序之感，怨逝重岁月之悲，伤春多兼怨离，感逝不免怀故，是两种情态同中之异。

再次是人格象征。杨柳之人格象征有一个历史的变化过程。早期文学中，杨柳的形象是正面的、积极的。汉魏《杨柳赋》中人们赞美杨柳秉阳和之气，顺天时之变的美德，嵇康柳下锻铁，陶渊明以“五柳”为号，同时王恭风容秀美，时人以“濯濯如春月柳”[③]誉之，都可见出魏晋士人对杨柳清新形象之爱好及在人格寄托上的正面意义。但随着人们对杨柳形象和质性认识的深入，杨柳的纤软柔美的特性渐受注意，六朝后期以来，杨柳与女性形象和情态的联系也愈益明确，逐步成了中国社会女性卑柔之文化品格历史捏塑中最鲜明、最流行的女性象征符号。中唐韩翃与柳氏的故事之后，杨柳、杨花更堕落成了青楼女子和商业娱乐场所的代名词，具有鲜明的风尘色彩。中唐以来，柳枝的随风摇摆和杨花的轻盈飘浮则“唯女子与小人”为似，常用以象征趋炎附势、得意忘形之流。因此杨柳人格象征的发展是一个由男而

① ［元］刘鹗《惟实集》卷四《种柳》，《四库全书》第1206册，第324页。

② 《晋书》卷九八，第8册，第2572页。

③ 《晋书》卷八四，第7册，第2186页。

女、由“君子”而“小人”不断堕落的过程，这与梅花、荷花之类花卉人文意义由“色”而“德”，由柔而刚的演进方向正好相反。另外，“松柏之姿，经霜犹茂；蒲柳之质，望秋先零[①]，杨柳的秋冬凋落也常用作生命衰萎、人生萧瑟的象征。

综观杨柳意象的比兴寄托之旨，以阴柔感伤的情绪为主要内容，显示着优美与悲剧交糅渗透的审美情感特色，这是由杨柳柔弱之物性与景象决定的。与地位相当，号称“岁寒三友”的松、竹、梅相比，杨柳引发的情感大多是软弱、消极、忧愁哀伤的，尤其是人格象征上，其最积极昂扬的意义也只在清发秀雅的姿容风度上，而不是“岁寒三友”那种道德意志与精神气节。但也正是这份特殊性，使杨柳在“岁寒三友”侧重于道德品格和阳刚气质象征之外，获得了“英雄气短，儿女情长”的丰富情感意蕴，显示出偏于优柔气质和悲怨情绪之寄托与表现的独特审美符号意义。这是我国众多重要观赏植物中，杨柳意象最鲜明的审美特质、最独特的文化意义。而相应的文学作品也充分地反映了人们阴柔悲怨的丰富体验。

综上所述，杨柳是中国文学中最为重要的题材和意象之一，有关作品数量繁多，历史地位极其显著，与松、竹、梅相伯仲。杨柳作品的繁盛，客观上是由中国古代杨柳的广泛分布和应用所决定的，主观上则充分反映了人们对杨柳优美柔婉之丰富物色的审美认识以及阴柔悲怨的情绪体验，奠定了其偏于优柔品格象征和哀怨情感寄托的审美符号意义。

（原载《文史哲》2008 年第 1 期）

①《晋书》卷七七，第 7 册，第 2048 页。